职业教育课程改革规划新教材

# 金属加工与实训
# （车工实训）
# （第2版）


主　编　尹玉珍　徐建高

参　编　赵林林　杜晓东



電子工業出版社

Publishing House of Electronics Industry

北京·BEIJING

## 内 容 简 介

本书是根据教育部颁布的《金属加工与实训》教学大纲编写的，同时在编写过程中结合了《国家职业标准》中相关工种考核标准，包括新大纲规定的车工实训模块及相关知识。

全书分 5 个专题展开，每个专题有若干项目，分别介绍车床的操作规程、车床日常维护、车床常用夹具、常用量具、车刀的刃磨与安装和车床操作，以项目任务的形式重点介绍车削加工基本操作和零件的车削加工工艺。每个项目后均有零件加工任务和评分标准，便于教学的可操作性。

本书既可作为职业院校机械类专业的专业教材，也可作为车工岗位培训用书和车工技能培训考级用书。

本书配有电子教学参考资料包，详见前言。



**图书在版编目（CIP）数据**

金属加工与实训. 车工实训 / 尹玉珍，徐建高主编. —2 版. —北京：电子工业出版社，2018.8

ISBN 978-7-121-32037-8

Ⅰ. ①金… Ⅱ. ①尹… ②徐… Ⅲ. ①金属加工—中等专业学校—教材②车削—中等专业学校—教材
Ⅳ. ①TG

中国版本图书馆 CIP 数据核字（2017）第 144092 号

策划编辑：白　楠
责任编辑：白　楠
印　　刷：北京虎彩文化传播有限公司
装　　订：北京虎彩文化传播有限公司
出版发行：电子工业出版社
　　　　　北京市海淀区万寿路 173 信箱　邮编　100036
开　　本：787×1 092　1/16　印张：12　字数：307.2 千字
版　　次：2010 年 1 月第 1 版
　　　　　2018 年 8 月第 2 版
印　　次：2024 年 7 月第 6 次印刷
定　　价：28.00 元

凡所购买电子工业出版社图书有缺损问题，请向购买书店调换。若书店售缺，请与本社发行部联系，联系及邮购电话：（010）88254888，88258888。

质量投诉请发邮件至 zlts@phei.com.cn，盗版侵权举报请发邮件至 dbqq@phei.com.cn。

本书咨询联系方式：（010）88254592，bain@phei.com.cn。

# 前　言

本书是根据教育部颁布的《金属加工与实训》教学大纲编写的，同时在编写过程中结合了《国家职业标准》中相关工种考核标准，包括新大纲规定的车工实训模块及相关知识。

本书在编写过程中，充分考虑新大纲的要求，将职业教育的先进教育理念融入技能培训过程，体现“以就业为导向”，引入相关车工工种的职业资格标准知识与技能要求，并以此组织教学内容，以常见的卧式车床的加工功能设置项目，便于采用项目教学，方便各学校根据专业特点和教学具体条件组织实施。

本书重视对学生综合素质和职业能力的培养，关注学生养成规范操作、安全操作的良好习惯，以及在现代社会中节约能源、节省原材料与爱护工具设备、保护环境等意识与观念的形成与发展。

实训的考核考虑评价主体的多元化、标准的多元化，同时体现过程性与结果性相结合，定量考核与定性描述相结合，全面考核学生的实践能力。

参加本书编写的人员有江苏财经职业技术学院尹玉珍、徐建高、杜晓东、赵林林。全书由尹玉珍、徐建高任主编。

本书在编写过程中，得到有关学校、工厂、淮安市社会保障与人力资源局培训中心和主审的大力支持和热忱帮助，在此一并表示诚挚的谢意。

由于编者水平有限，编写时间仓促，书中难免存在错误和不足之处，敬盼读者批评指正。

为方便教师教学，本书还配有教学指南、电子教案及习题答案（电子版），请有此需要的教师登录华信教育资源网（www.hxedu.com.cn）免费注册后再进行下载，有问题时请在网站留言板留言或与电子工业出版社联系（E-mail：hxedu@phei.com.cn）。

编　者

# 目　　录

# 专题一 概 述

金属切削加工是指用切削工具从毛坯（如铸件、锻件、焊接结构件或型材等坯料）上切去多余部分，获得符合图样要求的零件的加工过程。

## 项目1 切削加工基本知识

### 学习单元1 切削运动

（1）零件表面的形成

组成零件的表面主要有以下几种，如图1.1所示。

圆柱面是以直线为母线，以圆为轨迹，且母线垂直于轨迹所在平面作旋转运动所形成的表面，如图1.1（a）所示。

圆锥面是以直线为母线，以圆为轨迹，且母线与轨迹所在平面相交成一定角度作旋转运动形成的表面，如图1.1（b）所示。

平面是以直线为母线，以另一直线为轨迹作平移运动所形成的表面，如图1.1（c）所示。

成形面是以曲线为母线，以圆为轨迹作旋转运动或以直线为轨迹作平移运动所形成的表面，如图1.1（d）、（e）所示。

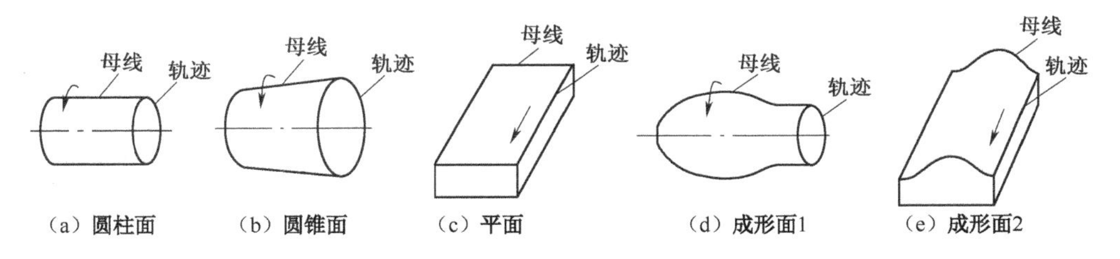


图1.1 零件表面

（2）切削运动

从零件表面的形成可知，如果工件与刀具之间有一定的相对运动，即可实现所需要的表面，机床在切削过程中，使工件获得一定表面形状所必需的刀具和工件间的相对运动称为切削运动。按切削运动的作用不同，可分为主运动和进给运动两类，如图1.2所示。

直接切除毛坯上的被切削层，使之成为切屑的运动称为主运动，例如车床上工件的旋转运动。主运动是形成机床切削速度或消耗主要动力的切削运动，其形式有旋转运动和直线往复运动两种。通常它的速度高，消耗机床大部分动力。进给运动是保证被切削层连续不断地投入切削，以逐渐加工出整个工件表面的运动。通常它的速度较低，消耗动力较少，其形式也有旋转和直线运动两种，而且既可连续，又可间歇，如车床上车外圆柱表面时车刀的纵向直线运动。

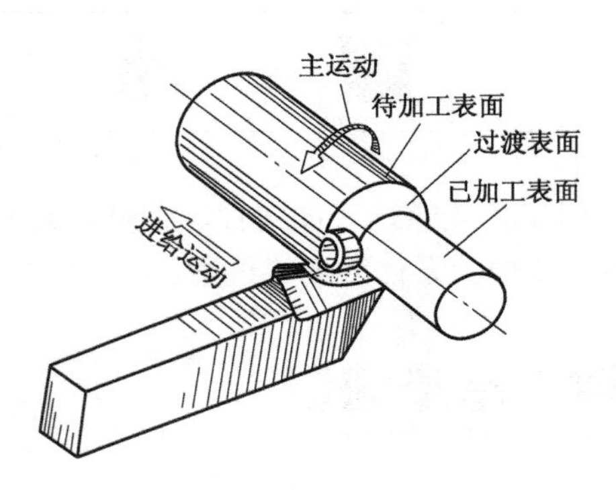


图 1.2　切削运动和切削表面

机床在进行切削加工时，至少有一个主运动，进给运动可能有一个或几个，也可能没有。

（3）切削表面

工件在切削过程中将形成三种表面（如图 1.2 所示）：待加工表面（工件上待切除的表面）、已加工表面（工件上经刀具切削后产生的表面）和过渡表面（由切削刃形成的那部分表面）。

## 学习单元 2　切削要素

切削要素包括切削用量和切削层的几何参数。车外圆的切削要素如图 1.3 所示。

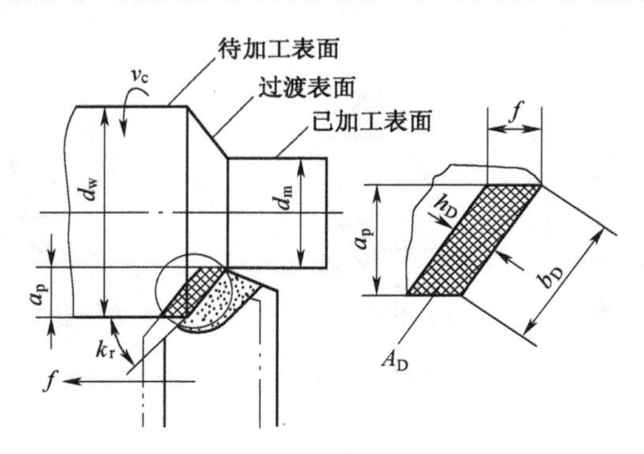


图 1.3　车外圆的切削要素

（1）切削用量

在一般的切削加工中，切削用量包括切削速度、进给量和背吃刀量。

① 切削速度 $v_c$：即在切削加工时，切削刃上选定点相对于工件的主运动的瞬时速度，即在单位时间内，工件和刀具沿主运动方向的相对位移，单位为 m/s。

若主运动为旋转运动（车、钻、镗、铣、磨削加工），则切削速度为加工表面最大线速度。

$$v_c = \pi d_w n /(1000 \times 60)$$

若主运动为往复直线运动（刨、插削加工），则常以往复运动的平均速度作为切削速度。

$$v_c=2Ln/(1000\times60)$$

式中，$n$——主轴转速和主运动每分钟的往复次数，单位为 m/min 或 dstr/min；

$d_w$——工件待加工表面直径或刀具最大直径，单位为 mm；

$L$——工件或刀具作往复运动的行程长度，单位为 mm。

② 进给量 $f$：即在主运动的一个循环内刀具在进给运动方向上相对工件的位移量，可用刀具或工件每转或每行程的位移量来表述和度量。如车削时，进给量 $f$ 为工件旋转一周，车刀沿进给方向移动的距离（mm/r）；刨削时，进给量 $f$ 为刨刀（或工件）每往复一次，工件（或刨刀）沿进给方向移动的距离（mm/dstr）；铣削时，由于铣刀是多齿刀具，还规定了每齿进给量 $f_z$（mm/z）和每转进给量 $f$（mm/r）。

③ 背吃刀量 $a_p$：即待加工表面和已加工表面之间的垂直距离。切削圆柱面时，$a_p$ 为该次切除余量的一半。

（2）切削层几何参数

切削层是指由切削部分的一个单一动作（或指切削部分切过工件的一个单程，或指只产生一圈过渡表面的动作）所切除的工件材料层。

车削外圆时，工件每旋转一周，车刀主切削刃移动一个进给量 $f$，车刀所切下来的金属层称为切削层。切削层的参数有切削层公称宽度 $b_D$、切削层公称厚度 $h_D$ 和切削层公称横截面积 $A_D$。

① 切削层公称宽度 $b_D$：是沿刀具主切削刃量得的待加工表面至已加工表面之间的距离，即主切削刃与工件的接触长度，单位为 mm。

② 切削层公称厚度 $h_D$：是刀具或工件每移动一个进给量 $f$ 以后，主切削刃相邻两位置间的垂直距离，单位为 mm。

③ 切削层公称横截面积 $A_D$：是切削层在切削平面里的实际横截面积，简称切削面积，单位为 $mm^2$。车削外圆时

$$A_D\approx a_p\cdot f\approx b_D\cdot h_D$$

**练一练**

毛坯直径为 35mm，粗车后直径为 30mm，背吃刀量是多少？

**想一想**

1．切削运动包含哪些运动？特征各是什么？

2．切削用量三要素指的是什么？

# 项目 2　初步了解车床

车床在机械制造业的应用十分广泛，车削是金属切削加工中常用的一种方法，主要用于加工各种零件上的回转表面，包括加工内、外圆柱面，内、外圆锥面，端面，沟槽，螺

纹，成形表面及滚花等。在车床上加工零件的尺寸精度等级可达IT11～IT6级，表面粗糙度值 *Ra* 为12.5～0.8μm。车削工艺范围如图1.4所示。

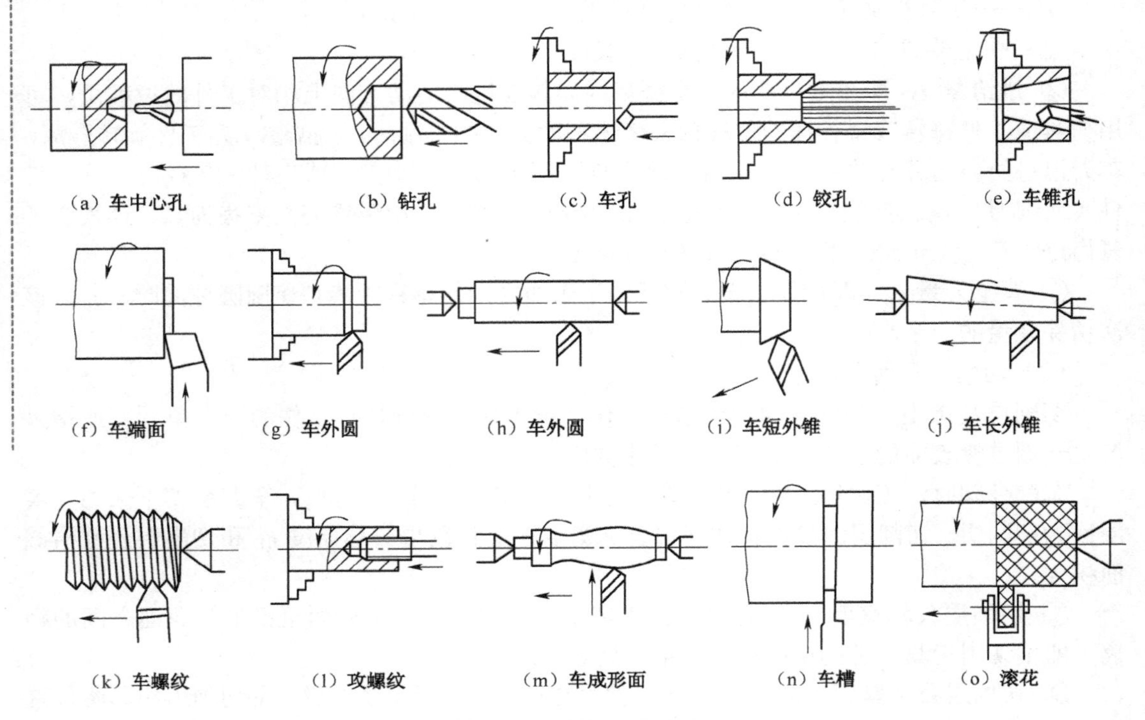


图1.4 车削的工艺范围

车床种类很多，其中以卧式车床应用最为广泛，其特点是适应性强，适用于一般工件的中、小批生产。现以卧式车床CA6140为例进行介绍。CA6140型卧式车床如图1.5所示。

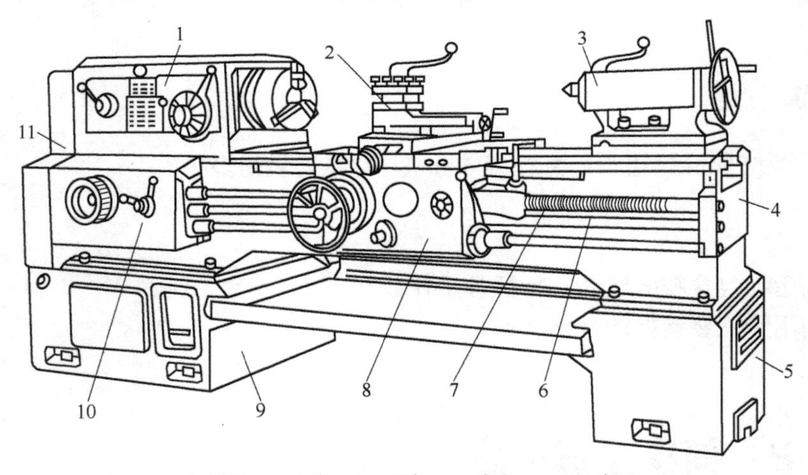


1—主轴箱；2—刀架；3—尾座；4—床身；5，9—床腿；
6—光杠；7—丝杠；8—溜板箱；10—进给箱；11—挂轮

图1.5 CA6140型卧式车床

《金属切削机床型号编制的方法》（JB1838—85）中规定，机床均用汉语拼音字母和数字按一定规律组合进行编号，以表示机床的类型和主要规格。在CA6140型车床编号中，字母与数字含义如下所示。

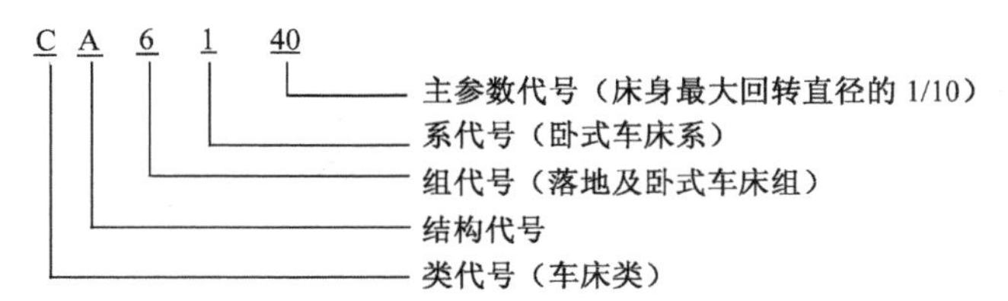


车床的技术参数包括主参数、最大加工距离、主轴转速、进给量等。卧式车床的主参数是床身上最大回转直径。CA6140 的主参数为 400mm；最大加工距离分为 750mm、1000mm、1500mm、2000mm四种；主轴转速有24级正转（最高为1400r/min，最低为10r/min）及12级反转（最高为1580r/min，最低为14r/min）；纵向进给量为0.028～3.42mm/r，横向进给量为0.012～1.71mm/r；可车削米制螺纹（螺距为1～12mm）和英制螺纹（3～14牙/英寸）；电动机功率为7.5kW，转速为1450r/min。

CA6140车床主要由以下几个部分组成。

（1）主轴箱

主轴箱固定在床身左上部，内装主轴及变速传动机构，其功用是支承主轴部件，并把动力和运动传递给主轴，使主轴通过卡盘等夹具带动工件旋转，实现主运动。

（2）进给箱

进给箱固定在床身左端前壁，内装进给运动的变速机构，其功用是将运动传至光杠或丝杠，并用以调整机动进给的进给量和被加工螺纹的螺距。

（3）溜板箱

溜板箱与刀架相连，在床身的前侧随床鞍一起移动，其功用是将光杠传来的旋转运动变为车刀的纵向或横向的直线移动；或将丝杠传来的旋转运动变为车刀的纵向移动，用以车削螺纹。

（4）床身

床身是车床的基础零件，其功用是连接各主要部件并保证各部件之间有正确的相对位置。

（5）光杠

光杠的功用是将进给运动传给溜板箱，实现纵向或横向自动进给。

（6）丝杠

丝杠的功用是将进给运动传给溜板箱，完成螺纹车削。

（7）尾座

尾座安装在床身导轨右上端，可沿导轨移至所需要的位置。其功用是在尾座套筒内安装顶尖，可支承工件；安装钻头、扩孔钻或铰刀，可进行钻孔、扩孔或铰孔。

（8）刀架

刀架的功用是夹持车刀，可作纵向、横向或斜向进给运动。刀架由床鞍、中滑板、小滑板、转盘及方刀架组成，如图1.6所示。

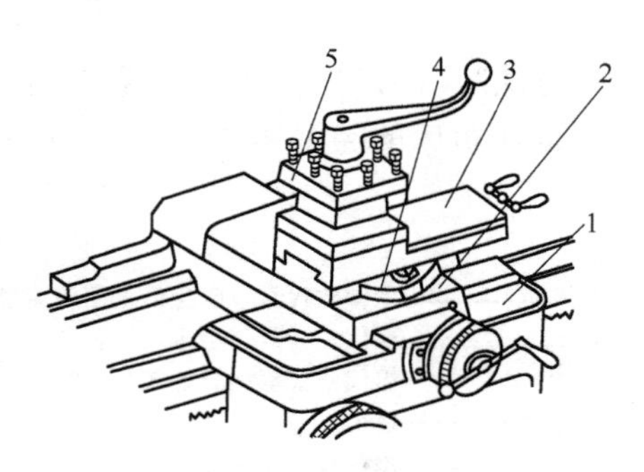


1—床鞍；2—中滑板；3—小滑板；4—转盘；5—方刀架

图 1.6　刀架的组成

① 床鞍：与溜板箱连接，可带动车刀沿床身导轨作纵向移动。

② 中滑板：可带动车刀沿床鞍上的导轨作横向移动。

③ 小滑板：可沿转盘上的导轨作短距离移动。当转盘扳转一定角度后，小滑板还可带动车刀作相应的斜向运动。

④ 转盘：与中滑板连接，用螺栓紧固。松开螺母，转盘可在水平面内转动任意角度。

⑤ 方刀架：用来安装车刀，最多可同时装四把刀具。

练一练

对照车床，了解各部分名称及其功用。

想一想

车床能否加工非回转类零件？

# 专题二　车床操作和常用装备

## 项目 1　车床操作

### 学习单元 1　车床手动操作

#### 1．车床的启动操作

（1）检查车床各变速手柄是否处于空挡位置，离合器是否处于正确位置，操纵杆是否处于停止状态，确认无误后，合上车床电源总开关。

（2）按下床鞍上的绿色启动按钮，电动机启动。

（3）向上提起溜板箱右侧的操纵杆手柄，主轴正转；操纵杆手柄回到中间位置，主轴停止转动；操纵杆向下压，主轴反转。

（4）主轴正反转的转换要在主轴停止转动后进行，避免因连续转换操作使瞬间电流过大而发生电气故障。

（5）按下床鞍上的红色停止按钮，电动机停止工作。

#### 2．主轴箱的变速操作

通过改变主轴箱正面右侧两个叠套手柄的位置来控制主轴箱的变速。前面的手柄有 6 个挡位，每个有 4 级转速，由后面的手柄控制，所以主轴共有 24 级转速，如图 2.1 所示。主轴箱正面左侧的手柄用于螺纹的左右旋向变换和加大螺距，共有 4 个挡位，即右旋螺纹、左旋螺纹、右旋加大螺距螺纹和左旋加大螺距螺纹，其挡位如图 2.2 所示。

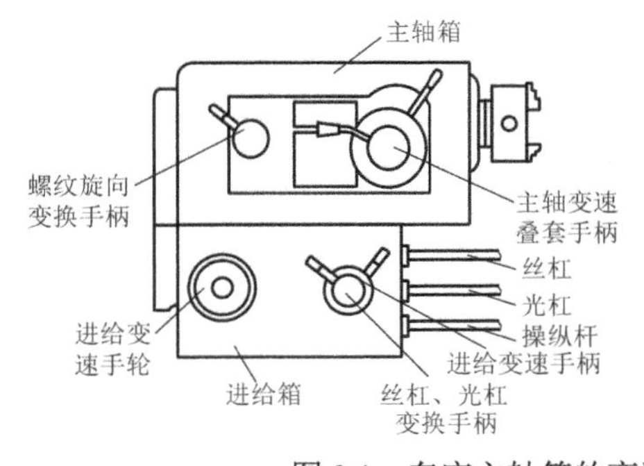


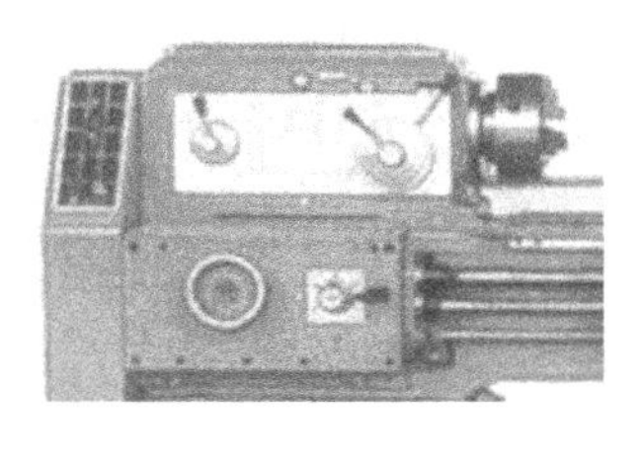

图 2.1　车床主轴箱的变速操作手柄

右旋螺纹　左旋螺纹
右旋加大螺距螺纹　左旋加大螺距螺纹

图 2.2　车削螺纹的变换手柄

#### 3．进给箱的变速操作

CA6140 型车床的进给箱正面左侧有一个手轮，手轮有 8 个挡位；右侧有前、后叠装的两个手柄，前面的手柄是丝杠、光杠变换手柄，后面的手柄有Ⅰ、Ⅱ、Ⅲ、Ⅳ4 个挡位，与手轮配合，用以调整螺距或进给量。

根据加工要求调整所需螺距或进给量时，可通过查找进给箱油盖上的调配表来确定手轮和手柄的具体位置。

### 4．溜板手动操作

溜板箱上的操作手柄如图 2.3 所示。溜板实现车削时绝大部分的进给运动：床鞍及溜板箱作纵向移动，中滑板作横向移动，小滑板作纵向或斜向移动。进给运动有手动进给和机动进给两种方式。

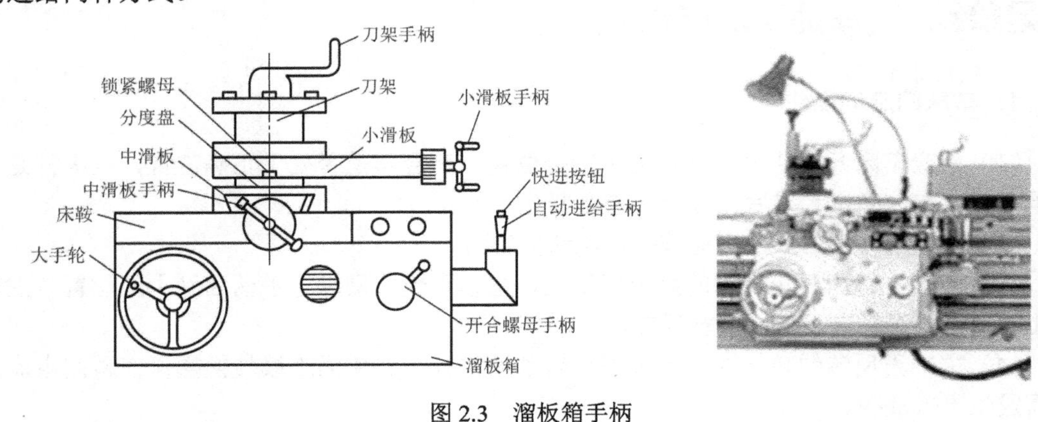


图 2.3　溜板箱手柄

手动进给如下。

（1）床鞍及溜板箱的纵向移动由溜板箱正面左侧的大手轮控制。顺时针方向转动手轮时，床鞍向右运动；逆时针方向转动手轮时，床鞍向左运动。手轮轴上的刻度盘圆周等分 300 格，手轮每转过 1 格，纵向移动 1mm。

（2）中滑板的横向移动由中滑板手柄控制。顺时针方向转动手柄时，中滑板向前运动（横向进刀）；逆时针方向转动手柄时，向操作者运动（横向退刀）。手柄轴上的刻度盘圆周等分 100 格，手柄每转过 1 格，横向移动 0.02mm。

（3）小滑板在小滑板手柄控制下可作短距离的纵向移动。小滑板手柄顺时针方向转动时，小滑板向左运动；手柄逆时针方向转动时，小滑板向右运动。小滑板手柄轴上的刻度盘圆周等分 100 格，手柄每转过 1 格，纵向或斜向移动 0.05mm。小滑板的分度盘在刀架需斜向进给车削短圆锥体时，可顺时针或逆时针地在 90° 范围内偏转所需角度。调整时，先松开锁紧螺母，转动小滑板至所需角度位置后，再锁紧螺母将小滑板固定。

### 5．尾座操作

CA6140 车床的尾座结构如图 2.4 所示。

（1）尾座移动：松开尾座固定手柄或锁紧螺母，手动沿床身导轨纵向移动尾座至合适的位置，逆时针方向扳动尾座固定手柄，将尾座固定。注意移动尾座时用力不要过大。

（2）套筒移动：逆时针方向移动套筒固定手柄，摇动手轮，使套筒作进、退移动。顺时针方向转动套筒固定手柄，将套筒固定在选定的位置。

（3）顶尖装卸：擦净套筒内孔和顶尖锥柄，安装后顶尖；松开套筒固定手柄，摇动手轮使套筒退出后顶尖。

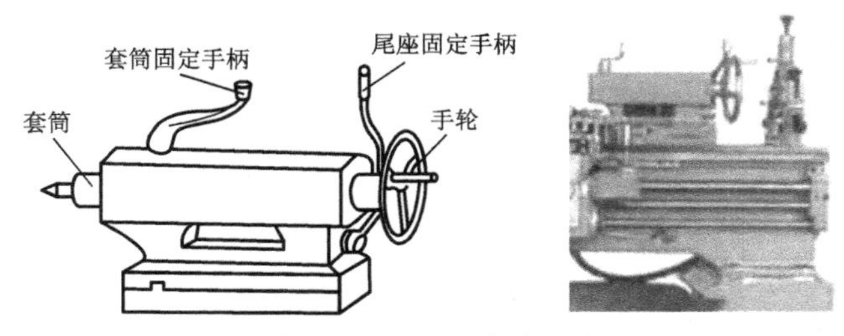


图 2.4 CA6140 车床尾座

### 6．刻度盘应用

在车削工件时，为了准确和迅速地掌握背吃刀量，通常利用中滑板或小滑板上的刻度盘进行操纵。

中滑板的刻度盘装在横向进给的丝杠上，当摇动横向进给丝杠转一圈时，刻度盘也转了一圈（图 2.5（a）），这时固定在中滑板上的螺母带动中滑板、车刀移动一个导程。如果横向进给丝杠导程为 5mm，刻度盘分 100 格，当摇动进给丝杠一周时，中滑板就移动了 5mm，当刻度盘转动一格时，中滑板移动量为 5mm/100＝0.05mm。

使用刻度盘时，由于螺杆和螺母之间的配合往往存在间隙，因此会产生空行程（即刻度盘转动而滑板并未移动）。读数时应从中滑板移动时开始，使用时要把刻线转到需要的格数（图 2.5（b）），当背吃刀量过大时，必须向相反方向退回全部空行程，然后再转到相应的格数（图 2.5（c））。需注意，中滑板刻度的背吃刀量是工件余量尺寸的 1/2。

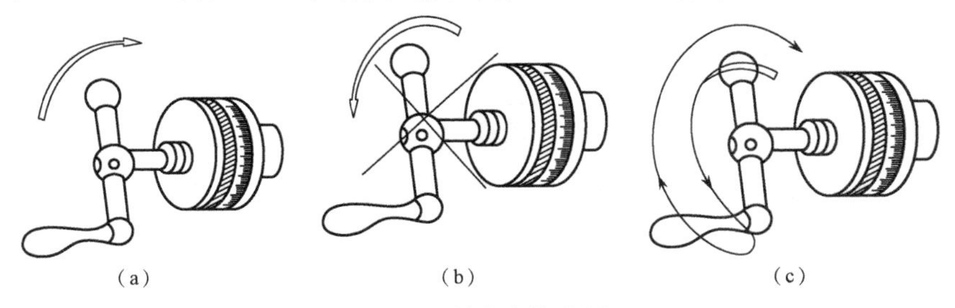


图 2.5 刻度盘的应用

在进行手动操作时，操作者应站在床鞍手轮的右侧，双手交替摇动手轮，手动进给速度要求均匀。当车削长度达到线痕标记处时，停止进给，摇动中滑板手柄，退出车刀，床鞍快速移动回复原位。

## 练一练

### 任务 1 主轴变速操作

能力目标：掌握主轴变速的概念，熟练操作主轴箱上的手柄。

要求：

1．注意安全操作。

2．2～3 个学生组成一个小组，使用一台车床，3～4 个小组组成一大组，设组长一人，配一名指导教师。在实训期间，学生轮流任组长。

## 步　骤

1．调整主轴转速分别为 16r/min、450r/min、1 400r/min，确认后启动车床并观察。每次进行主轴转速调整时必须停车。

2．选择车削右旋螺纹和车削左旋加大螺距螺纹的手柄位置。

3．评分标准按照表 2.1 执行。

表 2.1　主轴变速操作评分标准

| 序号 | 考核项目 | 考核内容及要求 | 评分标准 | 自测得分（40%） | 互测得分（30%） | 教师测评（30%） |
|---|---|---|---|---|---|---|
| 1 | 文明生产 | 1．着装是否规范，操作过程中是否受伤<br>2．操作时人站立位置是否正确<br>3．是否按要求进行熟练操作<br>4．是否注意环境卫生、设备保养<br>5．发生重大安全事故、严重违反操作规程，扣完该分 | 总分 50 分 | | | |
| 2 | 规范操作 | 1．开机前的检查<br>2．手柄操纵是否正确 | 总分 50 分 | | | |
| 合计得分 | | | | | | |

## 任务 2　进给箱变速操作

能力目标：熟练操作进给箱的手轮，掌握手轮的用途，会对进给箱进行变速操作。

要求：

1．操作时，要谨记安全第一，质量第一。

2．针对学过的安全文明操作规程进行操作练习，尽量养成习惯。

3．2～3 个学生组成一个小组，使用一台车床，3～4 个小组组成一大组，设组长一人，配一名指导教师。在实训期间，学生轮流任组长。

## 步　骤

1．确定选择纵向进给量为 0.46mm/r、横向进给量为 0.20mm/r 时手轮和手柄位置，并调整。

2．确定车削螺距分别为 1mm、1.5mm、2mm 的普通螺纹时进给箱上手轮和手柄位置，并进行调整。

3．评分标准参照表 2.1 执行。

### 任务 3 溜板部分手动进给操作

能力目标：熟练掌握溜板箱手轮的操作，掌握手轮的用途。

要求：

1．操作时，要谨记安全第一，质量第一。

2．针对学过的安全文明操作规程进行操作练习，尽量养成习惯。

3．2～3 个学生组成一个小组，使用一台车床，3～4 个小组组成一大组，设组长一人，配一名指导教师。在实训期间，学生轮流任组长。

### 步 骤

1．摇动大手轮，使床鞍向左或向右作纵向移动；左手、右手分别摇动中滑板手柄，作横向进给和退出移动；双手交替摇动小滑板手柄，作纵向短距离的左、右移动。要求做到操作熟练自如，床鞍、中滑板、小滑板的移动平稳、均匀。

2．左手摇动大手轮，右手同时摇动中滑板手柄，纵、横向快速趋近和快速退出工件。

3．利用大手轮刻度盘使床鞍纵向移动 250mm、324mm；利用中滑板手柄刻度盘，使刀架横向进刀 0.5mm、1.25mm；利用小滑板分度盘使小滑板纵向移动 5mm、5.8mm。注意丝杠间隙的消除。

4．利用小滑板分度盘扳转角度，使刀架可车削圆锥角 $\alpha=30°$ 的圆锥体（小端在右端）。

5．评分标准参照表 2.1 执行。

### 注 意

1．严格遵守车工安全操作规程。
2．通电前检查机床各部分位置是否正确。
3．变换转速时应先停车，后变速。
4．在车床运转时，若有异常声音必须立即切断电源。
5．车床加工之前，需低速运行 2min 左右，保证润滑到位，才能进行切削加工。
6．要求每台机床都具有防护措施。
7．摇动滑板时要集中注意力，作模拟切削运动，以防滑板等碰撞。
8．车床运转操作时，转速要慢，注意防止左右前后碰撞，以免发生事故。
9．要在教师示范操作完毕之后，分组进行练习，确保安全。

## 学习单元 2 车床机动操作

机动操作比手动操作有许多优点，如操作省力、进给均匀、加工后工件表面粗糙度值小等，但机动操作是机械传动，操作者对机动进给手柄的位置、操作方法应谨记在心，初次使用时主轴转速不要太高，选较低的进给量，否则在紧急情况下容易损坏工件或机床。

1．纵、横向机动进给和快速移动。CA6140 型车床的纵、横向机动进给和快速移动采用单手柄操纵。自动进给手柄在溜板箱右侧，可沿十字槽纵、横向扳动，手柄扳动方向与刀架运动方向一致，操作简单、方便。手柄在十字槽中央位置时，停止进给运动。在自动进给手柄顶部有一个快进按钮，按下此钮，快速电动机工作，床鞍或中滑板手柄扳动方向作纵向或横向快速移动，松开按钮，快速电动机停止转动，快速移动中止。

2．开合螺母操作。溜板箱正面右侧有一个开合螺母操作手柄，用于控制溜板箱与丝杠之间的运动联系。车削非螺纹表面时，开合螺母手柄位于上方；车削螺纹时，顺时针方向扳下开合螺母手柄，使开合螺母闭合并与丝杠啮合，将丝杠的运动传递给溜板箱，使溜板箱、床鞍按预定的螺距作纵向进给。车完螺纹应立即将开合螺母手柄扳回原位。

## 练一练

### 任务　溜板部分机动进给操作

能力目标：熟练掌握机动进给操作的方法。

要求：

1．操作时，要谨记安全第一，质量第一。

2．针对学过的安全文明操作规程进行操作练习，尽量养成习惯。

3．2～3 个学生组成一个小组，使用一台车床，3～4 个小组组成一大组，设组长一人，配一名指导教师。在实训期间，学生轮流任组长。

## 步　骤

1．用自动进给手柄作床鞍的纵向进给和中滑板的横向进给的机动进给练习。

2．用自动进给手柄和手柄顶部的快进按钮作纵向、横向的快速移动操作。

3．操作进给箱上的丝杠、光杠变换手柄，使丝杠回转，将溜板箱向右移动足够远的距离，扳下开合螺母，观察床鞍是否按选定螺距作纵向进给。扳下和抬起开合螺母的操作应果断有力，练习中体会手的感觉。

4．左手操作中滑板手柄，右手操作开合螺母，两手配合动作，练习每次车完螺纹时的横向退刀。

5．评分标准参照表 2.1 执行。

## 注　意

当床鞍快速移动至离主轴箱或尾座没有足够远的距离、中滑板伸出床鞍足够远时，应立即松开快速按钮，停止快速进给，以避免床鞍撞坏主轴箱或尾座和因中滑板伸出太长而使燕尾导轨受损。

# 项目 2 车床常用夹具

## 学习单元 1 卡盘及其使用

卡盘分三爪自定心卡盘和四爪单动卡盘。

### 1. 三爪卡盘

三爪卡盘是车床上最常用的通用夹具，适用于安装棒料或盘类工件。

（1）三爪自动定心卡盘的结构

如图 2.6 所示，三爪卡盘是由一个大锥齿轮、三个小锥齿轮、三个卡爪组成的夹紧机构。三个小锥齿轮和大锥齿轮啮合，大锥齿轮的背面有平面螺纹结构，三个卡爪等分安置在平面螺纹上。

（2）定心原理

当用扳手转动小锥齿轮时，大锥齿轮便转动，其背面的平面螺纹就带动三个卡爪同步沿径向移动，实现同时向中心靠近或退出，因而能同时对工件起到定心和夹紧的作用。三爪卡盘是靠后面法兰盘上的短圆锥定位的，用四个螺钉螺母使法兰盘与主轴端面贴紧，将法兰盘固定在主轴头上。

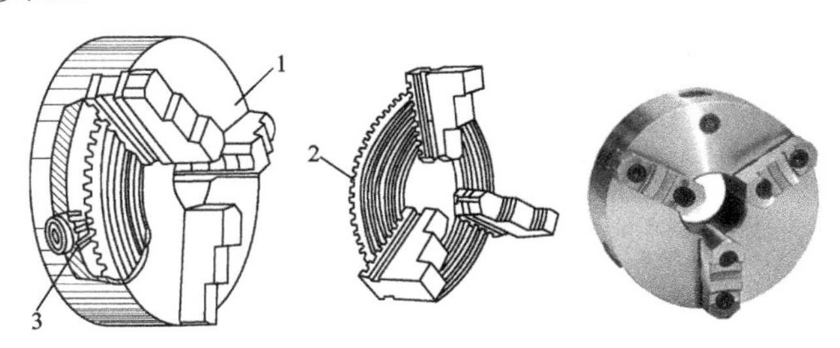


1—卡盘体；2—大锥齿轮；3—小锥齿轮

图 2.6 三爪卡盘

（3）应用

三爪自定心卡盘的夹紧力较小，一般仅适用于夹持表面光滑的圆柱形、六角形截面的工件。由于制造精度和使用中安装、磨损的影响及铁屑末堵塞等原因，三爪自定心卡盘的定心精度（即定位表面的轴线与机床回转轴线的同轴度）约为 0.05～0.15mm。三爪自定心卡盘装夹工件的形式如图 2.7 所示，它夹持圆棒料比较牢固，一般也无须找正。利用卡爪反撑内孔（如图 2.7（b）所示），以及利用卡爪反装夹持大工件外圆（如图 2.7（e）所示），一般应使工件端面贴紧卡爪端面。当夹持外圆而左端又不能贴紧卡爪时（如图 2.7（d）所示），应对工件进行找正，用锤轻击，直至工件径向圆跳动和端面跳动符合要求时，再夹紧工件。

### 2. 四爪单动卡盘

四爪单动卡盘的外形如图 2.8 所示。卡盘体上有四条径向槽，四个卡爪安置在槽内，卡爪背面螺纹与螺杆相配合。螺杆端部设有一方孔，当用卡盘扳手转动某一个螺杆时，相应的卡爪即可移动。卡爪也可调头使用，用来装夹尺寸较大的工件。使用时根据工件形状采用一个或两个反爪，而其余的仍用正爪，如图 2.9（b）所示。

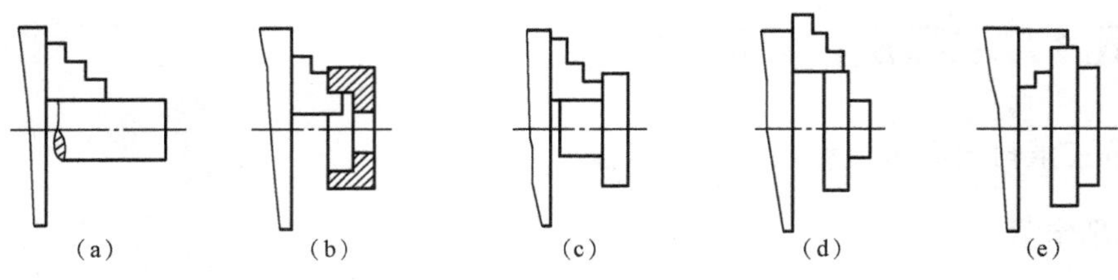


图 2.7　三爪自定心卡盘装夹工件形式

四爪单动卡盘不能自动定心，用其装夹工件时，为了使定位基面的轴线对准主轴旋转中心线，必须进行找正。找正精度取决于找正工具和找正方法。

（1）直接找正

如图 2.9（a）所示为用划线盘根据工件表面直接找正，找正时将划线指针与工件外表面某处接触，然后转动卡盘，如果工件的回转中心与卡盘中心重合，则划针与工件整个外表面轻轻接触，如果工件的回转中心与卡盘中心不重合，则划针将与工件表面不接触或划痕深，此时调整卡爪，直至符合要求。图 2.9（b）所示为按工件上已划的加工线找正。划针靠近已划的加工线上，先找正端面，慢慢转动卡盘，观察工件端面与针尖的距离，在离针尖最近的工件端面上用小锤轻轻敲击，直到端面各处距离相等为止。再找正中心，如果工件的回转中心与卡盘中心重合，则划针在端面上划出的圆与已划的加工线重合，反之，则不重合，须调整卡爪位置。将离开针尖最远处的一个卡爪松开，拧紧其对面的一个卡爪，反复调整，直至找正为止。这两种方法的定心精度较低，约为 0.2～0.5mm。

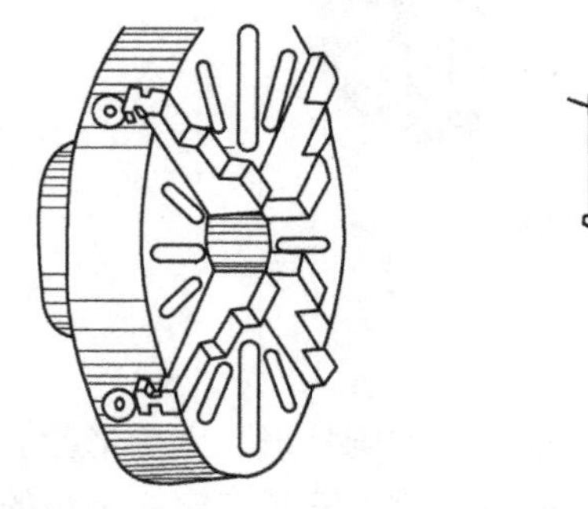

图 2.8　四爪单动卡盘

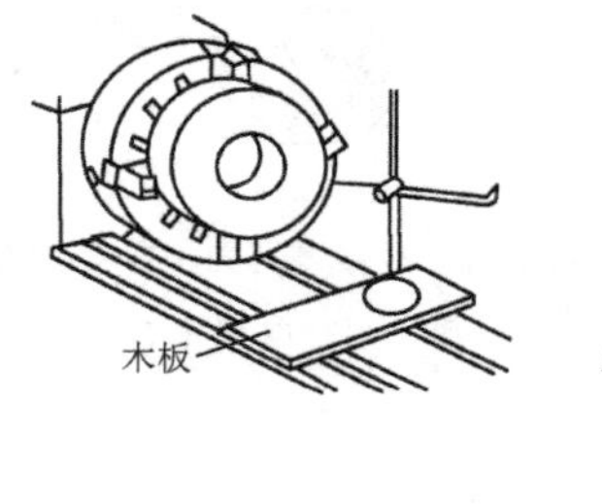


(a) 按外圆表面找正

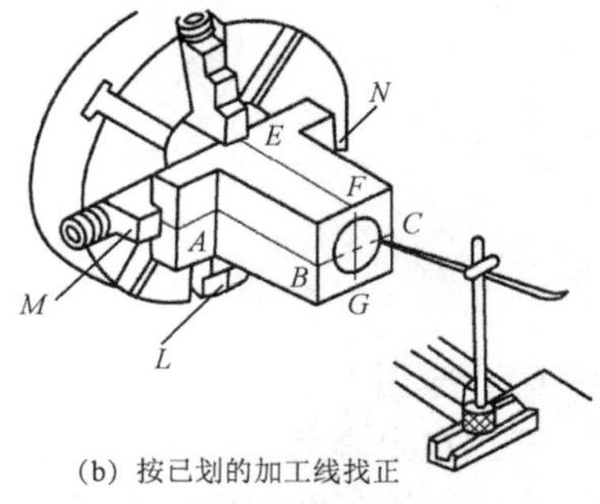


(b) 按已划的加工线找正

图 2.9　划线盘找正工件

（2）百分表找正

用百分表按工件已精加工过的表面找正，如图 2.10 所示，将百分表固定在刀架上，百分表指针压在工件外圆或端面，并使其转过一圈，转动工件一周，如果工件的回转中心与卡盘中心重合，则指针不动。如果工件的回转中心与卡盘中心不重合，工件表面靠近指针的，则指针向右偏转，工件表面远离指针的，则指针向左偏转，调整卡爪位置直至符合要求。百分表找正的定心精度可达 0.02～0.01mm。

四爪单动卡盘夹紧力大，可装夹大型及其他不规则形状的工件，如图 2.11 所示。由于四爪单动卡盘找正精度较高，因此常用来装夹位置精度较高又不宜在一次装夹中完成加工的工件，但找正费时，找正效率低，对操作者要求高，适用于单件、小批生产中工件的装夹。

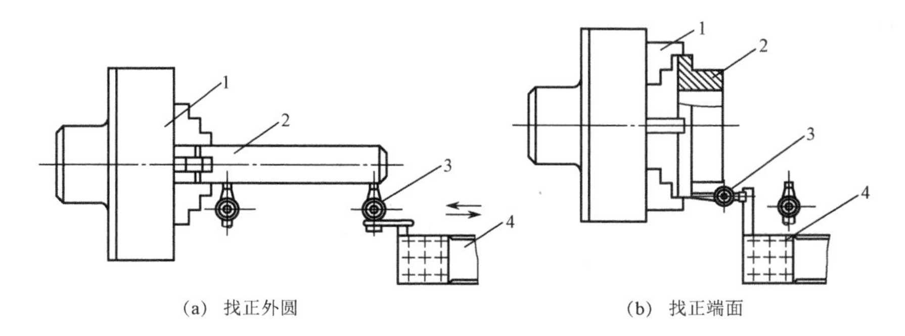


1—卡盘；2—工件；3—百分表；4—刀架

图 2.10　百分表找正

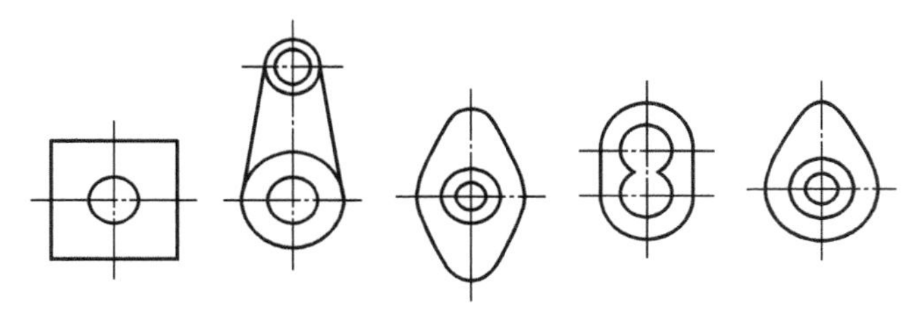

图 2.11　四爪卡盘所夹工件

## 练一练

### 任务　用三爪卡盘装夹轴类零件

能力目标：掌握利用三爪卡盘进行工件装夹，熟悉三爪卡盘的结构、用途和特点。

要求：

1. 注意安全文明操作，将安全放在第一位。
2. 按照操作步骤进行工件装夹。

## 步　骤

1. 将工件在卡爪中间放正后，先轻轻夹住。

2. 开动机床，使主轴低速旋转，观察工件旋转时有无偏摆现象。如果有偏摆，应立即停车，用小锤敲击校正，然后将卡盘拧紧紧固工件。如果工件无偏摆现象，则直接紧固工件。夹紧后立即取下扳手，以免开车时飞出，砸伤人体或造成机床事故。

3. 将车刀移至车削行程的左端，用手转动卡盘，检查刀架等是否与卡盘或工件碰撞。

4. 参照表 2.2 对操作进行评分。

表 2.2　三爪卡盘装夹工件步骤及评分标准

| 序号 | 考核项目 | 考核内容及要求 | 评分标准 | 自测得分（40%） | 互测得分（30%） | 教师测评（30%） |
|---|---|---|---|---|---|---|
| 1 | 文明生产 | 1．着装是否规范，操作过程中是否受伤<br>2．刀具、工具、量具的放置是否到位<br>3．操作时人站立位置是否正确<br>4．是否注意环境卫生、设备保养<br>5．发生重大安全事故、严重违反操作规程，扣完该分 | 总分 50 分 | | | |
| 2 | 操作规范 | 1．夹住工件的位置是否正确<br>2．开动机床，是否检查工件有无偏摆；是否校正偏摆<br>3．是否拧紧卡盘紧固工件<br>4．扳手是否取下<br>5．是否检查有无碰撞 | 总分 50 分 | | | |
| 合计得分 | | | | | | |

*注　意*

1．为了保持卡盘精度，一般不宜装夹毛坯工件。必须装夹毛坯件时，应采取适当的保护措施，以免损伤卡爪的工作表面。

2．当工件上出现弯曲情况时，禁止在卡盘上锤击校直。

3．装夹大型工件时，卡爪伸出卡盘边缘尽量控制在卡爪长度的 1/3 左右，使卡爪与平面螺纹的啮合牙数能保证其强度。

4．装夹精加工表面时，应在工件上包一层 0.2mm 左右厚的紫铜皮作垫，以防夹伤已加工表面。

5．不准在卡盘上放物品，以免突然开车时飞出，造成事故。

**想一想**

1．三爪卡盘适于装夹什么样的工件或坯料？

2．为什么三爪卡盘能够自动定心？

## 学习单元 2　顶尖及其使用

车削较长的轴类工件或需经过多次装夹才能加工好的工件时，为了保证每次装夹时的装夹精度，一般用两顶尖装夹，如图 2.12 所示。当工件用顶尖支承在机床上时，工件的旋转运动是通过卡箍 2（或鸡心夹头）获得的。卡箍与工件通过螺钉固定连接，另有一端与同主轴相连接的拨盘配合，主轴通过拨盘 1 带动紧固在轴端的卡箍 2 使工件转动。

### 1．顶尖

顶尖的作用：定中心，担负工件的质量和承受切削力。

顶尖装夹时需用两个。前顶尖插在专用锥套内，再将锥套插在主轴锥孔内，前顶尖与工件一起旋转，不发生摩擦，制造时不需淬火。后顶尖装在尾座套筒上，不旋转，与工件之间有相对运动，在制造时需要淬火。

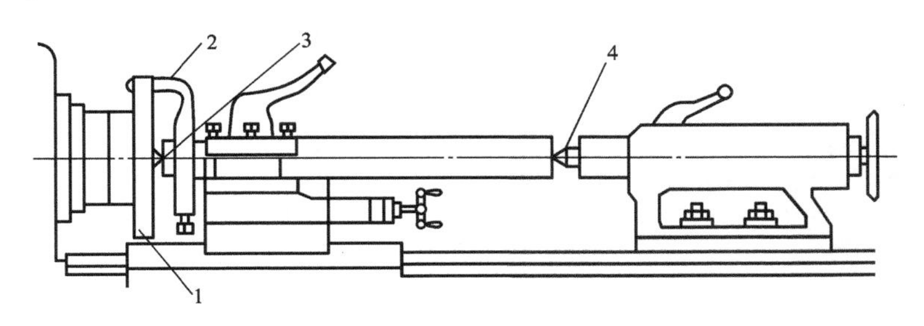


1—拨盘；2—卡箍；3、4—顶尖

图 2.12　顶尖装夹法

后顶尖可采用死顶尖和活顶尖两种，如图 2.13 所示。车削加工时，死顶尖与工件中心孔发生摩擦，产生大量的热，尤其是高速切削时，高速钢的顶尖经不起高速回转下的摩擦，因此，目前多使用在顶尖的尖部镶有硬质合金的死顶尖。

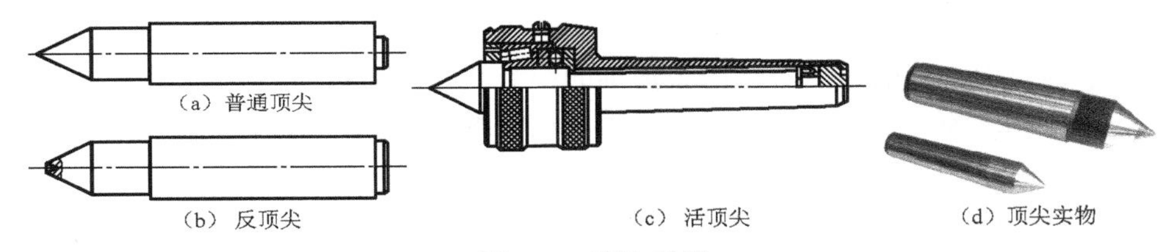

（a）普通顶尖

（b）反顶尖

（c）活顶尖

（d）顶尖实物

图 2.13　顶尖种类

死顶尖的优点是定心准确，稳定；缺点是顶尖和工件的摩擦过热时会顶弯工件或“烧坏”中心孔。因此适用于低速切削加工精度要求较高的工件。

活顶尖克服了死顶尖的缺点，将顶尖与工件中心孔的滑动摩擦改为顶尖内部的滚动摩擦，所以，能承受很高的切削速度和较大的切削力，应用较为广泛。但是，活顶尖的刚性较差，而且存在一定的装配累积误差，因此适于粗车及一般精车时使用。

拆卸前顶尖时，可用一根棒从主轴孔中将前顶尖顶出。拆卸后顶尖时，摇动尾座手轮，使顶尖套筒缩回，由丝杠前端顶出后顶尖。

### 2. 拨盘与鸡心夹头

在用两个顶尖安装工件的方法中，光有两个顶尖是不行的。顶尖不能带动工件旋转，必须将工件夹紧在鸡心夹头的夹紧孔中，再通过拨盘拨动鸡心夹头带动工件旋转。

拨盘的结构是一个具有一定厚度的钢圆盘，后端靠短圆锥孔与主轴头相配合。盘面具有两种不同的形式，一种形式是在盘面上设有 U 形槽，另一种形式是盘面上带有一根拨杆。常见的拨盘是带有拨杆的形式，如图 2.14 所示。

鸡心夹头是由于其类似鸡心而得名。鸡心夹头的结构有两种形式，一种是弯尾鸡心夹头，另一种是直尾鸡心夹头，如图 2.15 所示。弯尾鸡心夹头和带有 U 形槽的拨盘配套使用，使用时将弯尾装在拨盘上的 U 形槽内，由拨盘带动鸡心夹头旋转。直尾鸡心夹头和带拨杆的拨盘配套使用，使用时由拨杆拨动鸡心夹头直尾带动夹头旋转。

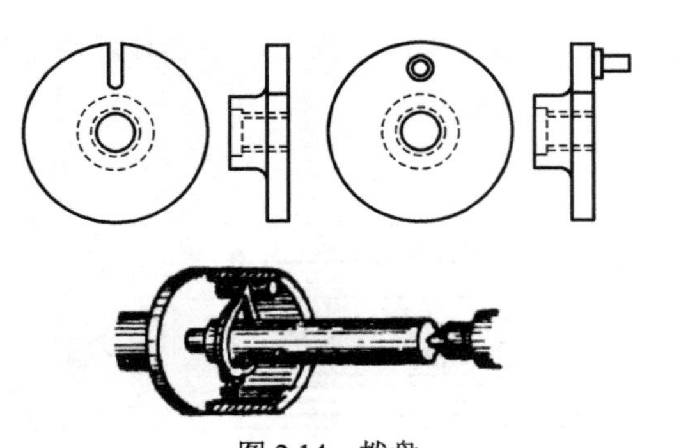

图 2.14　拨盘

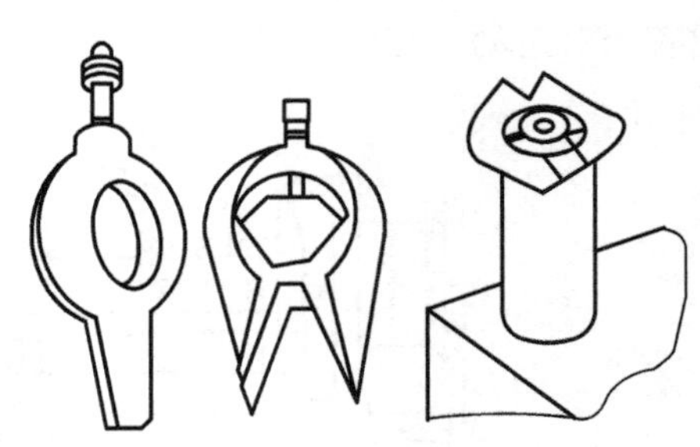

图 2.15　鸡心夹头

### 3. 工件装夹要点

（1）钻中心孔

使用顶尖装夹需在工件两端先钻出中心孔。在装夹工件以前应按照图纸要求定好工件长度，再打中心孔。中心孔的形状必须按照图纸要求，符合标准。选择中心孔的原则如下。

① 不要求保留中心孔的工件，选用不带护锥的中心孔（图 2.16 A 型）。

② 要求保留中心孔的工件，采用带护锥的中心孔（图 2.16 B 型）。

③ 如果被加工零件需要在轴头上固定其他零件时，应选用带螺纹孔的中心孔（图 2.16 C 型）。

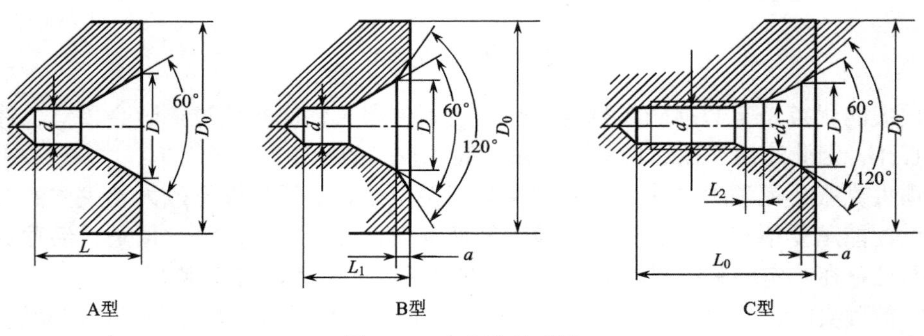


图 2.16　中心孔的形状

中心钻如图 2.17 所示。用中心钻钻中心孔以前，应当先将端面平整后再钻孔。钻孔时，主轴采用最高转速，进刀要缓慢，并加注冷却液。为了防止钻头折断，须及时清除钻屑。

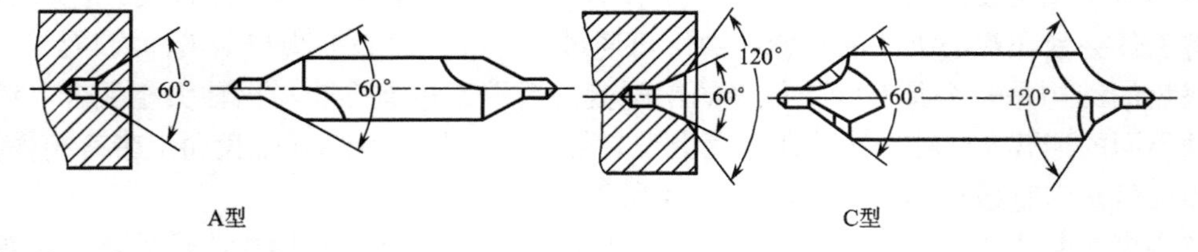


图 2.17　中心钻

中心孔的尺寸主要是以中心孔的小径 $d$ 为公称尺寸，$d$ 的大小根据工件端面直径决定，见表 2.3 中心孔尺寸。

表 2.3 中心孔尺寸

| 工件端面直径 $D_0$ | $d$ | $L$ | $L_1$ | $d_1$ | 说明 |
|---|---|---|---|---|---|
| 4～6 | 1 | 2.5 | 2.9 | | 采用 C 型中心孔时，先钻成 B 型孔形状，然后用 $d_1$ 钻头扩大孔 $d_1$，应根据设计要求加工，但 $L_0$ 不小于 $L_1$ |
| 6～10 | 1.5 | 4 | 4.6 | | |
| 10～18 | 2 | 5 | 5.8 | | |
| 18～30 | 2.5 | 6 | 6.8 | | |
| 30～50 | 3 | 7.5 | 8.5 | 3.2 | |
| 50～80 | 4 | 10 | 11.2 | 4.3 | |
| 80～120 | 5 | 12.5 | 14 | 5.3 | |
| 120～180 | 6 | 15 | 16.8 | 6.4 | |

（2）选择顶尖的形式

粗车时，加工余量大，应选用活顶尖，能避免在切削力过大时损坏顶尖孔。精车时，主要考虑加工精度，切削余量小，切削力也小，可选用死顶尖并加黄油润滑，防止因过热发生烧损。车细小工件用反顶尖。

（3）装夹工件的原则

① 要根据工件的装夹刚度（伸出长度和直径的关系）、零件形状的复杂程度和下道工序的要求、批量多少、采用加工方法等因素进行选取。

② 两顶尖与工件中心孔之间的配合松紧要适宜，不宜过松或过紧。若太松，则工件不能定心，在车削时往往产生振动；若过紧，在切削过程中，随切削温度上升，工件逐渐伸长使工件顶得更紧。如果是死顶尖，则摩擦加剧，会产生烧损现象；如果是活顶尖，则容易因压力过大而损坏顶尖内部结构。

③ 在使用顶尖安装工件之前，必须校正尾座顶尖，使尾座顶尖和前顶尖在同一轴线上，否则车削的外圆将成为锥面。校正时，将尾座移向主轴箱，使前、后两顶尖接近，目测是否对准，若不重合，需将尾座体作横向调节，使之符合要求。再装上工件，车一刀后测量工件两端的直径，根据直径的大小来调整尾座的横向位置。如果工件右端直径大，左端小，则尾座应向操作者方向偏移；反之，向相反方向偏移。

④ 鸡心夹头的夹紧位置要适当，夹持要牢固。

⑤ 尾座顶尖套筒应尽量伸出短些，以增强尾座的刚性，减小切削时的振动，并要紧固好尾座螺钉。

⑥ 较长的工件采用卡盘——顶尖方式装夹时，要按主轴转动相反方向转动工件，使鸡心夹头靠住卡爪，以防止鸡心夹头转动时与卡爪发生撞击而撞歪顶尖。

## 练一练

### 任务 在两顶尖间装夹工件（工件已有中心孔）

能力目标：掌握顶尖的特点和用途，熟练操作利用顶尖进行工件的装夹。

要求：

1．安全文明生产。

2．按照步骤熟练掌握顶尖的使用方法。

## 步　骤

1．领取工件、顶尖及其辅件。

2．在卡盘上装上前顶尖，尾座上装上后顶尖。

3．先在工件的左端安装卡箍，轻微拧紧卡箍螺钉。如果尾座上是普通顶尖，则在工件的右端中心孔内涂上黄油，以减少摩擦和发热。

4．移动尾座至适当位置（使两顶尖距离与工件长度相近），在两顶尖间安装工件，并调节工件与顶尖的松紧。

5．将尾座固定。

6．调整尾座套筒伸出长度。在不影响车刀切削的前提下，尾座套筒应尽量伸出短些，以增加刚性，减小振动。

7．锁紧尾座套筒。

8．刀架移至车削行程左端，用手移动拨盘，检查是否碰撞。

9．拧紧卡箍螺钉。

10．卸下工件和前、后顶尖。

11．评分参照表 2.4 执行。

**表 2.4　两顶尖装夹工件评分标准**

| 序号 | 考核项目 | 考核内容及要求 | 评分标准 | 自测得分（40%） | 互测得分（30%） | 教师测评（30%） |
|---|---|---|---|---|---|---|
| 1 | 文明生产 | 1．着装是否规范，操作过程中是否受伤<br>2．刀具、工具、量具的放置是否到位<br>3．操作时人站立位置是否正确<br>4．是否注意环境卫生、设备保养<br>5．发生重大安全事故、严重违反操作规程，扣完该分 | 总分 50 分 | | | |
| 2 | 规范操作 | 1．是否符合图纸要求<br>2．是否符合加工要求<br>3．前、后顶尖是否在同一轴线上<br>4．工件与顶尖配合是否合适 | 总分 50 分 | | | |
| 合计得分 | | | | | | |

## 注　意

1．使用死顶尖时，要加黄油作润滑剂，并经常注意松紧和发热情况，以免过热烧损。

2．尾座套筒一般伸出 30～60mm，但不能妨碍车刀切削。

**想一想**

1．顶尖装夹工件，两顶尖间的距离与工件长度有何关系？
2．如何知道前、后顶尖在同一条直线上？
3．装夹大型工件时应如何操作？

# 学习单元3 心轴及其使用

心轴装夹用于轴套类、盘套类零件，如图2.18所示。盘套类零件的外圆对于孔的轴线常有径向圆跳动的公差要求，两个端面相对于孔的轴线常有端面跳动的公差要求。此时可采用心轴装夹，即在孔精加工之后，将工件装到心轴上精车端面或外圆，以保证上述位置精度要求。作为定位面的孔，其精度等级不应低于IT8，表面粗糙度 *Ra* 值不大于1.6μm。心轴在前、后顶尖上的安装方法与轴类零件相同。

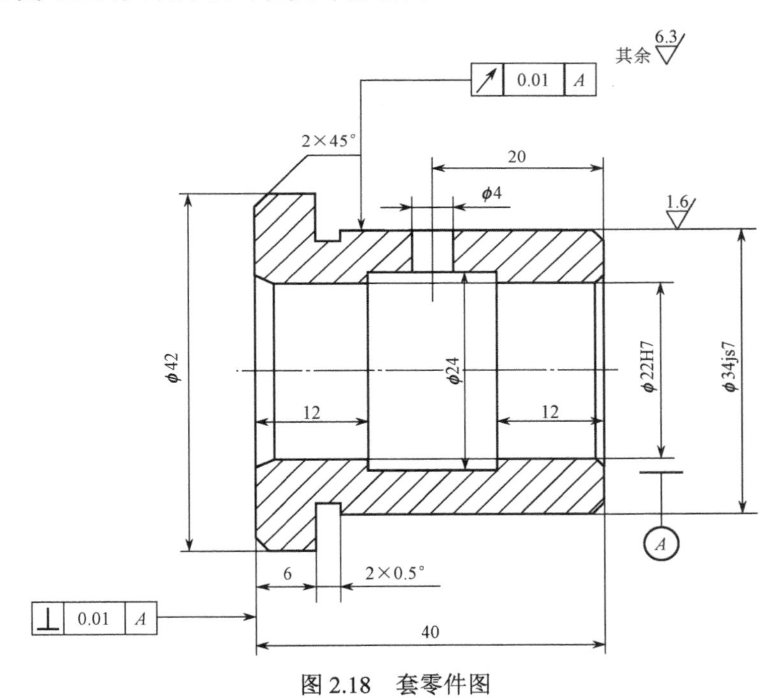


图2.18 套零件图

### 1．心轴的种类

心轴的种类很多，常用的有锥度心轴、圆柱心轴和胀力心轴。

（1）锥度心轴

锥度心轴如图2.19所示，其锥度为1∶2 000～1∶5 000。工件由心轴小端压到心轴上，以消除孔与心轴之间的间隙，从而保证车削出的外圆与内孔同轴。这种心轴的装夹形式，靠摩擦力传递切削力，所以切削深度不能太大，一般多用于盘类零件外圆和端面的精车。心轴材料一般用45号钢，经表面淬火后再磨削加工，两端面上的中心孔应在淬火后进行研磨。

（2）圆柱心轴

圆柱心轴如图 2.20 所示，工件装上圆柱心轴后须加上垫圈，用螺母锁紧。其夹紧力较大，可用于较大直径盘类零件外圆的半精车和精车。圆柱心轴外圆与孔的配合有一定的间隙，定心精度差。如果垫圈为快换垫圈，则可使装卸方便。

（3）胀力心轴

胀力心轴如图 2.21 所示，其柄部锥体与车床主轴的锥孔配合，常用拉紧螺杆 5 拉紧，防止心轴转动；心轴壁上开有数条均匀分布的槽，使胀力均匀。工件套在心轴上，拧紧带有锥面的螺钉 4，使心轴外圆胀大，以胀紧工件。拆卸工件时，松开螺钉 4，将工件从心轴上取下。

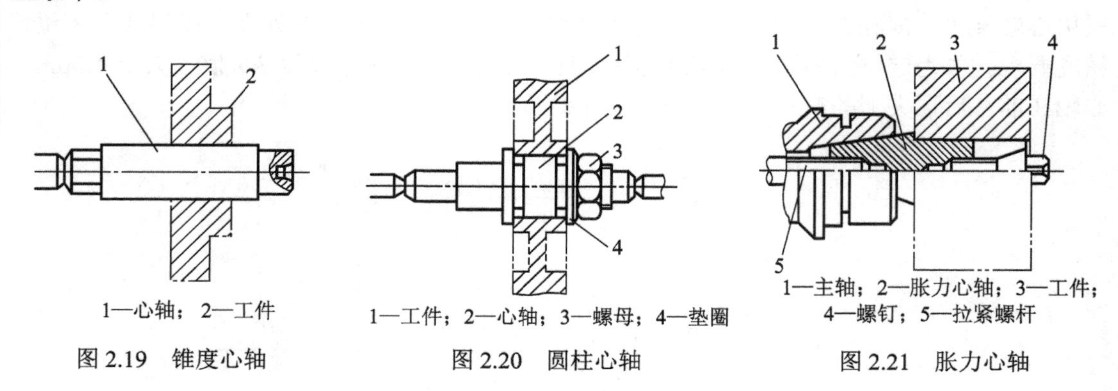


1—心轴；2—工件

图 2.19　锥度心轴

1—工件；2—心轴；3—螺母；4—垫圈

图 2.20　圆柱心轴

1—主轴；2—胀力心轴；3—工件；4—螺钉；5—拉紧螺杆

图 2.21　胀力心轴

### 2．心轴装夹的特点与应用

心轴制造容易，使用方便，应用广泛。

**想一想**

1．什么样的工件适于采用心轴安装？

2．心轴有哪些类型？

# 项目 3　车床常用量具

## 学习单元 1　游标卡尺

### 1．游标卡尺结构

游标卡尺是一种常用的精密量具，其特点是结构简单，使用方便，精度高，稳定性好，可测量尺寸范围大。它可以用于测量外尺寸、内尺寸和孔、槽等的深度。

游标卡尺主要由主尺、游标副尺、上量爪、下量爪、测深量杆和紧固螺钉等组成。量爪由固定卡脚和活动卡脚组成。游标卡尺的主体是一个有刻度的尺身，称为主尺。主尺由耐磨合金钢制成，并按 1mm 或 0.5mm 为格距，刻有尺寸刻度，其刻度全长称为游标卡尺的规格，如图 2.22 所示。

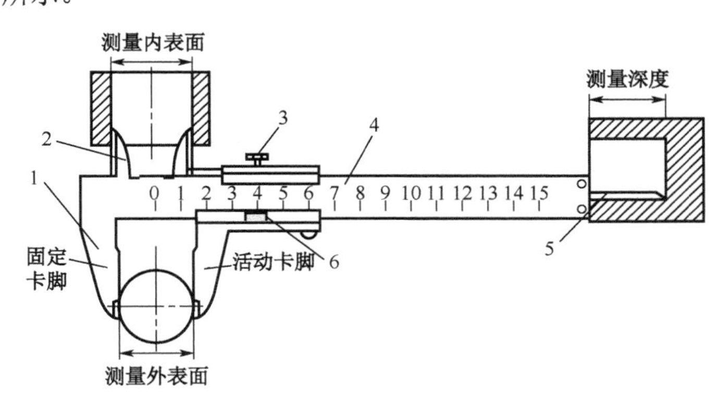


1—下量爪；2—上量爪；3—紧固螺钉；4—主尺；5—测深量杆；6—游标副尺

图 2.22 游标卡尺的结构

旋松固定游标副尺 6 的紧固螺钉 4，副尺 6 即可沿主尺 4 左右移动，从而实现活动卡脚与固定卡脚靠近或分开，同时测深量杆缩进或伸出。下量爪可用来测量工件的外径或长度，上量爪可用来测量工件的孔径或槽宽，测深量杆可用来测量工件的深度和长度。测量时移动游标副尺使量爪与工件接触，取得尺寸后，把紧固螺钉旋紧后再读数，以防尺寸变动。

### 2．刻线原理及测量方法

游标卡尺的精度是利用主尺和副尺刻线间距离之差来确定的。游标卡尺的精度=主尺每格长-游标副尺每格长。游标卡尺的精度有 0.1、0.05、0.02mm 三种。下面分别介绍三种测量方法。

（1）精度值为 0.02mm 的游标卡尺

刻线原理：游标副尺有 50 格刻线与主尺 49 格刻线相同，如图 2.23（a）所示，因此游标的每格宽度为 49/50=0.98mm，则主尺与游标副尺相对 1 格之差是 1-0.98=0.02mm，所以它的测量精度为 0.02mm。根据这个刻线原理，如果游标副尺第 11 根刻线与主尺刻线对齐，如图 2.23（b）所示，则小数尺寸的读数为 $ab=ac-bc=11-(11\times0.98)=0.22$mm，即 $11\times0.02=0.22$mm。

为便于读数，游标副尺上对应的标示值为 22，所以小数部分可直接读出为 0.22mm。

图 2.23（c）的读数方法：首先读取游标副尺零线左侧主尺上的整毫米数，即整数部分，其次再看游标副尺哪条刻线与主尺上的刻线对齐，即读取小数部分，最后把主尺和副尺上的尺寸相加即为所测数值。如图 2.23（c）所示的尺寸为 60.48mm。

（2）精度值为 0.05mm 的游标卡尺

主尺每格为 1mm，游标副尺刻线总长为 39mm，并等分成 20 格，因此每格为 39/20=1.95mm，则主尺 2 格与游标副尺相对 1 格之差是 2-1.95=0.05mm，所以它的测量精度为 0.05mm。其读数方法与精度值为 0.02mm 的游标卡尺相同。

（3）精度值为 0.1mm 的游标卡尺

主尺每格为 1mm，游标副尺在 9mm 内分成 10 格，每格 0.9mm。则主尺与游标副尺相对 1 格之差为 1−0.9=0.1mm，精度即为 0.1mm，其读数方法与精度值为 0.02mm 的游标卡尺相同。

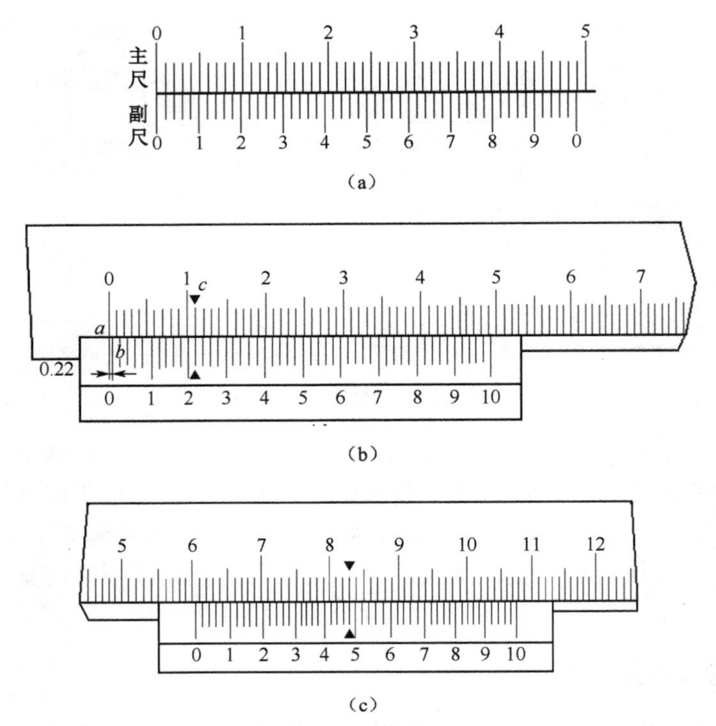


图 2.23 游标卡尺的刻度及测量值

## 练一练

### 任务 利用游标卡尺进行尺寸的测量

能力目标：掌握游标卡尺的结构、刻度原理；熟练运用游标卡尺进行零件尺寸的测量。

要求：

1．由教师任意选择一个工件进行实际测量，可选择测量外径、内径或深度。

2．要注意正确的操作方法。选择的工件表面粗糙度 $Ra$ 值控制在 1.6～6.3μm。

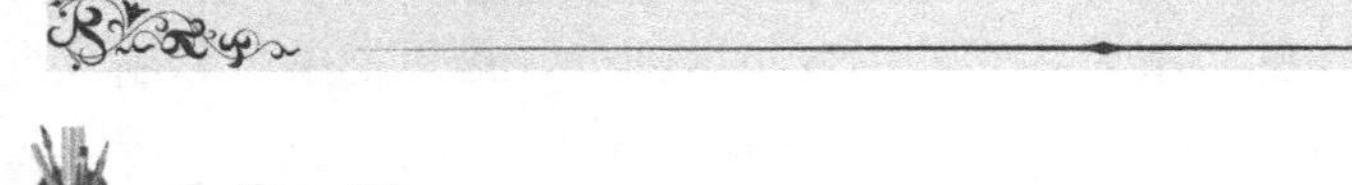

## 步 骤

1．使用前，应将工件和卡尺擦拭干净，然后检查卡尺两量爪并拢时，主尺与游标副尺的零刻线是否对正，如不能对正，应记取零位误差，在读取尺寸时将其修正。

2．测量时，用手握住卡尺，拇指移动游标，使两量爪正确地接触工件。量爪位置要摆正，不能倾斜，如图 2.24 所示。

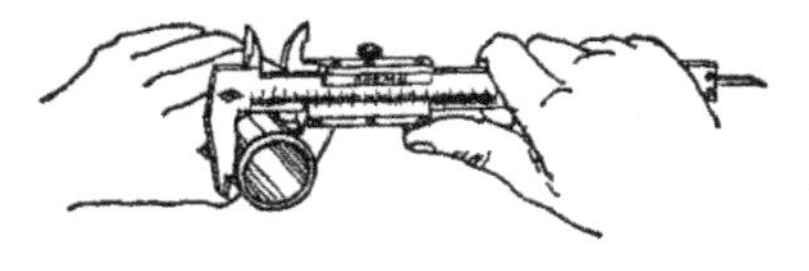
（a）用卡尺测量外径

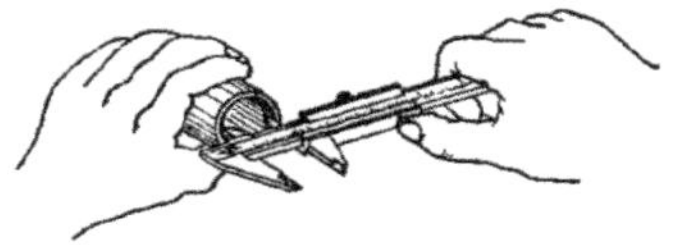
（b）用卡尺测量内径

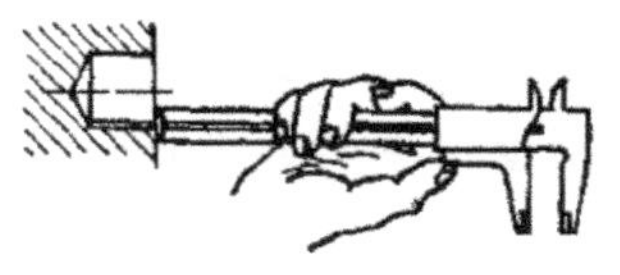
（c）用卡尺测量深度

图 2.24 游标卡尺的使用方法

（1）测量外径和其他外部尺寸如长、宽等，用下量爪。测量时主尺应垂直于工件，先将固定卡脚的测量面贴靠工件，再移动游标使活动卡脚的测量面接触工件，然后读取尺寸。

（2）测量内径时，用上量爪接触孔壁并轻轻活动，在量得最大尺寸处读数。

（3）测量不通孔或槽的深度时，将卡尺的尾端紧贴工件表面，然后慢慢推动游标使测深量杆接触底面，读取尺寸。

3．计算被测尺寸。

4．评分参照表 2.5 执行。

**表 2.5 游标卡尺评分标准**

| 序号 | 考核项目 | 考核内容及要求 | 评分标准（满分 100） | 检测结果 | | | 自测得分（40%） | 互测得分（30%） | 教师测评（30%） |
|---|---|---|---|---|---|---|---|---|---|
| | | | | 自测 | 互测 | 教师测量 | | | |
| 1 | 规范操作 | 1．是否对游标卡尺进行检查 | 10 分 | | | | | | |
| | | 2．检查之后有问题是否对游标卡尺进行调整 | 10 分 | | | | | | |
| | | 3．测量方式是否正确 | 20 分 | | | | | | |
| | | 4．是否按照要求进行读数 | 30 分 | | | | | | |
| | | 5．读数尺寸是否正确 | 30 分 | | | | | | |
| 合计得分 | | | | | | | | | |

**想一想**

1．游标卡尺的主尺与游标副尺的零线不对齐怎么办？读数时怎么处理？

2．影响游标卡尺读数的因素有哪些？

## 注 意

1．使用前应将游标卡尺擦干净，然后拉动游标副尺，沿主尺滑动应灵活、平稳，不得出现时紧时松或卡住现象。用紧固螺钉固定游标副尺，读数不应发生变化。

2．检查零位。轻轻推动游标副尺，使量爪的测量面合拢，检查两测量面接触情况，不得有明显漏光现象，同时，检查主尺与游标副尺是否在零刻度线对齐。

3．测量时，用手慢慢推动和拉动游标副尺，使量爪与被测零件表面轻轻接触，然后轻轻晃动游标卡尺，使其接触良好。使用游标卡尺时因没有测力机构，全凭操作者手感掌握，不得用力过大，以免影响测量精度。

4．测量外形尺寸时，应先将游标卡尺活动卡脚张开，使工件能自由地放入两卡脚之间，然后将固定卡脚贴靠在工作表面上，用手移动游标副尺，使活动卡脚紧贴在工件表面上。测量时工件两端面与量爪不得倾斜，也不得使量爪间的距离小于工件尺寸，即强制将量爪卡到零件上。

5. 测量内径尺寸时，应将上量爪分开且距离小于被测尺寸，放入被测孔内后再移动游标副尺，使其与工件内表面紧密接触，量爪应测在工件两端孔的直径位置处，且不得歪斜，此时可以进行读数。

6. 读数时，使视线正对刻度线表面，然后按读数方法仔细辨认指示位置，以免因视线不正，造成读数误差。

## 学习单元2　千分尺

千分尺是一种比游标卡尺更精密的量具，应用比较广泛，测量精度可达0.01mm，按其用途可分为外径千分尺、内径千分尺和深度千分尺等。

现以外径千分尺为例，说明其刻度原理、读数及使用方法。内径千分尺、深度千分尺与外径千分尺的刻度和读数类似。

外径千分尺按其测量范围有0～25mm、25～50mm、50～75mm、75～100mm等多种。

### 1. 外径千分尺的结构

外径千分尺的结构如图2.25所示。测砧和固定套管是固定在尺架上的，测微螺杆在拧动微分筒或测力装置时可以左右移动，测砧和测微螺杆相对的端面即为测量面。测力装置是用来控制测量力以保证测量的准确性，锁紧装置用来固定微分筒使之不能转动，以便在不便读数的情况下，将千分尺从工件上取下读数。隔热装置一般用胶木或塑料等绝热材料制作，其作用是防止手拿尺架时人的体温使其温度升高而膨胀，影响测量精度。

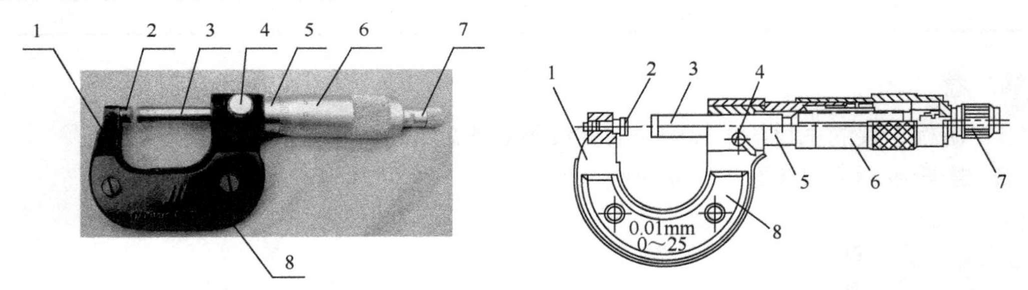


1—尺架；2—测砧；3—测微螺杆；4—锁紧装置；5—固定套管；6—微分筒；7—测力装置；8—隔热装置

图2.25　外径千分尺的结构

### 2. 外径千分尺的刻度原理

刻度原理：在千分尺带螺母的固定套筒表面刻有横基线，基线上、下有毫米刻线，上下错开0.5mm，在带量杆的微分筒的圆锥面上刻有50等分格。由于测微螺杆和螺母的螺距都是0.5mm，所以微分筒每旋转一周，测微螺杆就移动一格，即0.5mm，而微分筒每旋转一格，测微螺杆就移动0.5×1/50＝0.01mm，所以千分尺的测量精度为0.01mm。

读数方法：

（1）先读固定套筒上露出刻线的整毫米数和半毫米数。

（2）再看微分筒某一刻线与固定套筒的基线对正，读出小数部分。为精确读出小数部分的数值，读数时应从固定套筒基线下侧刻线看起，如微分筒的旋转位置超过半格，读出的小数应加 0.5mm。

（3）把两次读数相加就是测量的尺寸。

如图 2.26 所示为外径千分尺读数举例。

图 2-26（a）中，固定套筒的数值为 7mm，微分筒刻线所对齐的数值是 0.14mm，所以读数是 7.14mm。

图 2.26（b）中固定套筒的数值为 12mm，微分筒的刻线所对齐的数值是 0.242mm，所以读数是 12.242mm，0.002 为估计值。

图 2.26（c）中，固定套筒的数值为 32.5mm，微分筒的刻线所对齐的数值是 0.155mm，所以读数是 32.655mm，0.005 为估计值。

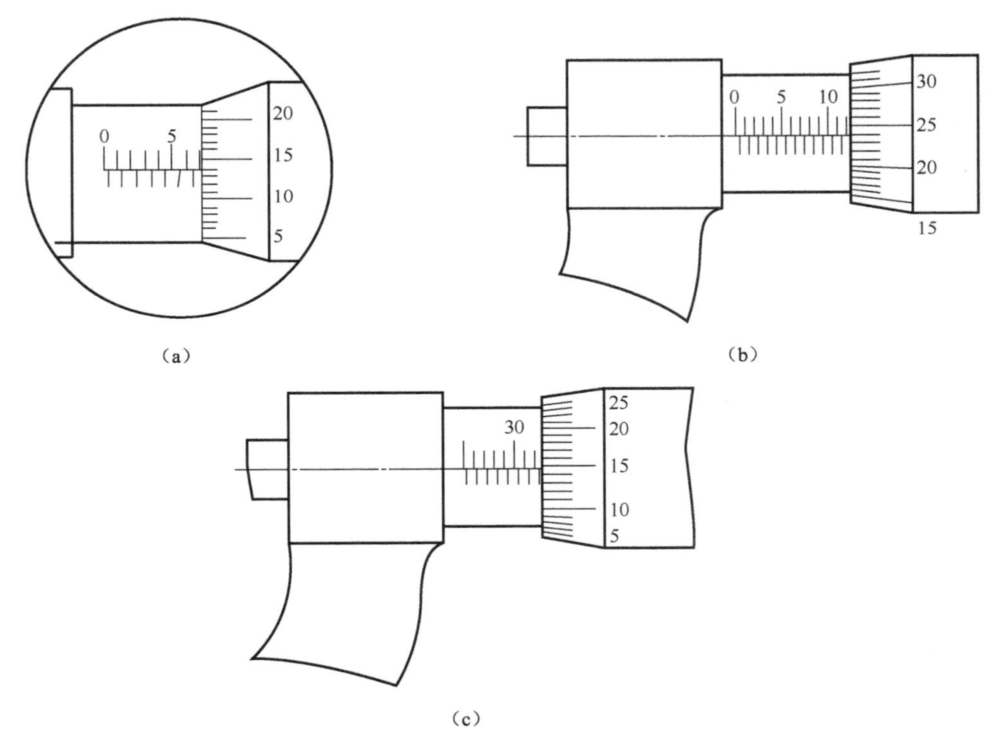


图 2.26　外径千分尺读数举例

### 3. 外径千分尺的调整方法

当主、副尺零线错位（不对零）时，须调整归零。

调整方法有两种。

（1）调整固定套筒：擦净两测量面并使其靠紧，然后用弧形扳子钩住固定套筒上的小孔（图 2.27），轻轻转动扳手，直到固定套筒上的基线和微分筒上的零线对正为止。

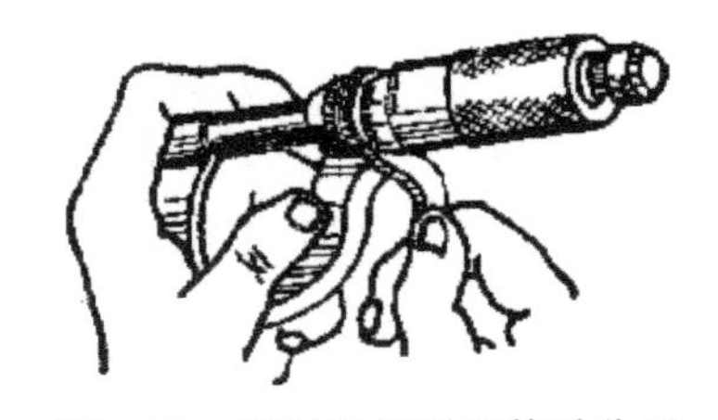

图 2.27　用弧形扳子调整千分尺

（2）调整微分筒：擦净两测量面并使其靠紧，紧捏微分筒，拧松调整螺母，转动微分筒使零线与主尺基线对准后，再拧紧调整螺母。

## 任务　利用千分尺进行尺寸的测量

能力目标：掌握千分尺的结构、刻度原理；熟练运用千分尺进行零件尺寸的测量。

要求：

1．由教师任意选择一个工件进行实际测量。

2．要注意正确的操作方法。选择的工件表面粗糙度 *Ra* 值控制在 1.6～6.3μm。

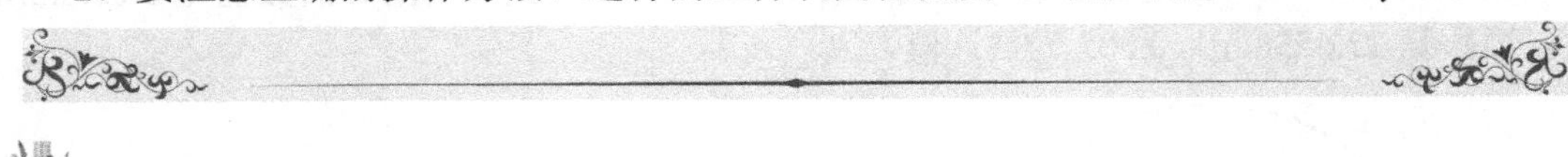

## 步　骤

1．使用前应检查千分尺的准确性，先将两测量面擦拭干净，然后旋转微分筒，使测量面接近。两测量面快接触时，拧动测力装置的转轮，直到发出嘎嘎的响声（表明测量面已经接触），查看微分筒端面与固定套管零线，以及微分筒零线与固定套管基线是否重合。

如果不重合，应检查原因并进行修正。25～50mm 以上的千分尺，应在两测量面间加校正杆，按上述方法检查。

2．工件较小时，用单手测量（图 2.28（a））。工件较大时，应用双手将尺扶正测量（图 2.28（b））。在车床上测量工件的方法见图 2.28（c）。

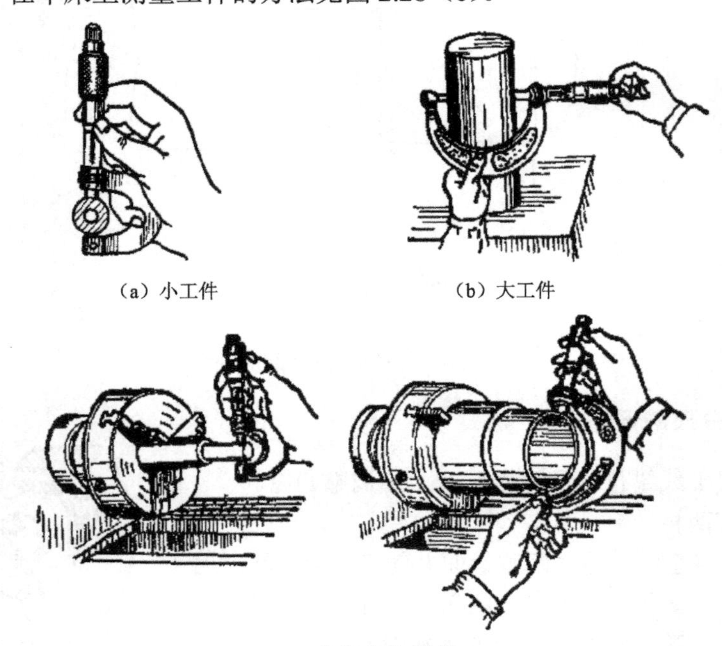

（a）小工件　（b）大工件

（c）在车床上测量

图 2.28　千分尺测量工件

3．读取测量后的尺寸。

4．计算被测尺寸。

5．评分参照表 2.6 执行。

表 2.6　千分尺的评分标准

| 序号 | 考核项目 | 考核内容及要求 | 评分标准 | 自测得分（40%） | 互测得分（30%） | 教师测评（30%） |
|---|---|---|---|---|---|---|
| 1 | 规范操作 | 1．是否对千分尺进行检查 | 20 分 | | | |
| | | 2．是否对千分尺进行调整 | 20 分 | | | |
| | | 3．测量方式是否正确 | 20 分 | | | |
| | | 4．是否按照要求进行读数 | 20 分 | | | |
| | | 5．计算尺寸是否正确 | 20 分 | | | |
| 总分 | | | | | | |

注　意

1．千分尺用完后要小心轻放，不要摔碰。如果不小心受到撞击，应立即进行检查，并调整它的精度，必要时应送计量部门检修。

2．不允许用砂纸和金刚砂擦测微螺杆上的污锈。

3．不能在千分尺的微分筒和固定套筒之间加酒精、煤油、柴油、凡士林及普通机油。不允许把千分尺浸泡在上述油类或冷却液里。若发现被上述液体侵入，要用汽油洗净，加上特种轻质润滑油。

4．千分尺应经常保持清洁，不能放在脏处，也不要放在衣袋里，每次测量完毕，要用清洁油的软布、棉纱等擦干净，再放回包装盒内。需要较长时间保管时，千分尺要用航空汽油洗净擦干并涂上防锈油；还要注意不使两个测量面贴合在一起，要稍微离开一些，以免锈蚀。

5．大型千分尺要平放在特制的木盒里，以免引起变形。

想一想

1．比较用千分尺和游标卡尺测量工件的区别。

2．测量同一零件时，你的读数与其他同学有差异吗？分析原因。

拓展阅读

随着技术的发展，目前市场上有数显游标卡尺、带表游标卡尺和数显千分尺，如图 2.29 所示。

数显游标卡尺可以直接显示测量数值。带表游标卡尺运用齿条传动齿轮带动指针显示数值，指示表的分度值有 0.01、0.02、0.05 三种，读数时在主尺上读出整数，表盘上读出小数。数显游标卡尺、带表游标卡尺都可以连接数据采集仪，进行自动测量，数据采集仪会自动采集测量数据并计算分析、自动判断结果，如图 2.29（d）所示。这种测量方法可以提高测量效率，减少由于人工测量所造成的误差，比游标卡尺读数更为快捷准确，且方便数据分析。

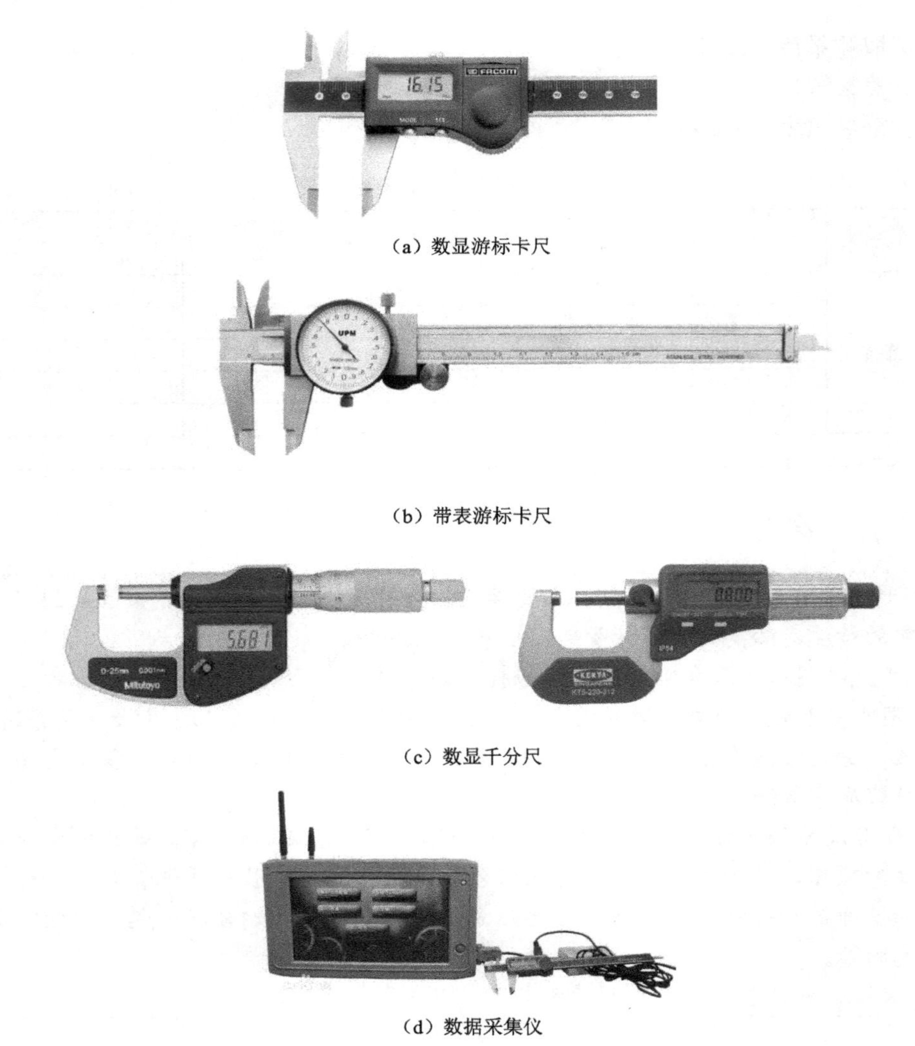
（a）数显游标卡尺

（b）带表游标卡尺

（c）数显千分尺

（d）数据采集仪

图 2.29　量具的其他表现形式

数显千分尺具有极高的测量精度和优秀的性能。其分辨率 1μm/.00002"，精度±2μm，可保证很高的测量精度；可通过一个手持式控制器（或 RS-232C 接口）实现远程控制；内置模拟指针显示，可轻松实现跳动测量。

这些先进测量工具可进行自动数据采集，实现无纸化；提高数据的准确性，更加实时；实现品质数据的实时、远程监控；方便移动，实现移动数据采集，解决现场数据记录问题。它们已在生产实际中得到应用。

## 学习单元 3　游标角度尺

游标角度尺又被称为角度规、万能角度尺和万能量角器，它是利用游标读数原理来直接测量工件角度或进行划线的一种角度量具。游标角度尺的示值一般分 5′和 2′两种，测量范围为外角 320°。下面介绍示值为 5′的游标角度尺。

### 1．游标角度尺的结构

如图 2.30 所示，在圆弧形的主尺上，刻有 90 个分度（零线左边有 40 个分度，右边有 50 个分度，标有数字）和 30 个辅助分度（未标数字），在右下端固定着基尺 4，它的下面是测量面，主尺 1 能沿着扇形板 6 上边的内圆弧面和制动头 5 上边的外圆弧面作圆周移动；扇形板的背面有微动装置，转动小手轮，通过齿轮传动能使主尺 1 沿着扇形板 6 进行微动。使用制动头 5 可把主尺 1 和扇形板 6 紧固在一起。由主尺 1 和扇形板 6 的游标 3 共同组成了万能角度尺的游标读数装置。在扇形板 6 上用螺钉连接着一个卡块 7，角尺 2 的长边可以穿过这个卡块 7，并用卡块 7 上的螺钉把它紧固在扇形板 6 的任何位置上。在角尺 2 的短边上也用螺钉连接着一个卡块 7，直尺 8 可以穿过这个卡块 7，用卡块 7 上的螺钉把它紧固在角尺 2 短边的任何位置上。如果把角尺 2 拆下来，也可以把直尺 8 装上去，用卡块 7 上的螺钉把它与扇形板 6 固定在一起。基尺 4 的下面、扇形板 6 的左侧面、角尺 2 长边的右面及短边的下面、直尺 8 的刀口形上面都是测量面。

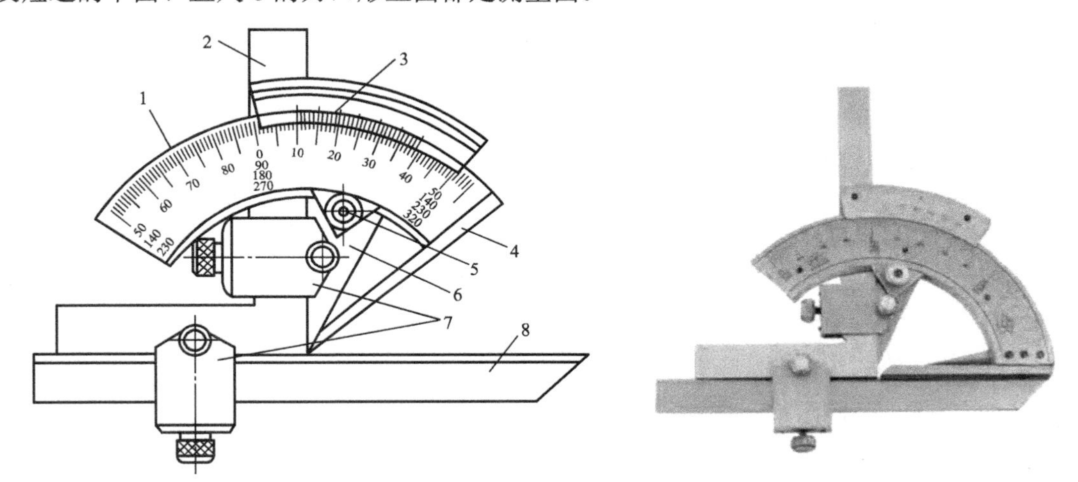


1—主尺；2—角尺；3—游标；4—基尺；5—制动头；6—扇形板；7—卡块；8—直尺

图 2.30 游标万能角度尺

测量时，就是利用基尺的测量面和其他有关测量面之间的夹角变化来进行角度测量的，并通过游标读数装置来读取数值。由于游标角度尺的角尺和直尺能够移动和拆换，可以组合成许多的测量形式，因此，其用途广泛，使用方便。

### 2．游标角度尺的刻度原理

如图 2.31 所示，主尺上均匀地刻有 120 条刻线，每两条刻线之间的夹角是 1°，这是主尺的刻度值。游标上也有一些均匀刻线，共有 12 个格，与主尺上的 23 个格正好相等，因此，游标上每一格刻线之间的夹角是 23°/12＝60′×23/12＝115′。主尺两格刻线夹角与游标一格刻线夹角的差值为：2°-115′＝120′-115′＝5′，这就是游标的读数值（分度值）。

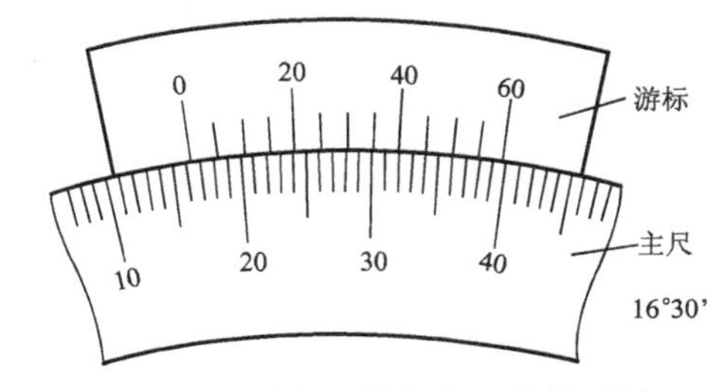


图 2.31 游标万能角度尺读数示例

和游标卡尺类似，要先从主尺上读取游标零线前的整刻度数，然后在副尺上读出分的数值，两者相加就是被测件的角度数值。

读数时可分为 3 步（以图 2.31 为例）。

① 先读度的数值：看游标零线的左边，主尺上最靠近一条刻线的数值，读出被测角度的整数部分，图示被测角度的整数部分为 16。

② 再从游标尺上读出分的数值：看游标上哪条刻线与主尺相应刻线对齐，可以从游标上直接读出被测角度的小数部分，即分的数值。图示游标的 30 分刻线与主尺刻线对齐，故小数部分为 30′。

③ 被测角度等于上述两次读数之和，即 16° +30′=16° 30′。

### 3．游标角度尺的测量方法

（1）测量 0° ～50° 的角度，把角尺和直尺全都装上。把工件的被测部位放在基尺和直尺的测量面之间进行测量（图 2.32（a））。

（2）测量 50° ～140° 的角度，可把角尺卸掉，把直尺装上去，使它与扇形板连在一起。把工件的被测部位放在基尺和直尺的测量面之间进行测量（图 2.32（b））。也可以不拆下角尺，只把直尺和卡块卸掉，再把角尺拉到下边来。把工件的被测部位放在基尺和角尺长边的测量面之间进行测量（图 2.32（c））。

（3）测量 140° ～230° 的角度，把直尺和卡块卸掉，只装角尺，但要把角尺推上去，直到角尺短边与长边的交线和基尺的尖棱对齐为止。把工件的被测部位放在基尺和角尺短边的测量面之间进行测量（图 2.32（d））。

（4）测量 230° ～320° 的角度，把角尺、直尺和卡块全部卸掉，只留下扇形板和主尺（带基尺）。把工件的被测部位放在基尺和扇形板测量面之间进行测量（图 2.32（e））。

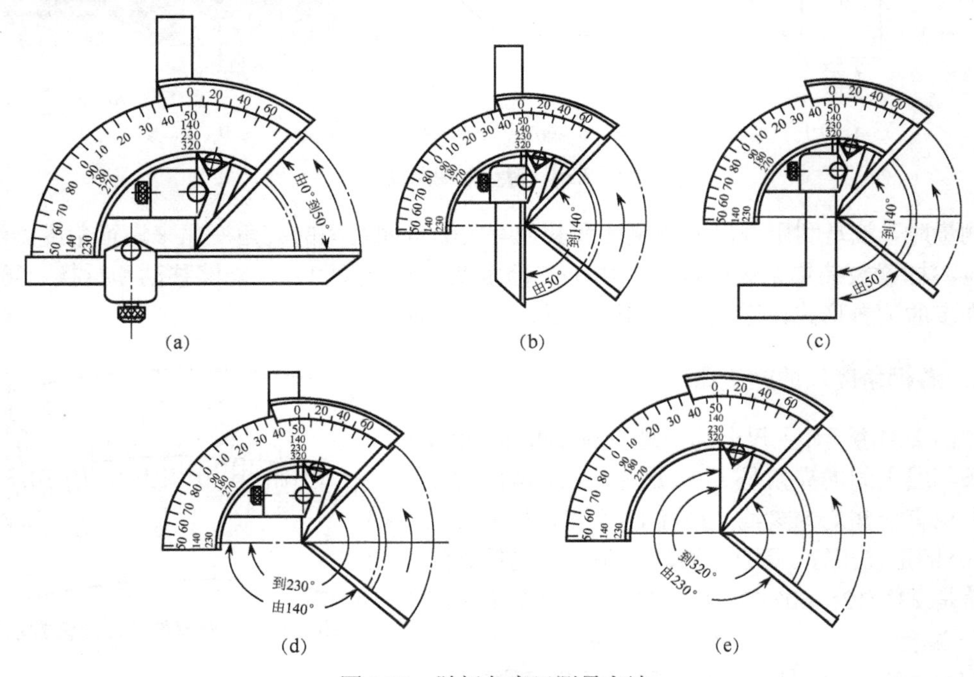


图 2.32　游标角度尺测量方法

只要掌握了游标万能角度尺的结构原理和基本测量方法，就可以灵活运用，测量各种结构形状的角度（图 2.33）。

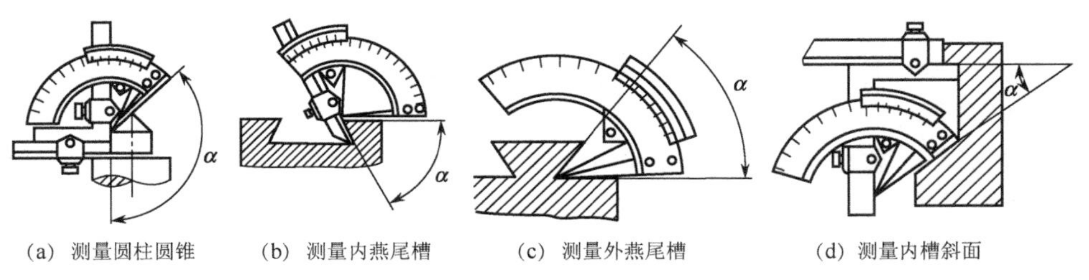


图 2.33 游标角度尺测量示例

## 练一练

### 任务 利用游标角度尺进行工件尺寸的测量

能力目标：掌握游标角度尺的结构、刻度原理；熟练运用游标角度尺进行零件尺寸的测量。

要求：

1．由教师任意选择一个带锥度的工件进行实际测量。

2．要注意正确的操作方法。

## 步 骤

1．使用前把角度尺擦净并进行检查，检查外观有无碰伤、锈蚀、擦痕等影响使用的缺陷；然后检查各活动件的运动是否灵活、平稳、可靠，能否可靠地固定在需要的位置上，制动后读数是否有变化等，检查零位。

松开扇形板上的卡块螺钉，移动基尺和直尺的测量面使之相互接触，同时要旋转微动装置，直至基尺和直尺的测量面间相互严密贴合，无可见光隙为止，这时可检查游标零线是否与主尺零线对齐，游标尾线是否与主尺相应刻线对齐，如果都对齐了，说明零位准确，如果零位不准，就必须送检。

2．测量时，根据工件被测部位的情况，先调整好角尺或直尺的位置，用卡块上的螺钉把它们紧固住。再调整基尺测量面与其他有关测量面之间的夹角，直到两个测量面与被测表面密切贴合为止。然后拧紧制动器上的螺母，把角度尺取下来进行读数。

3．主尺上基本角度的刻线只有 90 个分度，如果被测角度大于 90°，在读数时，应该加上一个基数（90°、180°、270°），即当被测角度是如下情况时，测得角度为：

被测角度大于 90° 小于 180° 时，测得角度=90° +角度尺读数；

被测角度大于 180° 小于 270° 时，测得角度=180° +角度尺读数；

被测角度大于 270° 小于 320° 时，测得角度=270° +角度尺读数。

因此，把大于 90° 的某些数值也标在主尺上，读值时不要搞错。

4．测量时，应使角度尺的两个测量面与被测件表面在全长上保持良好接触，以免引起测量误差。

5．角度尺不要受到碰撞，注意保护各测量面，装角尺和直尺时，应避免卡块螺钉压在测量面上划伤尺面。

6．测量完毕，要松开各紧固零件，取下直尺、角尺，擦净后在各测量面上涂防锈油，然后装入盒内保管。

7．评分标准见表 2.7。

**表 2.7　游标角度尺的评分标准**

| 序号 | 考核项目 | 考核内容及要求 | 评分标准 | 自测得分（40%） | 互测得分（30%） | 教师测评（30%） |
|---|---|---|---|---|---|---|
| 1 | 规范操作 | 1．是否对游标角度尺进行检查 | 20 分 | | | |
| | | 2．是否进行检查零位 | 20 分 | | | |
| | | 3．是否对角度尺进行调整 | 20 分 | | | |
| | | 4．测量方式是否正确 | 20 分 | | | |
| | | 5．是否按照要求进行读数 | 20 分 | | | |
| | | 6．计算尺寸是否正确 | 20 分 | | | |
| 总分 | | | | | | |

**注　意**

1．按工件所要求的角度，组合好游标角度尺的测量范围。

2．工件表面要清洁。

3．测量时，游标角度尺要拿正拿稳，并使尺面与工件的测量面相吻合；在读数时，应固定紧固螺钉，然后离开工件，以免不慎使角度值改变。

**想一想**

1．游标角度尺的测量原理是什么？

2．在用游标角度尺测量工件时，如果检测到零位不准，如何调整？

# 项目 4　车床操作规范

## 学习单元 1　6S 管理

目前我国大部分制造型企业处于粗放型管理阶段，人员素质偏低、作业环境复杂、安全隐患较多，为改善现状，提高管理效率，有许多企业引入 6S 管理。6S 起源于日本，是指在生产现场中对人员、机器、材料、方法等生产要素进行有效的管理。

日本式企业将 6S 运动作为管理工作的基础，推行各种品质的管理手法，产品品质得以迅速提升，奠定了经济大国的地位。

6S 管理注重员工的显性素质（指知识、资质和技能）和隐性素质（指职业意识、职业道德和职业态度）的培养，通过优秀的管理模式，转变员工意识，规范员工行为，对于塑造企业的形象、降低成本、准时交货、安全生产、高度的标准化、创造令人心旷神怡的工作场所、现场改善等方面发挥了巨大作用，逐渐被各国的管理界所认识，也是我国企业目前的现代管理方法之一。

### 1．6S 管理的定义

6S 是指整理（SEIRI）、整顿（SEITON）、清扫（SEISO）、清洁（SEIKETSU）、安全（SAFETY）、素养（SHITSUKE）这六个日文单词，因为六个单词的首字母都是“S”，所以统称为“6S”。

（1）整理

整理就是清楚地区分出必要与不必要的物品，并把不必要的物品处理掉，将混乱的状态收拾成井然有序的状态。清理工作思路，创造清爽的工作场所。

（2）整顿

整顿就是把必要物品分门别类地放置，并进行标识和定置、定位，使物品随手可取，对必要物品能实施目视管理、颜色管理，进行适当的定位，使物品放置标准化，员工可以快速、正确、安全地取用所需物品，减少寻找物品的时间，消除过多的积压物品，提高工作效率。整顿的三要素是“场所、方法、标识”，物品的保管要实行三定，“定点、定容、定量”。

（3）清扫

清扫就是将工作场所的设备、工具等打扫干净，并去除污染源，对整理、整顿已改善完成的事项进行持续性地维持和改进，使工作场所无垃圾、无灰尘、干净整洁，进而提高产品品质及工作效率。清扫的对象包括地板、天花板、墙壁、工具架、橱柜、机器、工具、测量用具等。

（4）清洁

清洁就是将整理、整顿、清扫进行到底，保持其成果，并且制度化、标准化、管理公开化、透明化。

（5）安全

安全就是消除工作中的一切不安全因素，杜绝一切不安全现象，使员工有一个既安全又舒适的工作环境，工作中要严格执行操作规程，严禁违章作业，时刻注意安全。

（6）素养

素养就是通过整理、整顿、清扫、清洁、安全等合理化的改善活动，培养企业上下统一的管理语言，使全体员工养成标准、遵守规定的良好习惯，进而促进员工素养的全面提升。素养的内容包括着装、礼仪、规章制度、操作规范等。

### 2．实训车间 6S 管理的实施

实训过程中，既要对学生进行技能培养，也要灌输企业管理的理念，培养学生的职业素养。结合实训课程的特点，各学校可根据自己的情况分配技能和 6S 表现权重。学生实训 6S 管理要求见表 2.8。

**表 2.8　6S 管理检查表**

| 机床编号 | | 责任人 | | 检查人 | | 日期 | |
|---|---|---|---|---|---|---|---|

| 项目 | 编号 | 内容 | 项目 | 编号 | 内容 |
|---|---|---|---|---|---|
| 整理 A | A1 | 课桌桌面无杂物 | 安全 E | E1 | 下班时关灯 |
| | A2 | 机床床头箱无杂物 | | E2 | 下班时关水 |
| 整顿 B | B1 | 刀具放置到位、整齐 | | E3 | 下班时切断机床电源 |
| | B2 | 量具放置到位、整齐 | | E4 | 门窗安全 |
| | B3 | 工件放置到位、整齐 | | E5 | 无机床操作失误或故障而造成的伤害 |
| | B4 | 操作完机床手柄、移动部件到指定位置 | 素养 F | F1 | 工作服穿着规范 |
| 清扫 C | C1 | 机床导轨面无切屑 | | F2 | 按时上下班，守纪律 |
| | C2 | 工作场地范围内无垃圾、切屑 | | F3 | 机床操作规范 |
| | C3 | 自觉将垃圾放入指定地点 | | F4 | 对老师礼貌 |
| 清洁 D | D1 | 自觉执行清扫任务，且完成质量好 | | F5 | 注重团队合作，互相帮助 |
| | D2 | 完成机床润滑 | | F6 | 注重产品质量 |
| | D3 | | | F7 | |

| 日期 | 1 | 2 | 3 | 4 | 5 | 6 | 7 | 8 | 9 | 10 | 11 | 12 | 13 | 14 | 15 | 16 | 17 | 18 | 19 | 20 | 备注 |
|---|---|---|---|---|---|---|---|---|---|---|---|---|---|---|---|---|---|---|---|---|---|
| A1 | | | | | | | | | | | | | | | | | | | | | |
| A2 | | | | | | | | | | | | | | | | | | | | | |
| B1 | | | | | | | | | | | | | | | | | | | | | |
| B2 | | | | | | | | | | | | | | | | | | | | | |
| B3 | | | | | | | | | | | | | | | | | | | | | |
| B4 | | | | | | | | | | | | | | | | | | | | | |
| C1 | | | | | | | | | | | | | | | | | | | | | |
| C2 | | | | | | | | | | | | | | | | | | | | | |
| C3 | | | | | | | | | | | | | | | | | | | | | |
| D1 | | | | | | | | | | | | | | | | | | | | | |
| D2 | | | | | | | | | | | | | | | | | | | | | |
| D3 | | | | | | | | | | | | | | | | | | | | | |
| E1 | | | | | | | | | | | | | | | | | | | | | |
| E2 | | | | | | | | | | | | | | | | | | | | | |
| E3 | | | | | | | | | | | | | | | | | | | | | |
| E4 | | | | | | | | | | | | | | | | | | | | | |
| E5 | | | | | | | | | | | | | | | | | | | | | |
| F1 | | | | | | | | | | | | | | | | | | | | | |
| F2 | | | | | | | | | | | | | | | | | | | | | |
| F3 | | | | | | | | | | | | | | | | | | | | | |
| F4 | | | | | | | | | | | | | | | | | | | | | |
| F5 | | | | | | | | | | | | | | | | | | | | | |
| F6 | | | | | | | | | | | | | | | | | | | | | |
| 结果 | | | | | | | | | | | | | | | | | | | | | |

| 记录符号 | 完成：√　未完成：×　结果：好☆　一般△　差○ |
|---|---|

**注 意**

1. 指导教师对 6S 管理应有一定的理解，整理、整顿、清扫、清洁、安全、素养各项应有可执行的标准。

2. 实训每周以 5 天计，每天学生有详细的安排。

3. 以机床为检查单元，以学生互查为主。

**想一想**

1. 通过一段时间的实训，对整理、整顿、清扫、清洁、安全、素养有何认识？

2. 实训过程中，机床是否出过故障？若有，是何原因？师傅是如何处理的？

## 学习单元 2 车工安全操作要求

1. 操作前要穿紧身工作服，袖口扣紧，上衣下摆不能敞开，不得在开动的机床旁穿、脱衣服，或围布于身上，防止机器绞伤。长头发员工必须戴好安全帽，辫子应放入帽内，禁止穿裙子、短裤或拖鞋上机操作。要戴好防护镜，以防铁屑飞溅伤眼。

2. 开车前仔细检查车床各部分机构及防护设备是否完好，各手柄是否灵活、位置是否正确。检查各注油孔，并进行润滑。然后使主轴空运转 1～2 分钟，待车床运转正常后才能工作。若发现车床运转不正常，应立即停车，告知维修工进行维修，未修复不得使用。

3. 机床运转时，严禁戴手套操作；严禁用手触摸机床的旋转部分；严禁在车床运转中隔着车床传送物件；严禁用棉纱擦抹转动的工件。清除铁屑应用刷子或钩子，禁止用手清理。

4. 机床运转时，不准测量工件，不准用手去刹转动的卡盘；装卸工件，安装刀具，加油以及打扫切屑，均应停车进行。用砂纸时，应放在锉刀上，严禁戴手套用砂纸操作，磨破的砂纸不准使用，不准使用无柄锉刀。

5. 工作时，必须集中精力、注意手，身体、头不应与工件靠得太近，以防切屑飞入眼中。同时必须侧身站在操作位置，禁止身体正面对着转动的工件。如果车削铸铁、黄铜等脆性材料工件时，必须戴上防护眼镜。

6. 主轴变速必须停车，变换进给箱手柄要在低速进行。为保持丝杠的精度，除车削螺纹外，不得使用丝杠机动进给。

7. 工具箱内应分类摆放物件，不可随意乱放，以免损坏和丢失。刀具、量具及工具等的放置要稳妥、整齐、合理、有固定的位置，便于操作时取用，用后应放回原处。

8. 不允许在卡盘及车床导轨上敲击或校直工件，床面上不准放置工件或其他物品。在车床主轴上装卸卡盘应在停机后进行，不可借用电动机力量取下卡盘。

9. 车刀磨损后，应及时刃磨，不允许用钝刃车刀继续车削，以免增加车床负荷、损坏车床，影响工件表面的加工质量和生产效率。

10．工作完毕后，应切断机床电源或总电源，将刀具和工件从工作部位退出，清理安放好所使用的工、夹、量具，清扫机床，并按规定加注润滑油；将床鞍摇至床尾一端，各转动手柄放到空挡位置，关闭电源。

11．机床运转时，操作者不能离开机床，发现机床运转不正常时，应立即停车，请维修工检查修理。当突然停电时，要立即关闭机床，并将刀具退出工作部位。

# 专题三　车刀的刃磨与安装

## 项目 1　车刀的角度

切削刀具的种类很多，形状多种多样，但其切削部分的几何形状却有许多共同特征。各种多齿刀具和复杂刀具都可看做是外圆车刀切削部分的演变和组合。下面以最简单、最典型的外圆车刀为例，进行分析和研究。

### 学习单元 1　建立测量平面

#### 1．车刀切削部分的组成

车刀切削部分由三个刀面、两个切削刃、一个刀尖组成，如图 3.1 所示。

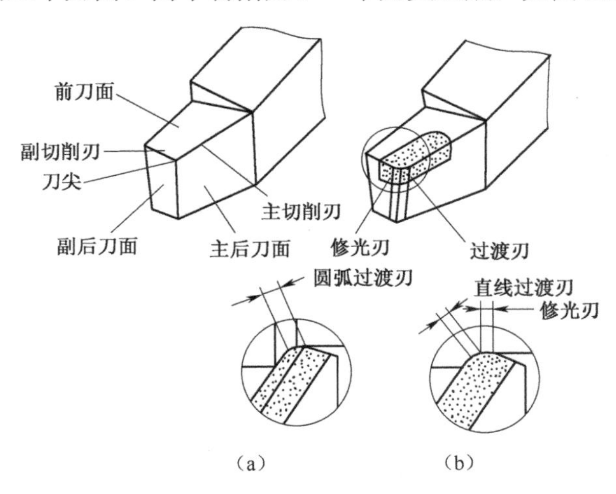


图 3.1　车刀的组成

- 前刀面：刀具上切屑流过的表面。
- 主后刀面：刀具上与工件的过渡表面相对的表面。
- 副后刀面：刀具上与工件的已加工表面相对的表面。
- 主切削刃：前刀面与主后刀面的交线，切削时它完成主要的切削工作。
- 副切削刃：前刀面与副后刀面的交线，切削时起辅助切削作用。
- 刀尖：指主切削刃和副切削刃的连接处相当少的一部分切削刃，是一段过渡圆弧。

#### 2．测量平面

为了确定和测量刀具角度，需要做出几个辅助平面，即切削平面、基面和截面，如

图 3.2、图 3.3 所示。

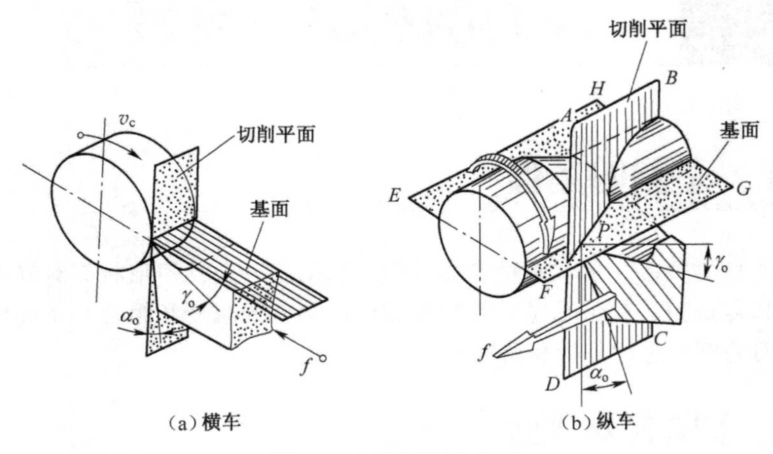


（a）横车　（b）纵车

图 3.2　切削平面和基面

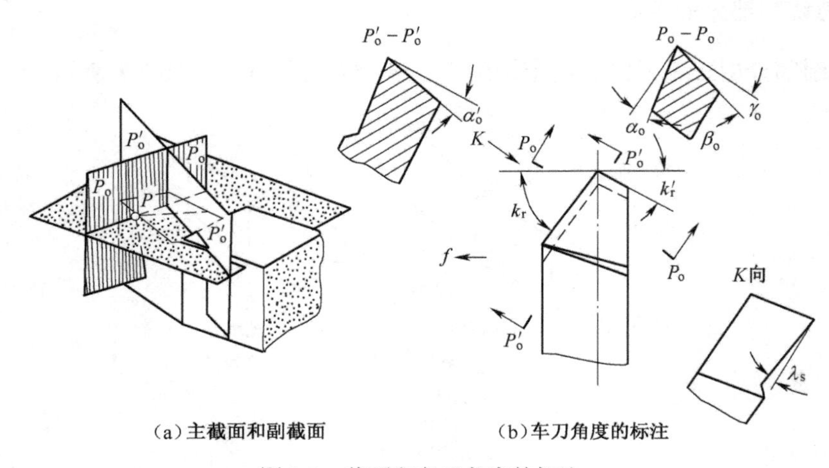


（a）主截面和副截面　（b）车刀角度的标注

图 3.3　截面和车刀角度的标注

① 切削平面 $P_s$：通过主切削刃选定点，切于工件过渡表面的平面。图 3.2（b）中的 *ABCD* 平面即为 *P* 点的切削平面。

② 基面 $P_r$：通过主切削刃上选定点，并垂直于该点切削速度方向的平面。图 3.2（b）中的 *EFGH* 平面即为 *P* 点的基面。

显然，切削平面和基面始终是相互垂直的。

③ 截面：通过主切削刃上选定点，并同时垂直于基面和切削平面的平面。图 3.3（a）中过 *P* 点的 $P_o$-$P_o$ 截面为主截面，$P_o'$-$P_o'$ 截面为副截面。

## 练一练

选择一把车刀，观察其结构，找出前面、后面、副后面、主切削刃、副切削刃。

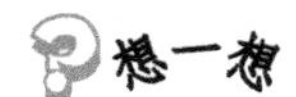


车刀的刀尖真的是一个尖点吗？仔细看看车刀。

## 学习单元 2　标注车刀角度

车刀的标注角度是绘制刀具图样和车刀刃磨必须要掌握的角度，有五个主要角度，即前角、后角、主偏角、副偏角及刃倾角。外圆车刀角度的标注如图 3.3（b）所示。

在截面内测量的角度有：

① 前角$\gamma_o$：前刀面与基面之间的夹角。根据前刀面与基面相对位置的不同，前角又可分为正前角、零前角和负前角。

前角$\gamma_o$对切削的难易程度有很大影响。增大前角能使刀刃锋利，切削容易，降低切削力和切削热；但前角过大，刀刃部分强度下降，导热体积减小，寿命缩短。

前角大小的选择与工件材料、刀具材料、加工要求等因素有关。工件材料的强度、硬度低，前角应选择得大些，反之选小些；刀具材料韧性好，前角可选得大些，反之选小些；精加工时，前角应选得大些，反之选小些。

② 后角$\alpha_o$：主后刀面与切削平面之间的夹角。在主截面内测量的是主后角（$\alpha_o$）、在副截面内测量的是副后角（$\alpha_o'$）。

后角的作用是为了减小后刀面与工件之间的摩擦，以减少后刀面的磨损。精加工时取较大后角；粗加工时取较小后角。

前角、后角的正、负是这样规定的：在主截面中，前刀面与切削平面间夹角小于 90°时前角为正，大于 90° 时前角为负；后刀面与基面夹角小于 90° 时后角为正，大于 90° 时后角为负，如图 3.4 所示。

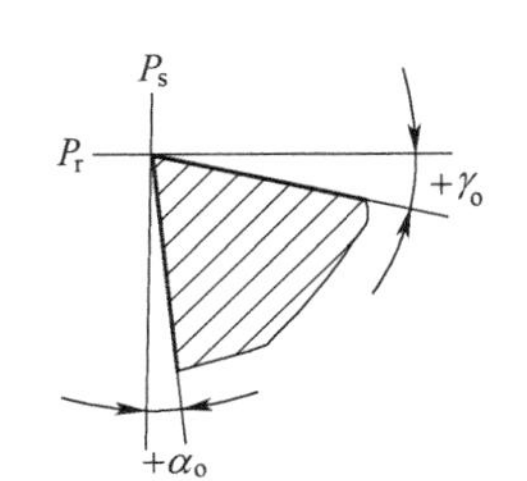

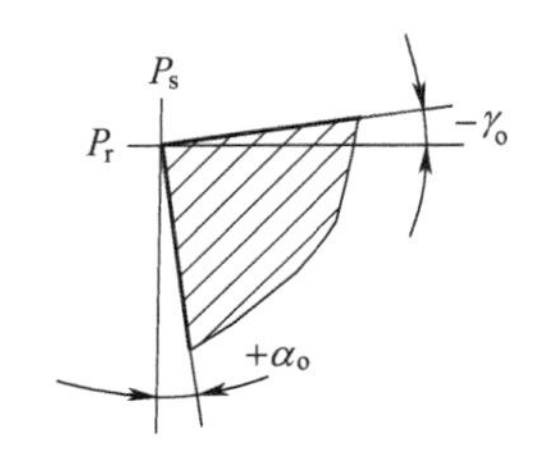

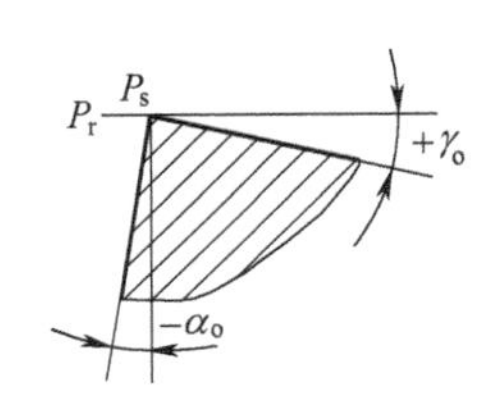


图 3.4　前、后角正、负的规定

在基面内测量的角度有：

① 主偏角$\kappa_r$：主切削刃在基面上的投影与进给运动方向间的夹角。主偏角$\kappa_r$的大小影响切削条件和刀具寿命。当切削力一定时，增大主偏角可减小径向的抗力，所以，加工刚性较弱的细长轴时，可适当选用较大的主偏角。

在进给量和背吃刀量一定时，减小主偏角可使主切削刃相对长度上的切削力减小，从而使刀具寿命提高。车刀常用的主偏角有 45°、60°、75° 和 90° 四种。

② 副偏角$\kappa_r'$：副切削刃在基面上的投影与背离进给运动方向间的夹角。副偏角$\kappa_r'$的大小主要影响表面粗糙度。粗加工时副偏角取得较大些，精加工时取小些。

③ 刃倾角$\lambda_s$：主切削刃与基面间的夹角。与前角类似，刃倾角也有正、负和零值，如图 3.5 所示。

刃倾角$\lambda_s$ 主要影响刀头的强度和切屑流动的方向。粗加工时为了增加刀头强度，$\lambda_s$ 常取负值；精加工时为了防止切屑划伤已加工表面，$\lambda_s$ 常取正值或零值。负的刃倾角还可在车刀受冲击时起到保护刀尖的作用，如图 3.5（b）所示。

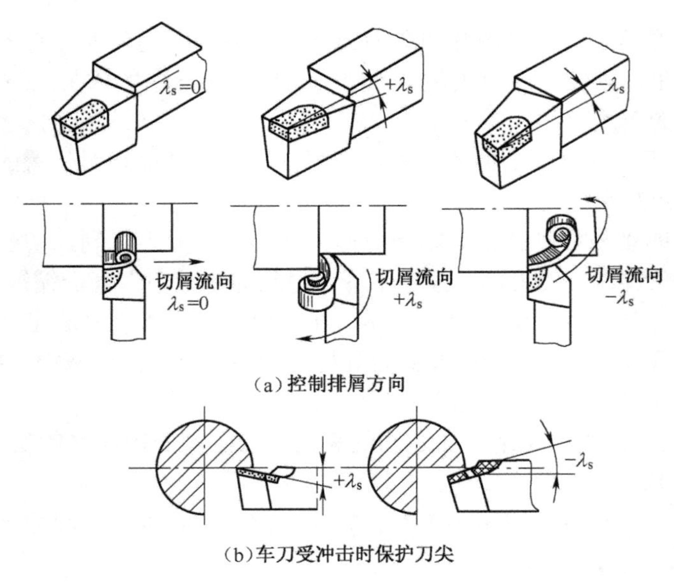


（a）控制排屑方向



（b）车刀受冲击时保护刀尖

图 3.5　刃倾角的作用

选择一把车刀，判断前角和刃倾角的正负，及主偏角的大致角度。

想一想

根据定义，车刀工作时的角度与静止时测量的角度一样吗？

# 项目 2　车刀的刃磨

## 学习单元 1　刀具磨损与寿命的概念

### 1. 刀具寿命

刀具的寿命：刀具从开始切削到完全报废，实际切削时间的总和。

刀具耐用度：刀具在两次刃磨之间实际进行切削的时间，通常以分钟计算。

刀具寿命的长短将直接影响到加工质量、刀具材料消耗、生产率高低及加工成本的大小。在加工操作中，要尽量减少刀具的磨损，提高刀具的寿命。

影响车刀寿命的因素有加工材料的性质、车刀的材料、车刀的角度和前刀面的形状、切削用量、冷却情况。

在影响刀具寿命的诸多因素中，切削速度影响最大，其次是进给量，背吃刀量影响最小，具体见表 3.1。

表 3.1 刀具寿命的影响因素

| 影响因素 | 对刀具寿命产生的效应 | 原因 |
|---|---|---|
| 加工材料的性质 | 硬度、强度和冷硬能力增大，车刀的寿命就会降低 | 由于硬的材料对刀具产生较大的压力，而摩擦力和发生的热量又随着压力的增加而增大 |
| 刀具的材料 | 能承受较高的发热温度同时并不丧失它的硬度的刀具材料寿命长。镶有硬质合金刀片刀具的寿命较长，高速钢刀具寿命次之，寿命最短的为碳钢制刀具 | 刀具材料在临界温度下，刀刃会丧失硬度很快变钝。如碳钢制的车刀为 200℃～250℃，高速钢制的车刀是 560℃～600℃，镶硬质合金刀片的车刀是 900℃～1 000℃ |
| 后角 $\alpha$<br>前角 $\gamma$<br>主偏角 $\varphi$<br>刀尖圆弧半径 | 前角增大，切削温度降低，刀具寿命提高；前角太大，刀刃强度低，散热慢，且易于破损，故寿命反而下降；减小主偏角和增大刀尖圆弧半径，增加刀具强度和改善散热条件，可以提高刀具寿命 | 切削温度、刀具的强度和散热的影响 |
| 前刀面形状 | 车刀越粗大，寿命越长 | 容易散走刀刃上的热 |
| 切削用量 | 对车刀寿命影响大。切削速度影响最大，其次为进给量，背吃刀量对其的影响最小 | |

经验证明，加工韧性金属时宜采用前面带斜边和断屑槽的车刀，切屑易弯曲，可提高车刀寿命。切削截面相同时，切削深度大些和进刀量小些，比切削深度小些而进刀量大些的时候能够保证较长的车刀寿命。这是因为切削深度较大时，切屑面和刀刃以较长的长度相接触，因此，切削热比较容易散走。正因为这样，在同样的切削截面时，就车刀的寿命来说，以宽而薄的切削工作时比窄而厚的切削要好些。

为了提高刀具寿命，首先应该尽量选用大的背吃刀量，然后根据加工条件和要求选取允许的最大进给量，最后在刀具寿命和机床功率情况下选取最大的切削速度。

### 2. 刀具磨损

在切削时，由于高温、高压的影响，刀具会被磨损，其磨损形式如图 3.6 所示。前刀面被磨成月牙洼，后刀面形成磨损棱面，多数情况是二者同时发生，相互影响。主切削刃靠近工件外皮处及副切削刃靠近已加工表面处的后刀面上，磨出较深的沟纹，称为边界磨损。

刀具磨损过程分为三个阶段。

（1）初期磨损阶段：切削时间不长，磨损较快，这是由于新磨刀具表面粗糙不平或表层组织不耐磨引起的。

（2）正常磨损阶段：磨损量以较均匀的速度加大，这是由于刀具表面磨平后，接触面增大、压强减小所致。

（3）急剧磨损阶段：磨损量达到一定数值后，磨损急剧加速，继而刀具破坏，这是由于切削时间过长，磨损严重，切削温度剧增，刀具强度、硬度降低所致。

刀具磨损过程曲线如图 3.7 所示。

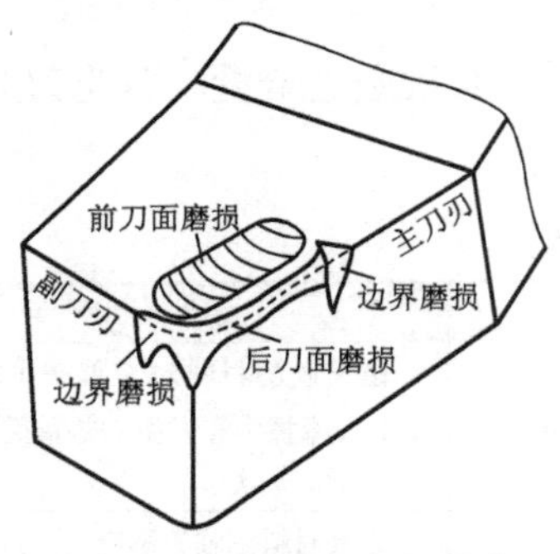


图 3.6　刀具正常磨损形式

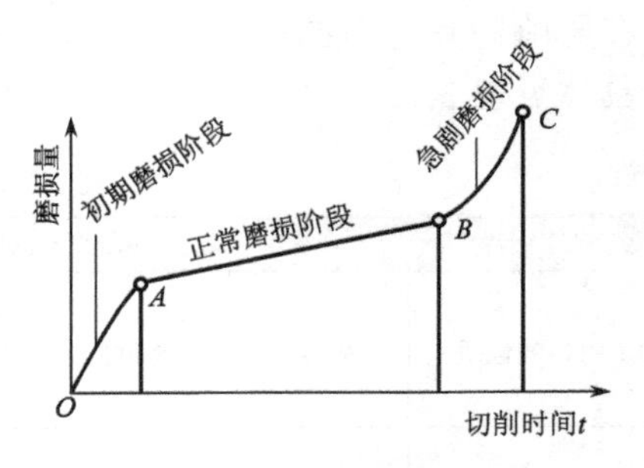


图 3.7　刀具磨损过程曲线

在使用刀具时，应控制刀具在产生急剧磨损前必须重磨或更新刀刃。这时的磨损量称为磨损限度或磨钝标准。

想一想

1．影响刀具寿命的因素有哪些？

2．刀具磨损分为哪三个阶段？

## 学习单元 2　外圆车刀刃磨

车刀的刃磨是车工必须掌握的基本功之一，刃磨是获得正确、合理的车刀几何形状和角度的必要手段。车刀用钝后，必须经过刃磨才能恢复其合理的形状和角度。

车刀刃磨的方法有机械刃磨和手工刃磨两种，机械刃磨效率高，操作方便。但是手工刃磨对设备要求低，刃磨灵活方便，目前仍然普遍采用。

车刀刃磨是在普通的砂轮机上或者在专门的工具磨床上进行的。首先必须正确选择砂轮，其次是掌握磨刀步骤和方法，才能磨出切削效果好的车刀。一般先磨车刀的主后面，然后磨副后面，最后磨车刀的前面。在磨完这几个面之后，再把车刀刀尖圆一圆。

### 1．砂轮的选择

砂轮是由磨粒加结合剂用粉末冶金的方法制成的。制造砂轮时，用不同的配方和不同的投料密度来控制砂轮的硬度和组织。目前工厂中常用的磨刀砂轮有以下两种。

（1）氧化铝砂轮。氧化铝砂轮的韧性好，比较锋利，但是硬度稍低，适于刃磨高速钢车刀。一般所用的氧化铝砂轮为白刚玉，代号为 WA。

（2）碳化硅砂轮。碳化硅砂轮的硬度高，切削性能好，但较脆，适用于刃磨硬质合金刀具。一般采用绿色碳化硅砂轮，代号 GC。

砂轮除磨料不同外，还有软硬粗细之分，上述两种砂轮分别有软（代号 R）、中软（代号 ZR）、中（代号 Z）、中硬（代号 ZY）、硬（代号 Y）等级别。

砂轮的粗细以粒度表示。粒度是以磨粒刚刚能通过的那一号筛网的网号来表示磨粒大小的程度。砂轮的粒度很多，粒度数字越大表示砂轮越细。

粗磨车刀应选用较粗的软砂轮（如可选用 40～60 粒度的中软砂轮），便于磨粒及时脱落。精磨车刀应选用较细的硬砂轮（如可用 80～120 粒度的中硬砂轮），适应精磨时磨削余量小的特点。

### 2．磨刀步骤

车刀的刃磨与研磨如图 3.8 所示。

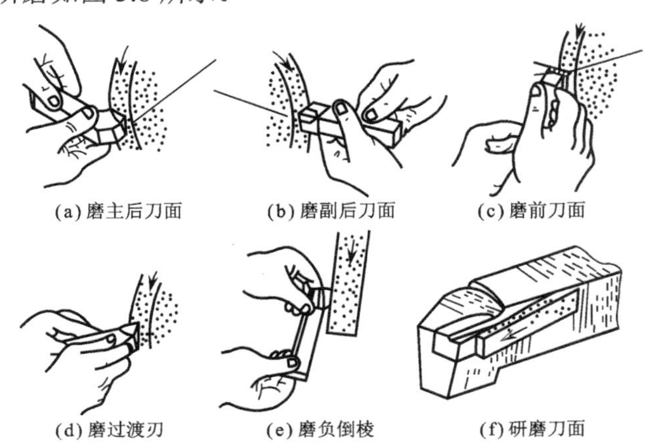


图 3.8　车刀的刃磨与研磨

高速钢车刀和硬质合金车刀的刃磨有所不同，因为硬质合金刀片的性质硬而脆，刃磨时切削刃容易产生锯齿形缺口。因此将它们的刃磨步骤分别介绍如下。

（1）高速钢车刀刃磨的一般步骤

① 磨主后刀面。磨主后刀面的目的是磨出车刀的主偏角和主后角。

② 磨副后刀面。磨副后刀面的目的是磨出车刀的副偏角和副后角。

③ 磨前刀面。磨前刀面的目的是磨出车刀的前角和刃倾角。

④ 磨刀尖圆弧。磨刀尖圆弧的目的是磨出主切削刃与副切削刃之间的过渡切削刃。圆弧半径用 $r$ 表示。

⑤ 精磨各刀面。在较细的砂轮上仔细修磨切削部分的各刀面，以提高各刀面切削刃的表面光洁度，并使车刀的几何形状和角度完全符合要求。

⑥ 研磨后刀面和过渡切削刃。用油石轻轻研磨车刀的后刀面和过渡刃，并研磨掉各切削刃在刃磨时留下的毛刺，进一步提高各切削刃及各刀面的光洁度，从而提高车刀的耐用度。研磨时应注意油石必须平整，如果油石表面不平整，应先在平台上修整油石表面。

（2）硬质合金车刀刃磨的一般步骤

硬质合金车刀一般是焊接式，刀杆由 45 号钢制成，将硬质合金刀片焊接在刀杆上。它的刃磨步骤如下：

① 粗磨刀头非硬质合金部分的各面，应在氧化铝砂轮上刃磨。并且在刃磨主后角和副后角时应比刀片部位的主后角和副后角大 2°～3°，以减小刃磨刀片部位时的刃磨工作量，使其容易磨得光洁平整。

② 粗磨刀头硬质合金部分各面，应在绿色碳化硅砂轮上进行。其步骤是：先磨主后刀面，磨出车刀主偏角及主后角；再磨副后刀面，磨出车刀副偏角和副后角；其次是磨车刀

的前刀面，磨出车刀前角、刃倾角，并刃磨排屑槽，排屑槽形状应保证平直。

刃磨时，应在主切削刃上留有负前角（或零度前角，或很小的正前角）的窄棱面（习惯上称为负倒棱），以增加切削刃强度，提高刀具耐用度。负倒棱参数在用硬质合金车刀切削碳钢、合金钢时，建议取：

$$b_{\gamma1} = (0.2 \sim 0.5) f$$

$$\gamma_{a1} = (-5^\circ \sim -15^\circ)$$

式中 $b_{\gamma1}$——负倒棱宽度（mm）；

$\gamma_{a1}$ —负倒棱前角（°）；

$f$ —进给量（mm/r）。

③ 精磨各刀面，应在较细硬的绿色碳化硅砂轮上进行。先精磨前刀面，再磨主后刀面，调整棱面宽度，其次磨副后刀面并修磨过渡刃或修光刃，提高各刀面和切削刃的表面光洁度。

④ 研磨各刀面，应在平整的400#绿色碳化硅油石上进行。刃磨时应仔细研磨车刀的各刀面，直至切削刃上的锯齿状缺口全部磨平为止。

### 3．磨刀时的注意事项

（1）新砂轮必须仔细检查后方可安装，使用前应经过运转试验，防止有裂纹。

（2）磨刀时操作人员不可面对砂轮，应当站在砂轮侧面，避免磨屑飞入眼内或砂轮破碎飞出伤人，必要时应戴防护眼镜。

（3）握刀姿势要正确，两手握稳车刀，不要抖动。用力要均匀，避免因用力过猛，挤碎砂轮，造成事故。

（4）刃磨时车刀应左右移动，以使砂轮磨耗均匀，避免产生凹槽，以致给后面的刃磨造成困难。

（5）刃磨高速钢车刀要随时将车刀入水冷却，防止退火；磨硬质合金车刀不可将刀体入水冷却，防止刀片因热胀冷缩而产生裂纹。

（6）磨刀时，必须等砂轮运转稳定后，再开始刃磨，磨完后立即关闭电源。不准在磨刀机砂轮上磨有色金属或非金属材料，以免这些材料的磨屑嵌塞砂轮。

（7）砂轮要有防护罩，砂轮托架与砂轮间隙应小于3mm。

（8）不可两人同时使用一片砂轮，离开砂轮要关闭电源。

## 练一练

### 任务　完成图3.9所示车刀（45°、90°）的刃磨

能力目标：

1．了解砂轮的种类和选用，熟悉砂轮机的安全操作。

2．初步掌握常用刀具的刃磨步骤。

要求：

1．注意安全文明操作。

2．掌握车刀的刃磨方法。
3．刃磨时间 2 小时。

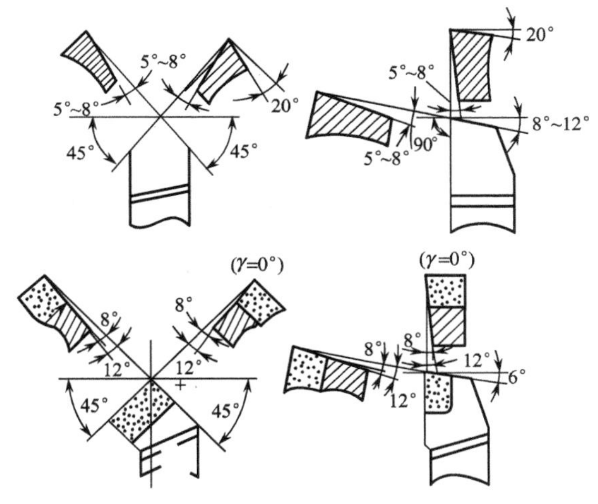

图 3.9　45°、90° 车刀角度

## 步　骤

1．粗磨主后刀面、副后刀面，磨出主后角、副后角，同时磨出主、副偏角。
2．粗磨前刀面，同时磨出前角。
3．精磨前刀面，磨成前角。
4．精磨主后刀面，磨主后角，同时形成主偏角。
5．精磨副后刀面，磨副后角，同时形成副偏角。
6．修磨刀尖圆弧。
7．评分参照表 3.2 执行。

**表 3.2　车刀刃磨评分标准**

| 序号 | 考核项目 | 考核内容 | 配分 | 评分标准 | 检测结果 | | | 自测得分（40%） | 互测得分（30%） | 教师测评（30%） |
|---|---|---|---|---|---|---|---|---|---|---|
| | | | | | 自测 | 互测 | 教师测量 | | | |
| 1 | 刀具角度 | 主后角 | 13 | 超差 1°，扣 3 分 | | | | | | |
| 2 | | 副后角 | 10 | 超差 1°，扣 2 分 | | | | | | |
| 3 | | 主偏角 | 10 | 超差 1°，扣 2 分 | | | | | | |
| 4 | | 副偏角 | 10 | 超差 1°，扣 2 分 | | | | | | |
| 5 | | 前角 | 13 | 超差 2°，扣 3 分 | | | | | | |
| 6 | | 主刀刃 | 4 | 刃口不直，不得分 | | | | | | |
| 7 | 刀刃形状 | 副刀刃 | 4 | 刃口不直，不得分 | | | | | | |
| 8 | | 前刀面 | 4 | 不平整，不得分 | | | | | | |
| 9 | | 主后刀面 | 4 | 不平整，不得分 | | | | | | |

续表

| 序号 | 考核项目 | 考核内容 | 配分 | 评分标准 | 检测结果 | | | 自测得分（40%） | 互测得分（30%） | 教师测评（30%） |
|---|---|---|---|---|---|---|---|---|---|---|
| | | | | | 自测 | 互测 | 教师测量 | | | |
| 10 | | 刀尖圆弧 | 5 | 不合适，不得分 | | | | | | |
| 11 | 材质 | 刀具烧伤 | 3 | 酌情扣分 | | | | | | |
| 12 | 规范操作 | 10 | 10 | 有一次不规范扣1分 | | | | | | |
| 13 | 文明生产 | 10 | 10 | 有一次违章扣1分 | | | | | | |
| 合计得分 | | | | | | | | | | |

**注 意**

1. 磨刀时车刀必须控制在砂轮水平中心，刀头略向上翘。
2. 刃磨高速钢车刀时，应经常用水进行冷却，以防止车刀过热而退火，降低硬度。
3. 刃磨时要作左右移动，防止砂轮表面出现凹坑。
4. 刃磨结束时，随手关闭电源。

**想一想**

1．你用的磨刀砂轮有什么特征？砂轮有哪几种形式？

2．磨高速钢车刀时有时刀头部分材料变暗，是何原因？你磨刀时出现这种情况没有？如何避免？

3．磨刀时砂轮机的振动如何？从安全角度出发，提些建议。

## 学习单元3　麻花钻刃磨

钻头的切削刃是否锋利，直接关系到钻孔的质量（精度和光洁度）和钻削效率，必须十分重视。钻头在使用中，应当及时进行刃磨，才能做到既保证了切削质量，又能提高刀具的耐用度和生产率。

### 1．麻花钻的构造和各部分作用

麻花钻是常用的钻孔刃具，它由柄部、颈部和工作部分组成，如图3.10所示。

（1）柄部：分直柄和莫氏椎柄两种，其作用是钻削时传递动力和钻头的夹持与定心。

（2）颈部：直径较大的钻头在颈部刻有商标、直径尺寸和材料牌号。

（3）工作部分：由切削部分和导向部分组成。头部两切削刃起切削作用，棱边起导向和减少摩擦作用。钻头工作部分的材料一般为高速钢。较小直径的钻头，柄部材料与工作部分相同；较大直径的钻头，为了节约高速钢，柄部用碳素钢代替。

麻花钻的工作部分有两条螺旋槽，它的作用是构成切削刃，排出切屑和进切削液。螺旋槽的表面，即为钻头的前面。

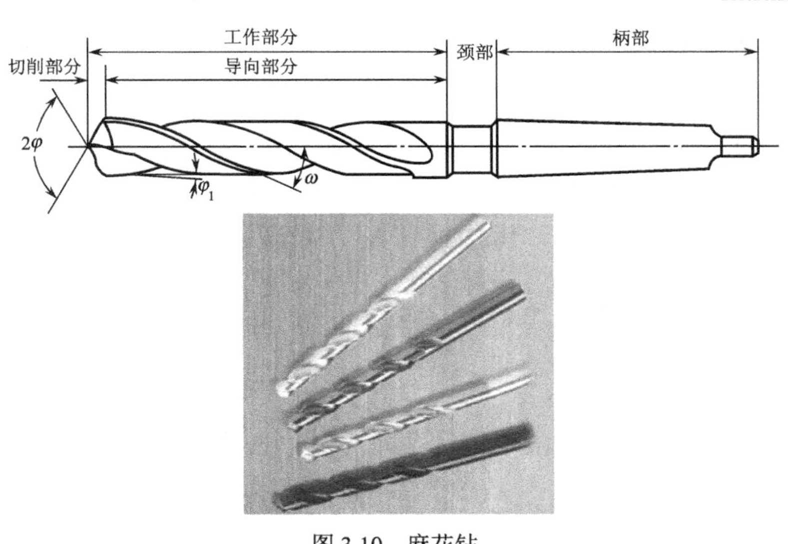


图 3.10　麻花钻

## 2．麻花钻切削部分的几何角度

麻花钻切削部分的几何角度如图 3.11 所示。

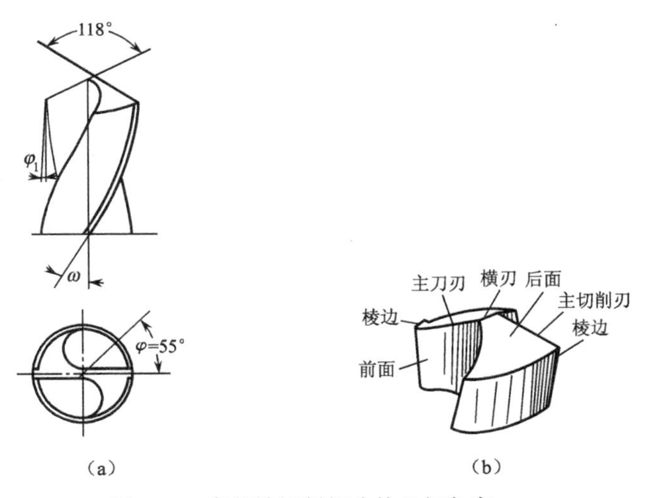


图 3.11　麻花钻切削部分的几何角度

（1）顶角：麻花钻的两主刀刃之间的夹角叫顶角，角度一般为 118°。钻软材料时可取小些，钻硬材料时可取大些。

（2）横刃斜角：横刃与主切削刃之间的夹角叫横刃斜角，通常为 55°。横刃斜角的大小，随刃磨后角的大小而变化。后角大，横刃斜角减小，横刃变长，钻削时轴向抗力增大；后角小，则情况相反。

（3）前角：麻花钻的前角由外缘处到钻头中心各点不等，以外缘处前角为最大，靠近钻头中心处已逐渐变为负前角。麻花钻的螺旋角越大，前角也越大。

（4）后角：麻花钻的后角也是变化的，外缘处后角最小，靠近中心处的后角最大。通常外缘处的后角为 8°～12°，大直径钻头取小值，小直径钻头取大值。

### 3．麻花钻的角度检查

（1）目测法：当麻花钻磨好后，通常采用目测法进行检查，如图 3.12 所示。其方法是把钻头垂直竖在与眼等高的位置，在明亮的背景下用肉眼观察两刃的长短和高低及后角等，但由于视差关系，往往会感到左刃高，右刃低，此时就要把钻头转过 180°，再进行观察。这样反复观察比较，最后觉得两刃基本对称即可。如果有偏差，需要进行修磨。

（2）使用量角器检查：使用量角器检查时，只需将角尺的一边贴在麻花钻的棱边上，另一边搁在钻头的刃口上，测量其刃长和角度，如图 3.13 所示。然后转过 180°，以同样的方法检查即可。

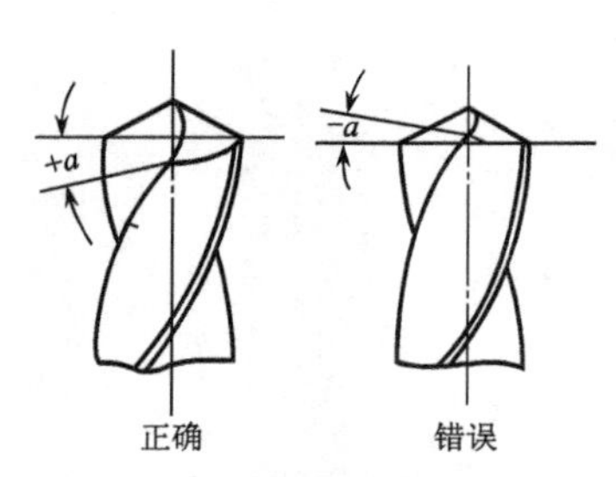


图 3.12　目测法检查麻花钻后角

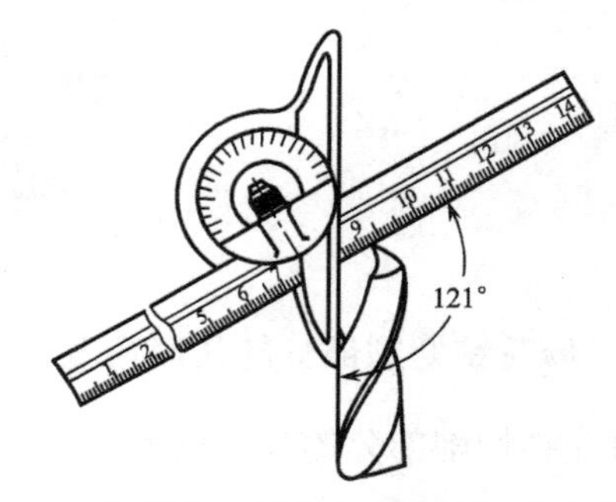


图 3.13　使用量角器检查麻花钻刃长和对称性

### 4．麻花钻的优缺点

（1）优点

① 钻削时是双刃同时切削，不易产生振动。

② 钻身上有两条螺旋形棱边，钻孔时导向作用好，轴心线不容易歪斜。

③ 钻头工作部分长，所以使用寿命也长。

（2）缺点

① 棱边上没有后角，铣削时会与孔壁发生摩擦，因此热量高，棱边易磨损。

② 横刃长，轴向钻削阻力大，定心差。

③ 主切削刃前角变化大，接近钻心处已变为负前角，所以钻心处实际上是挤压和刮削，因此切削条件变差。

## 练一练

### 任务　按图 3.14 麻花钻的角度参数刃磨麻花钻

能力目标：熟练掌握标准麻花钻的刃磨方法。

要求：

1．注意安全文明操作。

2．认真掌握麻花钻的刃磨方法。刃磨的好坏直接影响到钻孔质量和钻孔效率。

3．麻花钻的两个主切削刃和钻心线之间的夹角应对称，刃长要相等。否则钻削时会出现单刀切削或孔径变大，以及产生阶台等弊端。

4．麻花钻一般只刃磨两个主后面，同时磨出顶角、后角及横刃斜角。所以麻花钻的刃磨比较困难，刃磨技术要求较高。因此，必须重视麻花钻的刃磨。

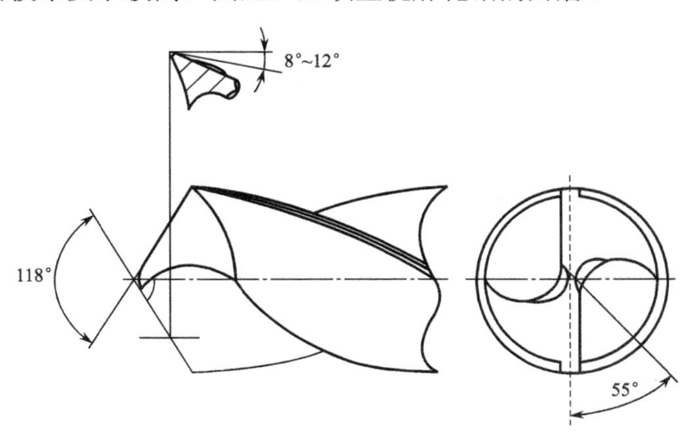


图 3.14　麻花钻的角度参数

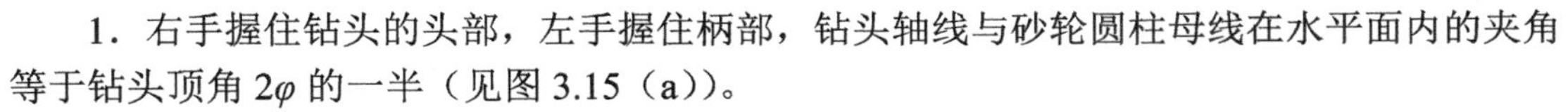

## 步　骤

1．右手握住钻头的头部，左手握住柄部，钻头轴线与砂轮圆柱母线在水平面内的夹角等于钻头顶角 $2\varphi$ 的一半（见图 3.15（a））。

2．刃磨时将主切削刃在略高于砂轮水平中心平面处接触砂轮（见图 3.15（b））。右手缓慢地使钻头绕自己的轴线由下向上转动，同时施加适当的压力，左手配合右手作同步下压运动，刃磨压力逐渐加大，磨出后角。

3．两后面经常轮换，使刃磨后的顶角 $2\varphi$ 等于 118°±2°，后角为 10°～14°，两主切削刃对称。

4．横刃的修磨。对于直径在 $\phi$6mm 以上的钻头，通常要修短横刃。修磨时，钻头轴线在水平面内与砂轮侧面左倾约 15° 夹角，在垂直平面内与砂轮半径方向约成 55° 下摆角，如图 3.16 所示。

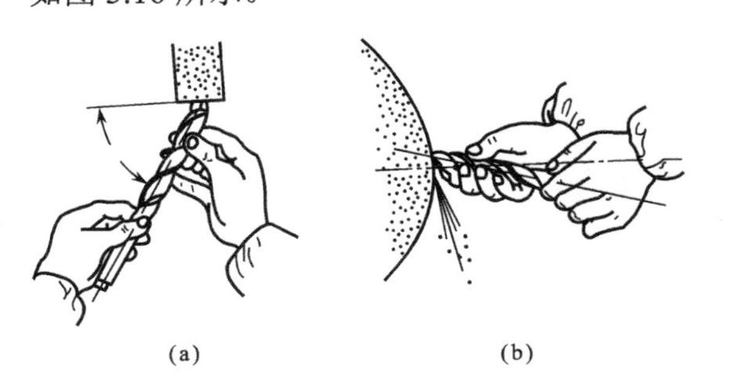


图 3.15　标准麻花钻的刃磨

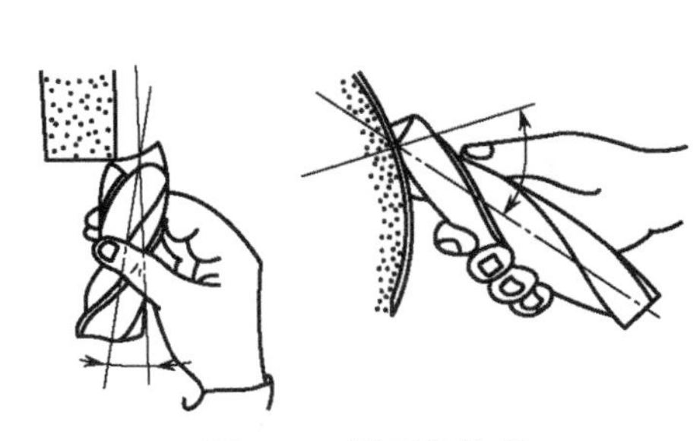

图 3.16　横刃的修磨

5．评分参照表 3.3 执行。

**表 3.3　麻花钻的刃磨操作评分标准**

| 序号 | 考核项目 | 考核内容 | 配分 | 评分标准 | 检测结果 | | | 自测得分（40%） | 互测得分（30%） | 教师测评（30%） |
|---|---|---|---|---|---|---|---|---|---|---|
| | | | | | 自测 | 互测 | 教师测量 | | | |
| 1 | | 主后角 | 15 | 超差 1°，扣 3 分 | | | | | | |
| 2 | | 顶角 | 15 | 超差 1°，扣 2 分 | | | | | | |
| 3 | | 横刃斜角 | 15 | 超差 1°，扣 2 分 | | | | | | |
| 4 | 刀具角度 | 前角 | 4 | 超差 2°，扣 3 分 | | | | | | |
| 5 | | 主刀刃 | 4 | 刃口不直，不得分 | | | | | | |
| 6 | | 主切削刃 | 10 | 刃口不直，不得分 | | | | | | |
| 7 | | 长度相等 | 4 | 不平整，不得分 | | | | | | |
| 8 | | 前刀面 | 4 | 不平整，不得分 | | | | | | |
| 9 | 刀刃形状 | 主后刀面 | 5 | 不合适，不得分 | | | | | | |
| 10 | 材质 | 刀具烧伤 | 4 | 酌情扣分 | | | | | | |
| 11 | 规范操作 | 10 | | 有一次不规范扣 1 分 | | | | | | |
| 12 | 文明生产 | 10 | | 有一次违章扣 1 分 | | | | | | |
| 合计得分 | | | | | | | | | | |

## 注　意

1. 刃磨前应先检查砂轮是否平整、运转时是否平稳；当发现砂轮表面不平整或跳动较大时，必须进行修整后再刃磨。刃磨时可用白刚玉砂轮，硬度为中软，粒度为 46～80#。

2. 刃磨时应将钻头的主切削刃大致摆平，放在砂轮中心的水平位置附近刃磨。此时钻头轴线与砂轮外圆表面在水平面内的夹角是钻头顶角（$2\varphi$）的一半。

3. 刃磨时应注意保证两个主切削刃的对称性，否则钻出的孔径将大于钻头直径，严重时会将钻头折断。检查时可凭目测或使用量角器（图 3.12、图 3.13）。

4. 刃磨时，钻尾作上下运动，向上摆动不得高出水平线，以防磨出副后角；向下摆动也不能太多，以防磨掉另一条主刀刃。

5. 刃磨时应注意随时冷却，否则将使钻头退火，硬度降低。尤其在即将磨好成形时更应注意这点。

6. 针对麻花钻主切削刃较长（与钻头直径比较）、切削较宽、排屑困难这一缺点，在刃磨钻头时可磨出分屑槽，使原来较宽的切削分成几条，相应变窄，达到顺利排屑的目的。分屑槽在两主切削刃上的位置必须交叉，才能达到预期的效果。

7. 初次学习时，要注意防止外边缘出现负后角。

## 想一想

1．观察麻花钻的组成部分。

2．如何检查磨好的麻花钻角度？

# 项目 3 车刀的安装

## 学习单元 1 安装外圆车刀

一把刃磨正确的车刀，要想顺利地车削出需要的工件精度和表面粗糙度，还应当保证安装位置的正确。否则，安装误差将导致车刀几何角度的变化，影响加工效果。安装外圆车刀时，应注意以下几点。

（1）车刀伸出刀架的长度要适当

车刀安装时不能伸出刀架太长，因为车刀伸出过长，会导致刀杆刚度相对减弱，切削时车刀在切削力的作用下容易发生振动，使加工表面的表面粗糙度下降。一般来说，车刀的伸出长度不超过刀杆厚度的 2 倍（见图 3.17）。

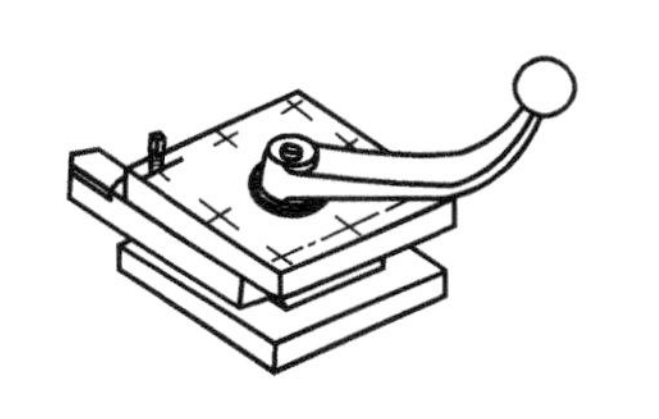

(a) 车刀伸出长度合适　　(b) 车刀伸出过长

图 3.17　车刀的安装

（2）控制车刀刀尖的高度

车刀刀尖安装的高低应对准工件的中心，车刀安装过高或过低都会引起车刀角度的变化，从而影响切削工作的正常进行。

根据经验，粗车外圆时，常将车刀刀尖装得比工件中心线稍高一些；精车外圆时，常将车刀刀尖装得比工件中心线稍低一些。至于稍高或稍低的数值，要根据被加工工件的直径大小来决定。但是，无论装高或装低，一般均不能超过工件直径的 1%。如果经验不足，应尽量将车刀刀尖装得与工件中心对正。使车刀迅速对准工件中心可用下面的方法：

① 安装车刀时使车刀刀尖对准尾座顶尖的尖部，如图 3.18 所示。

② 先用目测粗略找正后，将工件端面车一刀，再根据工件端面中心装正车刀。

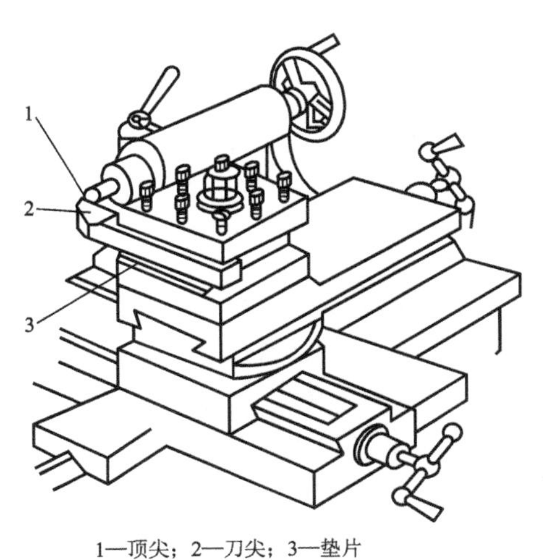


1—顶尖；2—刀尖；3—垫片

图 3.18　车刀的正确安装

（3）控制装刀垫片数量

装刀用的垫片要求平整，而且数量要尽量少，一般只用 2～3 片。垫片不平整或片数过多，或排列不齐，会导致车刀产生振动，影响切削加工的质量。

车刀安装使用的刀垫一般用钢板制成，表面无须进行加工，但应注意去掉毛刺和锐边，防止划伤手指。

（4）车刀刀杆应与车体的主轴轴线垂直。

（5）正确紧固刀架螺栓

车刀安装后，必须紧固刀架螺栓，将车刀压紧。紧固时用力要均匀，只能使用专用扳手，不允许另外加套筒，防止损坏螺栓。

拧紧螺栓时应注意保持夹紧力均衡，即两个紧固螺栓应依次逐渐拧紧，不可将一个螺栓完全拧紧后再去拧另一个螺栓，以确保夹紧可靠，防止螺栓在切削力作用下松动。

## 练一练

### 任务　车刀安装

能力目标：熟练掌握车刀的安装。

要求：

1．做到安全文明操作。

2．按照步骤进行装夹并校正。

3．为保证车削质量，车刀和工件必须正确安装，以提高刀具、工件的刚性，减小切削力，提高车削质量。车刀的安装如图 3.19 所示。

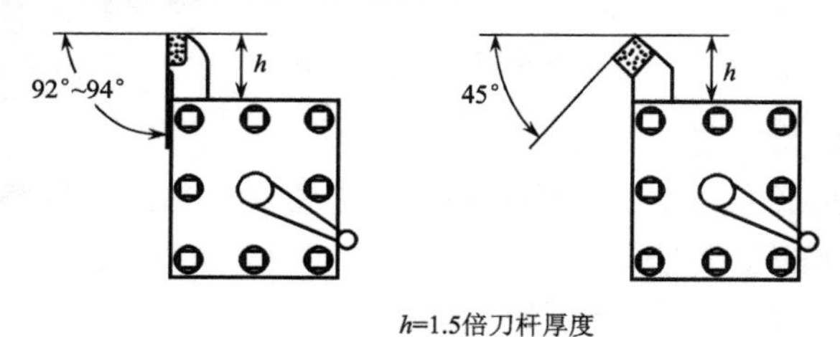


图 3.19　45°、90° 车刀的安装

## 步　骤

1．领取 45°、90° 车刀各一把，刀垫若干，工件。

2．松开刀架螺钉，初步安装车刀，控制车刀伸出长度，使刀杆与刀架平齐，依次拧紧螺钉（不要太紧）。

3．卡盘装夹工件，并校正工件。

4．移动刀架，使刀尖靠近工件端面中心，目测刀尖是否与工件中心等高。不等高调整刀垫。

5．评分标准参照表 3.4 执行。

表 3.4　车刀安装操作评分标准

| 序号 | 考核项目 | 考核内容 | 配分 | 评分标准 | 检测结果 | | | 自测得分（40%） | 互测得分（30%） | 教师测评（30%） |
|---|---|---|---|---|---|---|---|---|---|---|
| | | | | | 自测 | 互测 | 教师测量 | | | |
| 1 | 45°车刀 | 伸出长度 $h$ | 10 | 太长，不得分 | | | | | | |
| 2 | | 45° | 10 | 超差 1°，扣 2 分 | | | | | | |
| 3 | | 刀尖高度 | 10 | 超差 1mm，扣 2 分 | | | | | | |
| 5 | | 刀杆与刀架 | 10 | 不平齐，不得分 | | | | | | |
| 6 | 90°车刀 | 伸出长度 $h$ | 10 | 太长，不得分 | | | | | | |
| 7 | | 92～94° | 10 | 超差 1°，扣 2 分 | | | | | | |
| 8 | | 刀尖高度 | 10 | 超差 1mm，不得分 | | | | | | |
| 9 | | 刀杆与刀架 | 10 | 不平齐，不得分 | | | | | | |
| 12 | 规范操作 | | 10 | 有一次不规范扣 1 分 | | | | | | |
| 13 | 文明生产 | | 10 | 有一次违章扣 1 分 | | | | | | |
| 合计得分 | | | | | | | | | | |

*注　意*

1. 装夹工件时，车床置于空挡位。
2. 安装车刀时，刀尖要严格对准工件回转中心。

**想一想**

刀杆与车床的主轴轴线下垂直会带来什么影响？

## 学习单元 2　安装麻花钻

钻孔前，应先车平工件端面，并定出中心。然后，将钻头安装在尾座套筒内，并把尾座固定在合适加工的位置。

由于钻头尾部结构不同，钻头的装夹方法也不同。

钻头根据柄部形状不同分锥柄钻头和直柄钻头。锥柄钻头装在车床尾座套筒的锥孔中，如图 3.20（a）、（d）所示。钻头的直径不同，锥柄的尺寸也不一样，一般按莫氏锥度做成 0、1、2、3、4、5、6 七个号码。如果钻头锥柄号数与车床尾座套筒锥孔号码相同，就可直接插入，否则须用过渡锥套。过渡锥套可分五种，如图 3.20（c）所示，在实际使用时，可根据钻头锥柄号选择相应的锥套，如钻头锥柄号数为 2 号，车床尾座套筒锥孔为 4 号，选用的锥套为 3 号和 4 号。钻头装入锥套时，柄部的舌尾要对准锥套上的腰形孔，如图 3.20（b）所示，否则锥面配合不好。拆卸时用斜铁插入腰形孔，如图 3.20（e）所示，用力敲击斜铁，即可卸下钻头。

直柄钻头用钻夹头夹持，钻夹头的结构如图 3.21（b）所示。当用紧固扳手插入小孔中转动时，其锥形齿轮带动钻夹头外套的大锥齿轮转动，这时端面上的三个爪同时伸出或缩回，以适应不同直径的直柄钻头；钻头装入钻夹头紧固后，再将钻夹头的锥柄装入尾座套筒中，如图 3.21（a）所示。

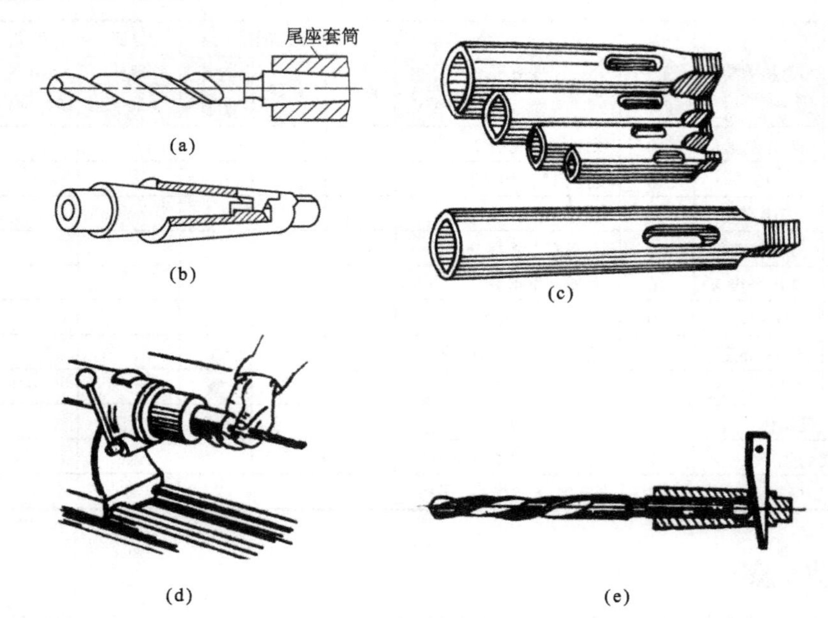


图 3.20　锥柄钻头的装卸

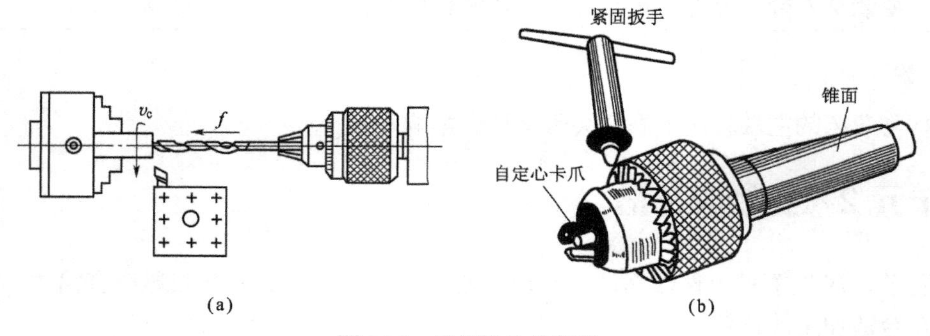


图 3.21　直柄钻头的装卸

钻孔完毕需将钻头拆卸时，可向后移动尾座套筒，直至钻头被顶出。

## 练一练

### 任务　安装麻花钻

能力目标：熟练掌握麻花钻的安装与拆卸。

要求：

1. 做到安全文明操作。
2. 钻头装夹牢固，伸出长度合适。

## 步　骤

1．领取直柄麻花钻、锥柄麻花钻各一支，组合锥套一组，钻夹头等附件。
2．安装锥柄麻花钻。
3．安装直柄麻花钻。

### 想一想

钻头安装在车床尾座中，手动操作钻孔，则在车床上能否实现机动进刀？

# 专题四　车削加工基本操作

车床以加工回转体零件为主，其加工的面有内外圆柱面、内外圆锥面、内外螺纹、沟槽、端面等。如图 4.1 所示为由上述表面形成的零件，并可进行组装。其中锥轴与套为圆柱配合，螺钉的外螺纹通过套与锥轴的内螺纹旋合，形成组合件。如图 4.2 所示为一常见轴类零件的零件图。

下面依次介绍车削加工的基本操作。

(a) 锥轴　　(b) 套　　(c) 螺钉

图 4.1　组合件立体图

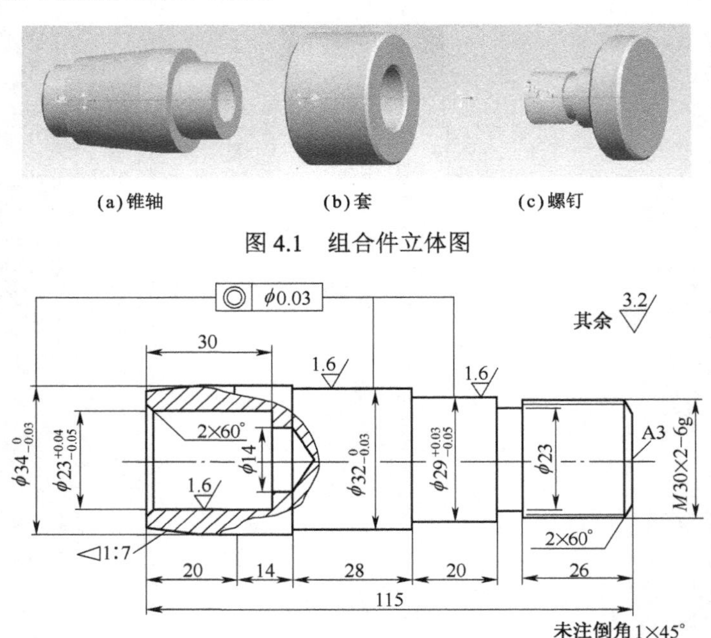


图 4.2　轴零件图

## 项目 1　车端面

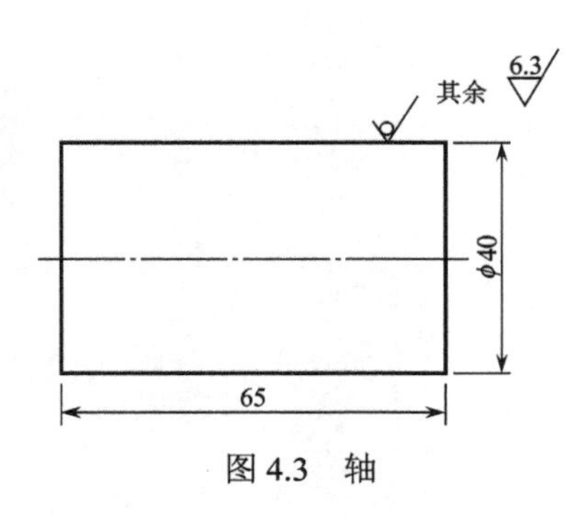


图 4.3　轴

车削工件时，往往采用工件的端面作为测量轴向尺寸的基准，所以对其必须先进行加工。这样，还可以保证车外圆时在端面附近车刀连续切削，钻孔时钻头与端面垂直。一般端面要求平整，不是轴向装配面的端面，其表面粗糙度要求不会太高，如图 4.3 所示，端面的表面粗糙度 *Ra* 为 6.3μm。如果作为轴向装配面，通常还会有位置要求，主要表现为相对轴线的垂直度或圆跳动。

## 学习单元 1　车端面的刀夹具

车削加工中要求工件的回转中心与车床主轴的回转中心重合，这需要靠夹具来保证。车端面时工件的装夹可以采用卡盘和顶尖装夹两种方法，如图 4.4、图 4.5 所示。

车端面所用的刀具与工件装夹方法有关。如图 4.4 所示，卡盘装夹时，常用主偏角后 45° 弯头车刀和 90° 车刀车端面。45° 车刀的刀尖角为 90°，刀头强度和散热条件比 90° 车刀好，常用于车削工件的端面和倒角；90° 车刀刀尖强度较差，用于精加工。

当工件用顶尖装夹时，使用如图 4.5（a）所示的端面车刀。其切削部分由刃 1 和刃 2 组成，刃 1 与端面方向的夹角为 5°，刃 2 与工件轴线方向的夹角为 15°～20°。为了防止车刀与顶尖相碰，常采用半顶尖（如图 4.5（b）所示）来装夹工件，或将工件中心孔做成双锥面的形状（如图 4.5（c）所示），这样可使车刀在距工件中心较远处停止进给而完成端面加工。

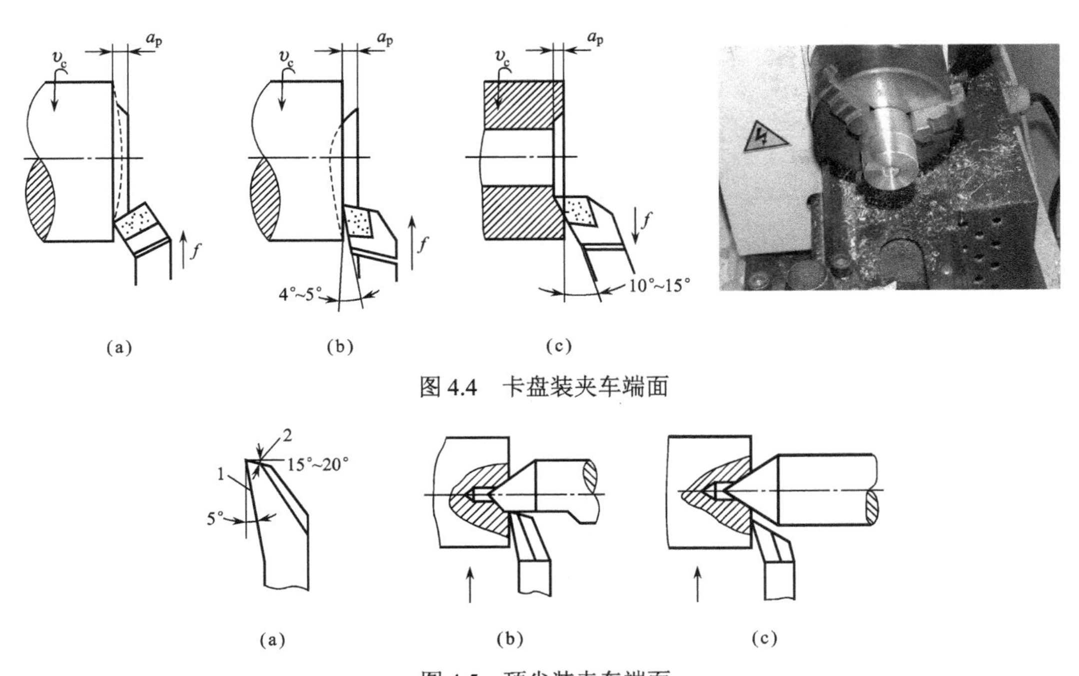


图 4.4　卡盘装夹车端面

图 4.5　顶尖装夹车端面

端面长度测量一般采用游标卡尺，精度要求高时也可用千分尺。

## 学习单元 2　车端面操作

车端面时，刀尖必须准确对准工件的旋转中心，否则将在工件中心处车出凸台，并容易崩坏刀尖。

如图 4.4（a）所示，用 45° 弯头车刀车端面，中心凸台是逐步车掉的，不易损坏刀尖。用 90° 车刀车端面（如图 4.4（b）所示），凸台是瞬时车掉的，容易损坏刀尖，因此切近中心时应放慢进给速度。对有孔的工件，车端面时常用 90° 车刀由中心向外进给（如图 4.4（c）所示），这样切削厚度较小，切削刃有前角，因而切削顺利，表面粗糙度值 *Ra* 较小。图 4.4 中虚线所示为加工时易产生的误差。

车削端面时，车刀作横向进给。切削速度由外向中心逐渐减小，会影响端面的表面粗糙度，因此切削速度应比车外圆略高。车端面时，切削用量参考值见表 4.1。精加工端面时的加工余量参考值见表 4.2。

**表 4.1　车端面切削用量参考值**

| 切　削　用　量 | 粗　加　工 | 精　加　工 |
|---|---|---|
| 切削速度 $v_c$（m/min） | 60～70 | 70～80 |
| 背吃刀量 $a_p$（mm） | 2～5 | 0.7～1 |
| 进给量 $f$（mm/r） | 0.3～0.7 | 0.1～0.3 |

**表 4.2　精车端面的加工余量参考值（mm）**

| 零 件 直 径（mm） | 零　件　全　长（mm） | | | |
|---|---|---|---|---|
| | ≤18 | 18～50 | 50～120 | 120～260 |
| ≤30 | 0.5 | 0.6 | 0.7 | 0.8 |
| 30～50 | 0.5 | 0.6 | 0.7 | 0.8 |
| *L* 长度公差 | -0.2 | -0.3 | -0.4 | -0.5 |

## 练一练

### 任务　车削如图 4.6 所示轴的端面

能力目标：

1．掌握手动、机动进给车端面的方法。

2．进一步掌握横向机动走刀手柄调整的方法。

3．掌握用刻度盘控制加工长度的操作技巧。

4．进一步掌握刀具安装和对刀的方法。

5．进一步掌握游标卡尺的使用。

6．遵守操作规程，养成文明生产、安全生产的良好习惯。

要求：

1．车削轴的两个端面，保证长度。

2．端面要平整，尽量不要出现凸台。若出现凸台，其直径要小于 1mm。

3．操作时间 30min。

4．2～3 个学生组成一个小组，使用一台车床，3～4 个小组组成一大组，设组长一人，配一名指导教师。在实训期间，学生轮流任组长。

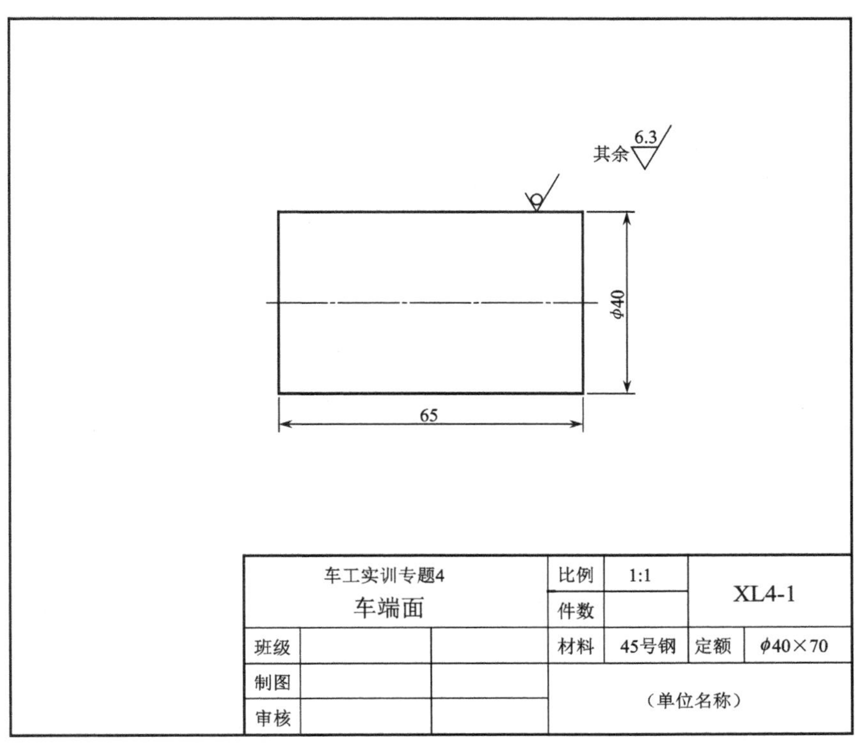


图 4.6 轴零件图

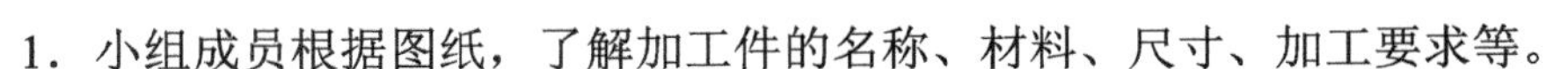

## 步 骤

1．小组成员根据图纸，了解加工件的名称、材料、尺寸、加工要求等。

2．小组成员根据加工工艺手册或指导教师的推荐确定端面的加工余量，制定车端面时工件的夹紧方法、选用的刀具及切削参数，并将相关数据填入表 4.3。

3．小组成员相互校核加工方案，最终交指导教师审核。

4．小组成员根据图纸去仓库领料，每人一份（也可用废料练习）。

5．小组成员轮流装夹工件，安装刀具，操作机床进行加工。其他成员注意观察操作者的操作过程，每一成员加工完后须将刀具卸下，由另一成员重新安装。

6．每一成员各自测量轴的长度，观察端面平整程度，并结合评分表，自己给出分数，将结果记入表 4.4、表 4.5。

7．小组成员在组长的组织下，相互对加工件进行测评，分析加工质量，结合评分表，相互给出分数，并结合操作是否规范、方案是否合理进行评价。

8．指导教师对组内成员的加工件和表现进行评价，结合评分表，给出分数。

**表 4.3　加工工艺卡**

单位：　　　　　　　　　　　　　　　　编制：　　审核：　第　页　共　页

| 零件材料 | | | 毛坯尺寸 | 加工工艺卡 | | | 零件图号 | | |
|---|---|---|---|---|---|---|---|---|---|
| 零件名称 | | | | | | | 机床型号 | | |
| 工序 | 工种 | 工步 | 工　艺内　容 | 切削用量 | | | 工具 | | |
| | | | | $v_c$ (r/min) | $f$ (mm/r) | $a_p$ (mm) | 刀具 | 夹具 | 量具 |
| | | | | | | | | | |
| | | | | | | | | | |
| | | | | | | | | | |
| | | | | | | | | | |
| | | | | | | | | | |
| | | | | | | | | | |
| | | | | | | | | | |
| | | | | | | | | | |
| | | | | | | | | | |
| | | | | | | | | | |
| | | | | | | | | | |
| | | | | | | | | | |
| | | | | | | | | | |
| | | | | | | | | | |

**表 4.4　加工件评分标准**

| 序号 | 考核项目 | 考核内容及要求 | | 评分标准（满分 50） | 检测结果 | | | 自测得分（40%） | 互测得分（30%） | 教师测评（30%） |
|---|---|---|---|---|---|---|---|---|---|---|
| | | | | | 自测 | 互测 | 教师测量 | | | |
| 1 | | | IT | 超差 0.1 扣 2 分 | | | | | | |
| 2 | | | *Ra* | 降一级扣 1 分 | | | | | | |
| 3 | | | | | | | | | | |
| 4 | | | | | | | | | | |
| 5 | | | | | | | | | | |
| 6 | 端面 | | | | | | | | | |
| 合计得分 | | | | | | | | | | |

**表 4.5　车床规范操作评分标准**

| 序号 | 考核项目 | 考核内容及要求 | 评分标准 | 自测得分（40%） | 互测得分（30%） | 教师测评（30%） |
|---|---|---|---|---|---|---|
| 1 | 文明生产 | 1．着装是否规范，操作过程中是否受伤<br>2．刀具、工具、量具的放置是否到位<br>3．操作时人站立位置是否正确<br>4．清除切屑方法是否正确<br>5．是否注意环境卫生、设备保养<br>6．发生重大安全事故、严重违反操作规程，扣完该分 | 总分 20 分<br>每违反一条酌情扣 1 分。扣完为止 | | | |

续表

| 序号 | 考核项目 | 考核内容及要求 | 评分标准 | 自测得分（40%） | 互测得分（30%） | 教师测评（30%） |
|---|---|---|---|---|---|---|
| 2 | 规范操作 | 1．开机前的检查是否规范<br>2．工件装夹是否规范<br>3．刀具安装是否规范<br>4．量具使用是否正确<br>5．手柄操作是否正确 | 总分20分<br>每违反一条酌情扣1分。扣完为止 | | | |
| 3 | 工艺分析 | 1．工件定位和夹紧不合理<br>2．加工顺序不合理<br>3．刀具选择不合理<br>4．关键工序错误 | 总分10分<br>每违反一条酌情扣2分。扣完为止 | | | |
| 合计得分 | | | | | | |

**注 意**

1．上述表格各学校也可单印，学生填完后上交指导教师，作为评定实训成绩的依据。
2．学生自评、互评、教师评价的权重各学校可结合自己的情况进行调整。

**想一想**

1．端面凹进去是什么原因？
2．车刀安装是如何保证刀尖高度的？操作中应注意哪些问题？
3．加工中你观察到端面还出现什么现象？为什么？

# 项目 2 车外圆与车台阶

车外圆是车削中最基本、最常见的加工方法。外圆柱面是轴和套类零件的主要组成表面，主要技术要求是外圆表面的尺寸精度、表面粗糙度值、形状和位置精度。外圆车削是通过工件旋转和车刀做纵向进给运动来实现的。

## 学习单元 1 车外圆的刀夹具

### 1．工件装夹

车外圆时，工件常采用三爪自定心卡盘、四爪单动卡盘和两顶尖装夹。

### 2．外圆车刀

外圆车削分粗车和精车。粗车的目的是切除大部分余量，提高生产率，精车的目的是达到图样上的技术要求。因此粗车刀的要求是：前角和后角较小，刃倾角为0°～3°，以增强刀尖强度；主偏角不宜太小，以减小切削振动，利于刀具散热；刀尖处磨出过渡刃，以改善散热条件，增强刀尖强度；前刀面上磨出直线形或圆弧形断屑槽，以利于断屑。精车刀的要求是：前角和后角大些，使车刀锋利，切削轻快，减少刀具与工件之间的摩擦；副偏角取小，刀尖处磨修光刃，以减小工件表面粗糙度；刃倾角取正值（3°～8°），使切屑流向工件待加工表面；前刀面上磨出直线形或圆弧形断屑槽。

车外圆的车刀及应用如图 4.7 所示。图 4.7（a）所示的车刀主要车外圆，这种车刀只用来车削外圆柱面。它通常有两种形式，即右偏直头外圆车刀（如图 4.7（c）所示，切削刃在左边，进给方向向左，简称右偏刀）和左偏直头外圆车刀（切削刃在右边，进给方向向右）。一般直头外圆车刀的主偏角 $\kappa_r$=45°～75°，副偏角 $\kappa'_r$=10°～15°。45°弯头刀（如图 4.7（b）所示）和右偏刀，既可车外圆又可车端面，应用较为普遍。右偏刀车外圆时径向力很小，常用来车削细长轴的外圆。圆弧刀（如图 4.7（d）所示）的刀尖具有圆弧，可用来车削具有圆弧台阶的外圆。各种车刀一般均可用来倒角。

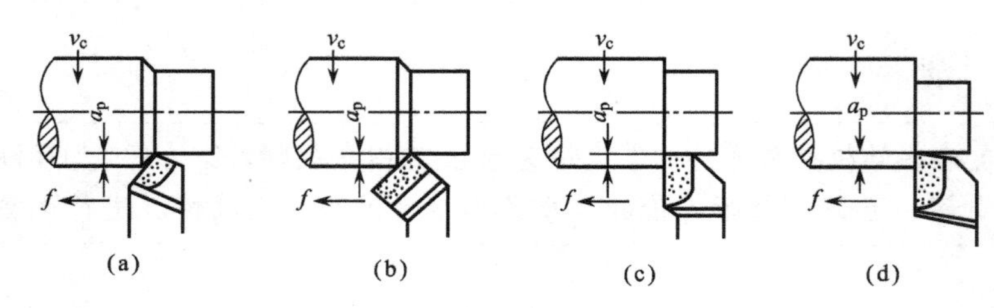


图 4.7　车外圆及其车刀

## 学习单元 2　车外圆和车台阶操作

### 1. 车外圆操作

车外圆时，车刀刀尖应与工件轴心等高，否则会出现圆度误差。根据尺寸精度和表面粗糙度的要求，外圆车削分粗车和精车。粗车时，在充分发挥刀具、机床性能的情况下，吃刀量应尽可能取得大一些，以减少切削时间。粗车外圆切削用量的参考值见表 4.6。

**表 4.6　粗车外圆的切削用量参考值**

| 工件材料 | 切削速度（m/min） | | 背吃刀量（mm） | 进给量（mm/r） |
|---|---|---|---|---|
| 刀具材料 | 高速钢 | 硬质合金 | 高速钢 | 硬质合金 |
| 碳钢 | 10～60 | 48～80 | 3～12 | 0.15～2 |
| 铸铁 | 22～50 | 54～60 | 3～15 | 0.1～2 |

精车主要保证零件的加工精度和表面质量，因此精车时切削速度较高，进给量较小，背吃刀量较小。一般，$v_c$>80m/min，$f$<0.2mm/r，$a_p$<3mm。

粗车精度可达到 IT12～IT10 级，表面粗糙度值 $Ra$ 为 30～20μm；半精车精度可达到 IT11～IT9 级，表面粗糙度值 $Ra$ 为 3.2～1.6μm；精车精度可达到 IT8～IT7 级，表面粗糙度值 $Ra$ 为 1.6～0.8μm。

单件、小批量生产时，经常采用试切法来获得工件的尺寸精度。

外圆的试切方法及步骤如图 4.8 所示。

## 步 骤

（1）启动车床正转，将工件硬皮切去，手动将刀尖与工件表面接触，如图 4.8（a）所示。

（2）沿工件轴线方向退出刀具，如图 4.8（b）所示；转动刻度盘横向进背吃刀量 $a_{p1}$，如图 4.8（c）所示。

（3）纵向切削 2mm 左右（量具可以测量即可），如图 4.8（d）所示，退出刀具，停车测量，如图 4.8（e）所示。

（4）如果尺寸合格，则可按此时的背吃刀量车削整个外圆。

（5）试切尺寸不合格会有两种情况：如果尺寸偏大，则应再次横向进刀定背吃刀量 $a_{p2}$，如图 4.8（f）所示；如果尺寸偏小，则将车刀横向退出一定的距离，再行试切，重复步骤（1）～步骤（3），直到尺寸合格为止。各次所定的背吃刀量 $a_{p1}$、$a_{p2}$……均应小于各次直径余量的一半。

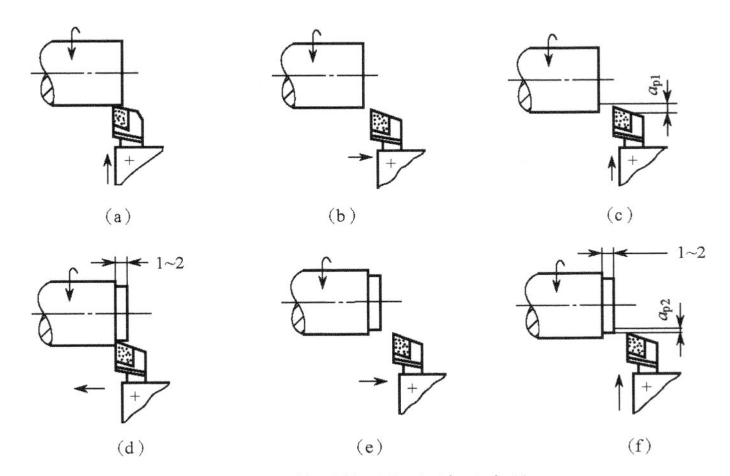


图 4.8 外圆的试切方法及步骤

外圆表面直径用游标卡尺、外径千分尺直接测量。

外圆表面形状精度，如圆度、圆柱度，当要求不高时，可用千分尺间接测量。用千分尺在工件圆周的不同方向测量，直径测量结果的最大值和最小值之差的一半即为圆度误差。在不同的截面多测几处，取最大值作为工件的圆度误差。测量圆柱度是在外圆表面的全长上取左、中、右几点测量（注意这几点须在同一素线上），其最大值和最小值之差的一半即为圆柱度误差。

检测外圆表面位置精度，如同轴度、圆跳动时，可用百分表间接检测，如图 4.9 和图 4.10 所示。测头 1 压在工件外圆柱面上，测头 2、3 压在工件台阶左、右端面，转动工件，表上指针摆动的范围即为所测数值。

外圆表面的表面粗糙度，可与标准样板对照，用肉眼判断或用光学仪器检测。

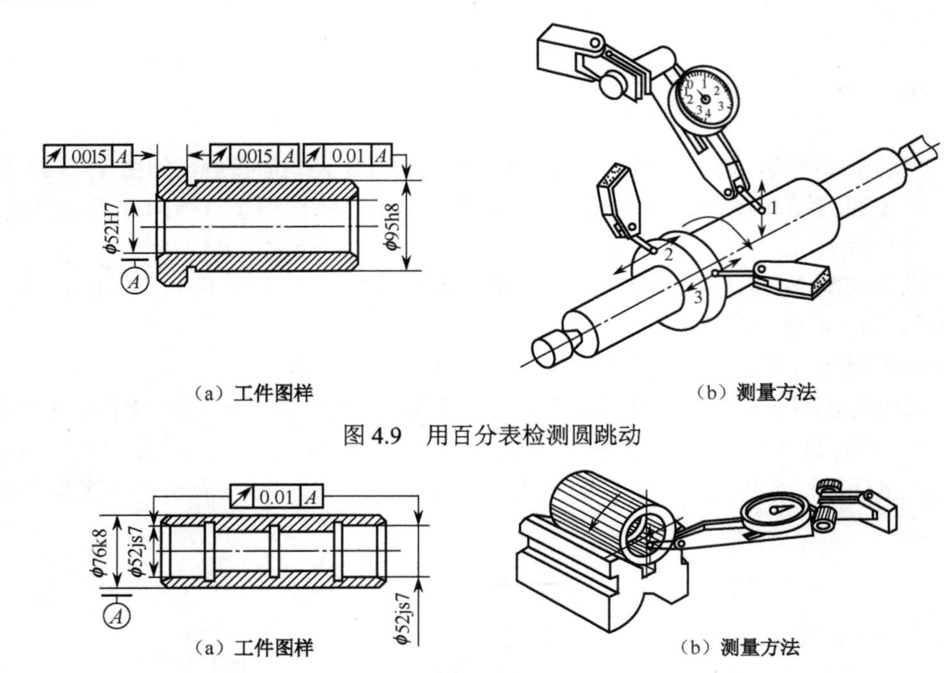


（a）工件图样　　（b）测量方法

图 4.9　用百分表检测圆跳动

（a）工件图样　　（b）测量方法

图 4.10　用 V 形块检测圆跳动

### 2．车台阶操作

轴经常会由多个不同直径的圆柱组成，称为台阶。台阶的车削需考虑外圆的尺寸和台阶的位置。低台阶（台阶高度小于 5mm）可用 90° 右偏刀在车外圆的同时车出台阶的端面；高台阶一般与外圆成直角，需用右偏刀分层切削（如图 4.11（a）所示），或用 75° 车刀先粗车，再用 90° 车刀最后一次纵向进给后，横向退出，将台阶端面精车一次，如图 4.11（b）所示。

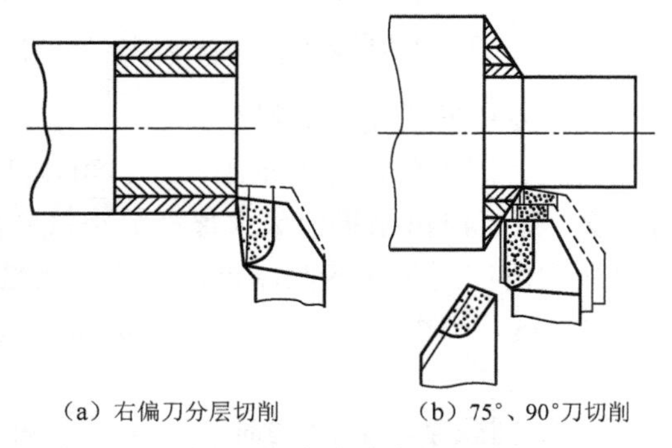

（a）右偏刀分层切削　　（b）75°、90°刀切削

图 4.11　高台阶车削方法

在单件生产时，为确保台阶长度，可采用刻线痕法控制。如图 4.12（a）所示，用钢直尺量取所需长度，用刀尖刻出线痕，注意刻线比所需长度略短 0.5～1mm，以留有余量；在成批生产时可用样板控制，如图 4.12（b）所示。

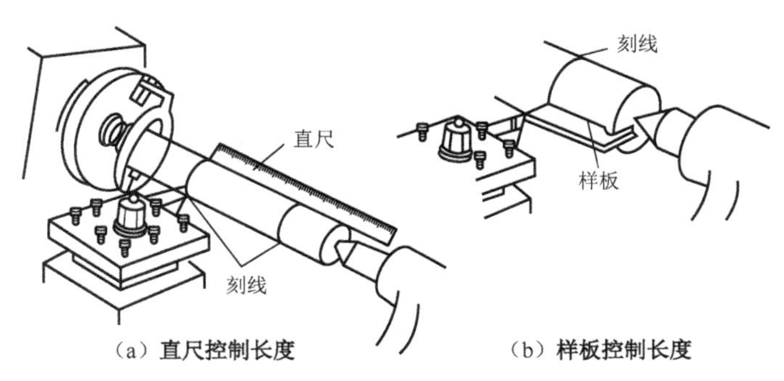


图 4.12　台阶位置控制

检测台阶长度一般用钢直尺，长度要求精确的台阶常用深度游标尺来测量，如图 4.13 所示。

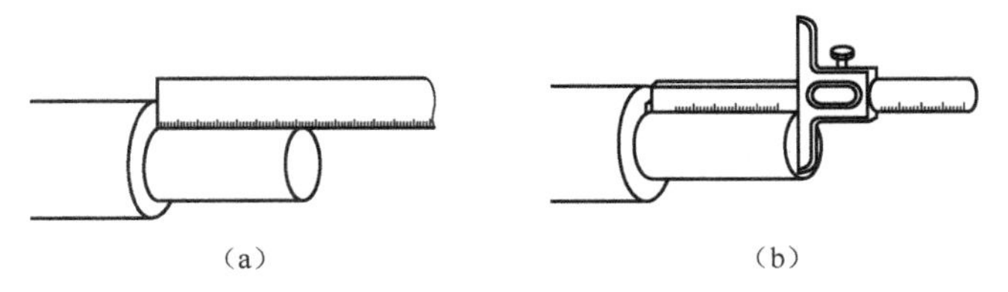


图 4.13　用钢直尺或深度游标尺检测台阶

## 练一练

### 任务 1　按图 4.14 要求，采用机动走刀法车削零件外圆，尺寸达到要求

能力目标：

1．掌握机动进给车削外圆的方法。
2．掌握外圆调头接刀法车削的方法。
3．掌握机动走刀手柄调整的方法。
4．掌握用刻度盘控制切削深度和加工长度的操作技巧。
5．进一步掌握工件的找正要领。
6．遵守操作规程，养成文明生产、安全生产的良好习惯。

要求：

1．分三次进行练习，每次尺寸如下。

| 练习次数 | 毛坯尺寸 | 1 | 2 | 3 |
|---|---|---|---|---|
| 直径 $d$ | $\phi$40 | $\phi$38±0.2 | $\phi$36±0.15 | $\phi$34±0.1 |
| 总长 | 70 | 68 | 66 | 64 |

2．操作时间 60min。

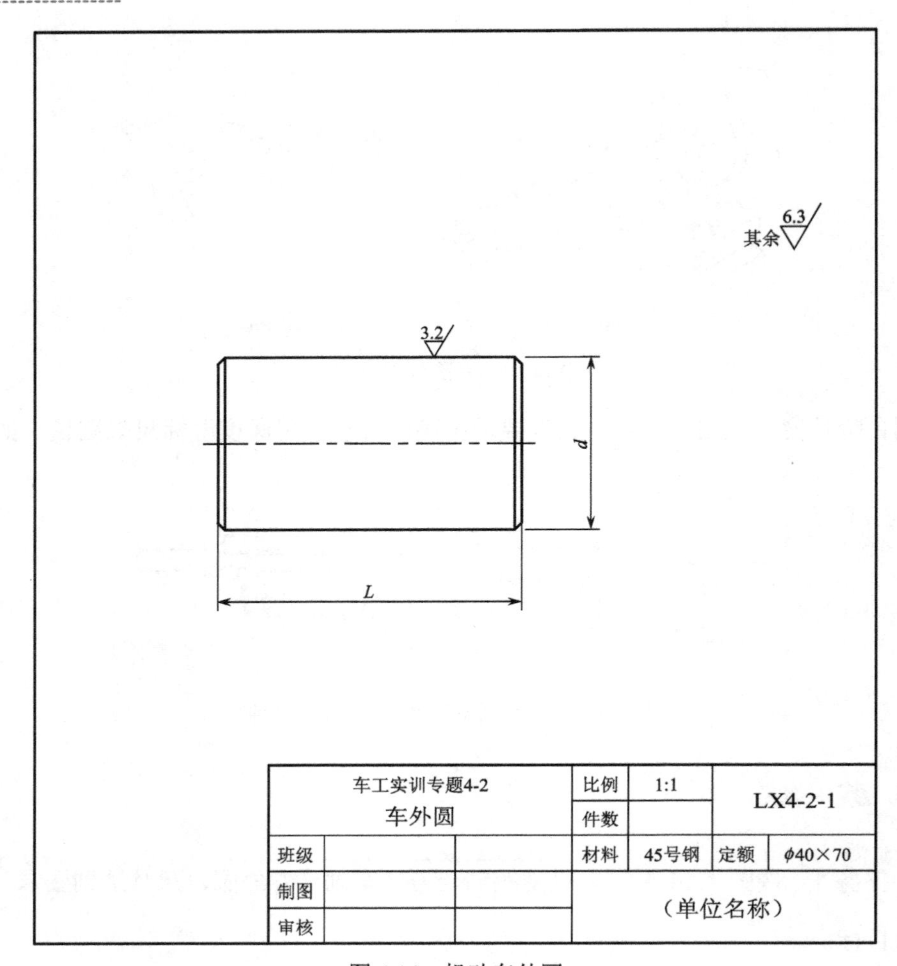


图 4.14　机动车外圆

## 步　骤

1．根据材料定额领取毛坯，并检查毛坯尺寸。

2．卡盘夹一端外圆，伸出端长 40mm，安装并调整外圆车刀。

3．车端面，粗车外圆至$\phi$38mm，留精车余量，长 30mm；再精车至$\phi$36±0.2mm；倒角。

4．调头垫铜皮装夹。

5．车端面保证总长。粗车至$\phi$38mm，留余量，再精车至$\phi$36±0.2mm；倒角。接刀误差不超过 0.2mm。

6．每一成员各自测量轴的直径，观察外圆光滑程度，并结合评分表，自己给出分数，将结果记入表 4.7。

7．小组成员在组长的组织下，相互对加工件进行测评，分析加工质量，结合评分表，相互给出分数，并结合操作是否规范、方案是否合理进行评价。

8．指导教师对组内成员的加工件和表现进行评价，结合评分表，给出分数。

表 4.7　加工件评分标准

| 序号 | 考核项目 | 考核内容 | 配分 | 评分标准（满分 100） | 检测结果 | | | 得分 | 备注 |
|---|---|---|---|---|---|---|---|---|---|
| | | | | | 自测 | 互测 | 教师测量 | | |
| 1 | 外圆 | $\phi 38\pm0.2$ | 14 | 超差 0.05 扣 2 分 | | | | | |
| 2 | | $Ra3.2$ | 4 | 降一级扣 1 分 | | | | | |
| 3 | 端面 | 68 | 5 | 超差 0.05 扣 2 分 | | | | | |
| 4 | | $Ra6.3$ | 4 | 每面 2 分，降一级扣 1 分 | | | | | |
| 5 | 调头后外圆 | $\phi 38\pm0.2$ | 14 | 超差 0.05 扣 2 分 | | | | | |
| 6 | | $Ra3.2$ | 4 | 降一级扣 1 分 | | | | | |
| 7 | | 接刀处直径差 | 15 | 超差 0.05 扣 2 分 | | | | | |
| 8 | 外圆 | $\phi 36\pm0.15$ | 12 | 超差 0.05 扣 2 分 | | | | | |
| 9 | | $Ra3.2$ | 4 | 降一级扣 1 分 | | | | | |
| 10 | 倒角 | | 4 | 一处 2 分，不倒不得分 | | | | | |
| 11 | 规范操作 | | 10 | 有一次不规范扣 1 分 | | | | | |
| 12 | 文明生产 | | 10 | 有一次违章扣 1 分 | | | | | |
| 合计得分 | | | | | | | | | |

想一想

1．接刀处直径有误差是什么原因？如何减小？
2．找正工件应注意哪些问题？
3．加工中，如何选择切削速度、进给量和背吃刀量？

## 任务 2　车削如图 4.15 所示台阶零件，达到技术要求

能力目标：
1．掌握车削台阶工件的方法。
2．掌握控制轴向尺寸和径向尺寸的方法。
3．巩固用量具测量轴向和径向尺寸的方法。
4．能较合理地选择切削用量。
要求：
1．分三次进行练习，每次尺寸如下。

| 练习次数 | 1 | 2 | 3 |
|---|---|---|---|
| 直径 $d_1$ | $\phi 32\pm0.05$ | $\phi 30_{-0.052}^{\ 0}$ | $\phi 28_{-0.052}^{\ 0}$ |
| 长度 1 | 38±0.05 | 40±0.05 | 40±0.05 |
| 直径 $d_2$ | $\phi 20\pm0.05$ | $\phi 18_{-0.043}^{\ 0}$ | $\phi 16_{-0.043}^{\ 0}$ |
| 长度 2 | 18±0.05 | 20±0.05 | 20±0.05 |

2．操作时间 60min。

3．台阶平面和外圆相交处要清角，车刀刀尖尺寸要小。

4．长度尺寸的测量应从一个基面量起，以防产生累积误差。

5．使用游标卡尺测量工件时，松紧程度要适当；车床未停止时，不能测量工件。

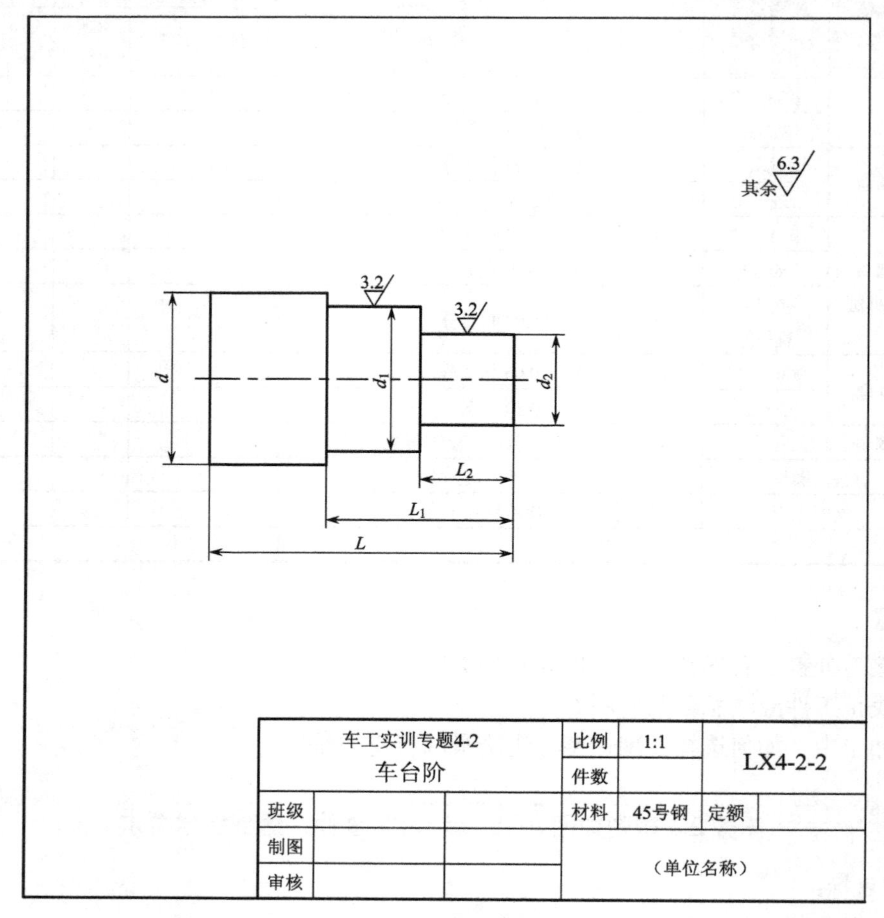


图 4.15　台阶轴

## 步　骤

1．每个学生用任务 1 中车过的料。

2．卡盘夹大端外圆，安装并调整偏刀。

3．粗车外圆 $d_1$，长 $L_1$，留余量，再精车至尺寸。

4．粗车外圆 $d_2$，长 $L_2$，留余量，再精车至尺寸。

5．测量后再做第二次练习。

6．每一成员各自测量轴的直径、长度，观察外圆、端面的光滑程度，并结合评分表，自己给出分数，将结果记入表 4.8。

7．小组成员在组长的组织下，相互对加工件进行测评，分析加工质量，结合评分表，相互给出分数，并结合操作是否规范、方案是否合理进行评价。

8．指导教师对组内成员的加工件和表现进行评价，结合评分表，给出分数。

**表 4.8　加工件评分标准**

| 序号 | 考核项目 | 考核内容 | 配分 | 评分标准 | 检测结果 | | | 得分 | 备注 |
|---|---|---|---|---|---|---|---|---|---|
| | | | | | 自测 | 互测 | 教师测量 | | |
| 1 | 外圆（1） | $d_1$ | 8 | 超差 0.05 扣 2 分 | | | | | |
| 2 | | $L_1$ | 4 | 超差 0.05 扣 2 分 | | | | | |
| 3 | | $Ra3.2$ | 2 | 降一级扣 1 分 | | | | | |
| 4 | | $d_2$ | 8 | 超差 0.05 扣 2 分 | | | | | |
| 5 | | $L_2$ | 4 | 超差 0.05 扣 2 分 | | | | | |
| 6 | | $Ra3.2$ | 2 | 降一级扣 1 分 | | | | | |
| 1 | 外圆（2） | $d_1$ | 8 | 超差 0.05 扣 2 分 | | | | | |
| 2 | | $L_1$ | 4 | 超差 0.05 扣 2 分 | | | | | |
| 3 | | $Ra3.2$ | 2 | 降一级扣 1 分 | | | | | |
| 4 | | $d_2$ | 8 | 超差 0.05 扣 2 分 | | | | | |
| 5 | | $L_2$ | 4 | 超差 0.05 扣 2 分 | | | | | |
| 6 | | $Ra3.2$ | 2 | 降一级扣 1 分 | | | | | |
| 1 | 外圆（3） | $d_1$ | 8 | 超差 0.05 扣 2 分 | | | | | |
| 2 | | $L_1$ | 4 | 超差 0.05 扣 2 分 | | | | | |
| 3 | | $Ra3.2$ | 2 | 降一级扣 1 分 | | | | | |
| 4 | | $d_2$ | 8 | 超差 0.05 扣 2 分 | | | | | |
| 5 | | $L_2$ | 4 | 超差 0.05 扣 2 分 | | | | | |
| 6 | | $Ra3.2$ | 2 | 降一级扣 1 分 | | | | | |
| 7 | 规范操作 | | 8 | 有一次不规范扣 1 分 | | | | | |
| 8 | 文明生产 | | 8 | 有一次违章扣 1 分 | | | | | |
| 合计得分 | | | | | | | | | |

### 想一想

1．如何保证长度尺寸测量准确？

2．若 $d_1$、$d_2$ 有同轴度要求，可采取哪些措施？

## 任务 3　车削如图 4.16 所示零件

能力目标：

1．掌握机动进给车削外圆、端面、台阶的方法。

2．掌握纵向、横向机动走刀手柄调整的方法。

3．进一步掌握工件装夹方法及找正要领。

4．初步建立加工工艺的概念。

要求：操作时间 60min。

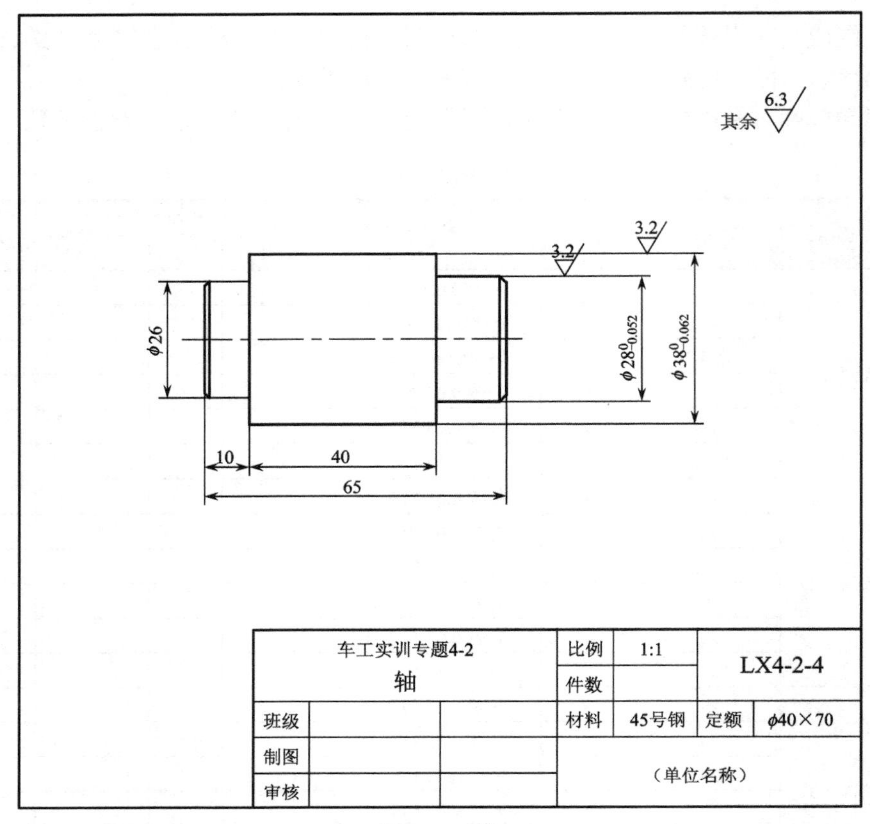


图 4.16　轴

## 步　骤

1．领取棒料$\phi$40×70；准备外圆车刀、偏刀各一把。

2．卡盘夹一端外圆，伸出端长 40mm，找正工件，安装并调整刀具。

3．粗车端面，粗车外圆至$\phi$38，长 30mm。

4．调头，卡盘夹外圆，粗车端面，保证长度 65mm，粗车外圆至$\phi$38，长 40mm。

5．精车$\phi$28 外圆至尺寸，长 15mm，倒角。

6．调头，卡盘夹$\phi$38 外圆，精车$\phi$26 外圆至尺寸，长 10mm，倒角。

7．测量各段外圆尺寸。

8．每一成员各自测量轴的直径、长度，观察外圆、端面的光滑程度，并结合评分表，自己给出分数，将结果记入表 4.9。

9．小组成员在组长的组织下，相互对加工件进行测评，分析加工质量，结合评分表，相互给出分数，并结合操作是否规范、方案是否合理进行评价。

10．指导教师对组内成员的加工件和表现进行评价，结合评分表，给出分数。

表 4.9　加工件评分标准

| 序号 | 考核项目 | 考核内容 | 配分 | 评分标准 | 检测结果 | | | 得分 | 备注 |
|---|---|---|---|---|---|---|---|---|---|
| | | | | | 自测 | 互测 | 教师测量 | | |
| 1 | $\phi$38 外圆 | $\phi$38 | 18 | 超差 0.02 扣 2 分 | | | | | |
| 2 | | 40 | 5 | 超差 0.05 扣 2 分 | | | | | |
| 3 | | *Ra*3.2 | 4 | 降一级扣 1 分 | | | | | |
| 4 | $\phi$26 外圆 | $\phi$26 | 10 | 超差 0.05 扣 2 分 | | | | | |
| 5 | | 10 | 5 | 超差 0.05 扣 2 分 | | | | | |
| 6 | | *Ra*6.3 | 4 | 降一级扣 1 分 | | | | | |
| 7 | $\phi$28 外圆 | $\phi$28 | 18 | 超差 0.02 扣 2 分 | | | | | |
| 8 | | *Ra*3.2 | 4 | 降一级扣 1 分 | | | | | |
| 9 | 总长 | 65 | 4 | 超差 0.05 扣 2 分 | | | | | |
| 10 | | *Ra*6.3 | 4 | 降一级扣 1 分 | | | | | |
| 11 | 倒角 | | 4 | 没做，不得分 | | | | | |
| 12 | 规范操作 | | 10 | 有一次不规范扣 1 分 | | | | | |
| 13 | 文明生产 | | 10 | 有一次违章扣 1 分 | | | | | |
| 合计得分 | | | | | | | | | |

**想一想**

1．能否减少调头的次数？

2．加工中，如何考虑尺寸精度要求与切削用量的关系？

# 项目 3　切断和车槽

在用长料加工时，需将加工好的工件切断。

工件上常见的槽结构有外沟槽、内沟槽与端面沟槽，如图 4.17 所示。其作用有的是为了磨削或车螺纹时退刀方便（退刀槽），如图 4.17（b）所示；有的是为了减少加工面积，如图 4.17（e）所示；有的是为了使砂轮在磨削端面时保证肩部垂直，如图 4.17（a）所示。沟槽还可以使装配的零件在装配时保证正确的轴向位置。总的来说，沟槽的尺寸要求不高。

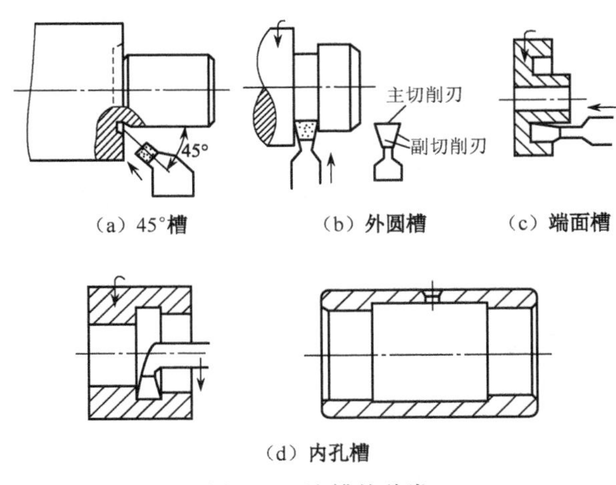


图 4.17　沟槽的种类

# 学习单元 1　切断和车槽的刀夹具

## 1. 切断和车槽时工件的装夹方法

切断加工一般采用卡盘装夹工件，不宜采用两顶尖装夹。车槽时可采用卡盘装夹或一夹一顶装夹方式。

## 2. 切断刀和车槽刀

切断时，切断刀横向进给，前端的切削刃为主切削刃，两侧的切削刃为副切削刃。切断刀的主切削刃较窄，以减少工件材料的浪费，刀头较长，以保证切断时能切到工件的中心。因此，切断刀的强度比其他车刀差。

切断刀有高速钢切断刀和硬质合金切断刀，如图 4.18 所示。通常情况下，前者用于直径较小的工件，后者用于直径较大的工件或高速切断。切断刀的角度见表 4.10。

表 4.10　切断刀的角度

| 刀具材料 | 硬质合金 | | 高速钢 | |
|---|---|---|---|---|
| 工件材料 | 中碳钢 | 铸铁 | 中碳钢 | 铸铁 |
| 前角 | 15°～20° | | 20°～30° | 0°～10° |
| 后角 | 6°～8° | | 6°～8° | |
| 副后角 | 1°～2° | | 1°～2° | |
| 主偏角 | 90° | | 90° | |
| 副偏角 | 1°～1°30′ | | 1°～1°30′ | |

高速钢切断刀的形状如图 4.18（a）所示，主切削刃的宽度不能太宽，以避免切削力太大而引起振动，同时为节省材料，太窄刀头强度差，容易使刀头折断。主切削刃宽度 $a$ 用下面的公式计算：

$$a \approx (0.5 \sim 0.6)\sqrt{d}$$

其中 $d$ 为工件待加工表面直径。

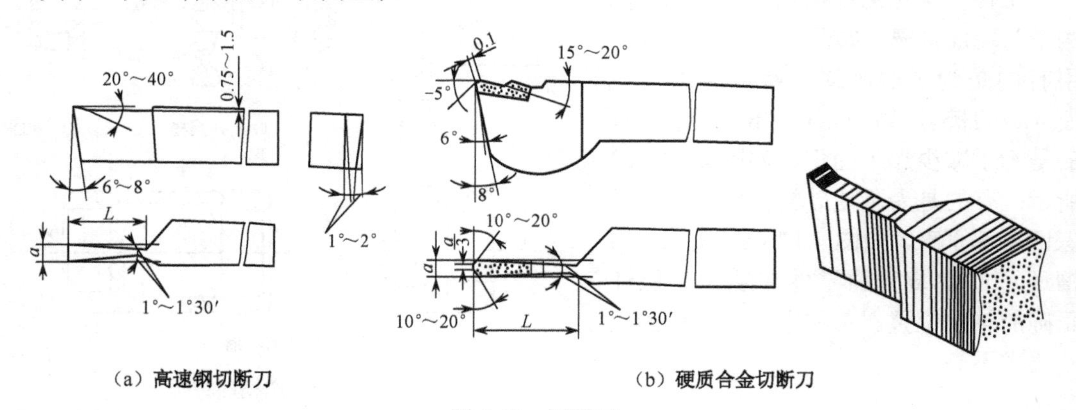


（a）高速钢切断刀　（b）硬质合金切断刀

图 4.18　切断刀

刀头长度也要适中，太长易引起刀头振动，甚至使刀头折断。刀头长度可通过下面公式计算：

$$L=h+（2\sim3）\text{mm}$$

其中 $h$ 为切入深度，如图 4.19 所示。

硬质合金切断刀的形状如图 4.18（b）所示，刀头下部做成圆弧形，以增加刀头的支承强度。在切断较大直径的工件时，由于切断刀刀头较长，切屑容易堵塞在槽内，刀头容易折断，尤其要注意将切断刀刀头的高度加大；将主切削刃两边磨出斜刃，减小切屑的宽度，以利于排屑；为了使切削顺利，在切断刀前刀面上磨出一个较浅的卷屑槽，一般槽深为 0.75～1.5mm，长度超过切入深度，卷屑槽过深会削弱刀头强度；高速切断时，产生的热量大，刀片容易脱焊，因此，必须浇注充分的冷却液。

切断时，为防止切下的工件端面留有凸台，带孔的工件端面留有边缘，可以将切断刀的主切削刃磨斜一点，如图 4.20 所示。

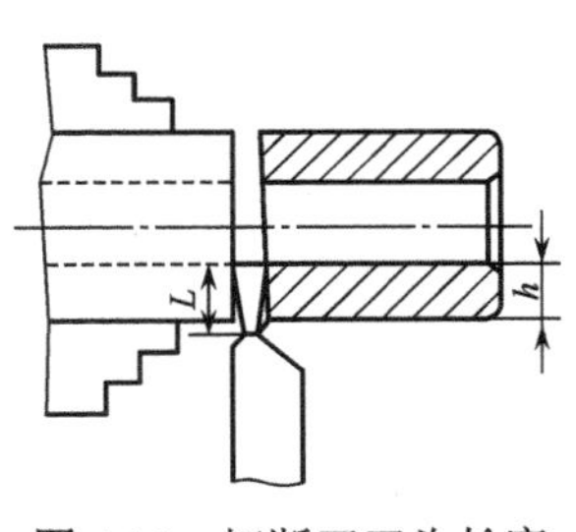


图 4.19　切断刀刀头长度

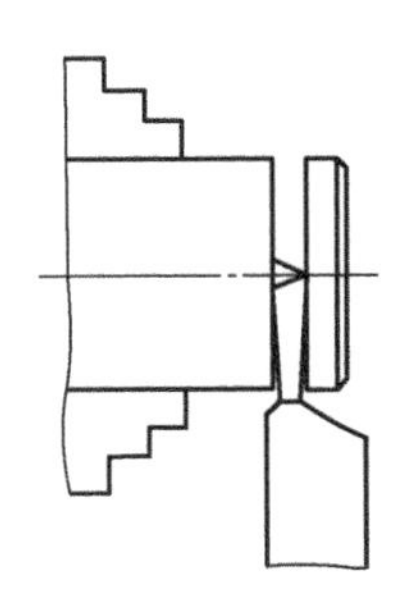

图 4.20　切断刀斜刃

车一般外槽的车槽刀的角度和形状与切断刀相似。车较小尺寸的外槽时，车槽刀的主切削刃的宽度应与槽宽相等，刀头长度稍大于槽深。

### 3. 沟槽尺寸测量

精度要求较低的外沟槽可用钢直尺和卡钳测量，如图 4.21（a）所示。精度要求较高的外沟槽用外径千分尺和游标卡尺测量，如图 4.21（b）、（c）所示。端面沟槽尺寸用卡尺或游标卡尺测量，如图 4.21（d）、（e）所示。

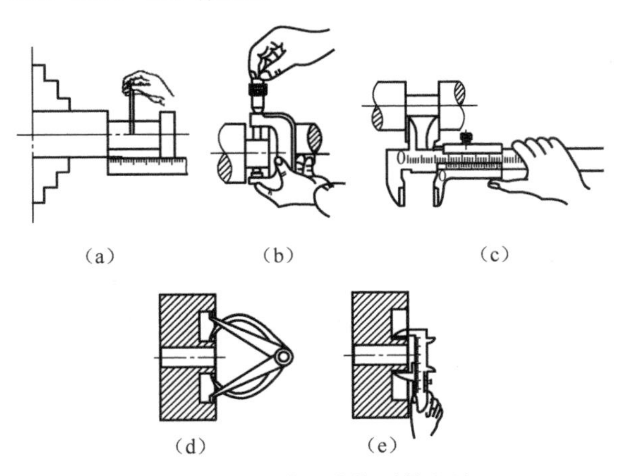


图 4.21　沟槽尺寸的测量方法

# 学习单元2　车槽和切断的方法

## 1．车槽方法

车槽与车端面相似，如同左、右偏刀同时车削左、右两个端面。因此，车槽刀具有一个主切削刃和两个副切削刃，如图 4.22 所示。装夹刀具时，使主切削刃与工件外圆素线平行，否则槽底部车不平。切断刀应装正，否则易造成主切削刃受力不均匀而折断。

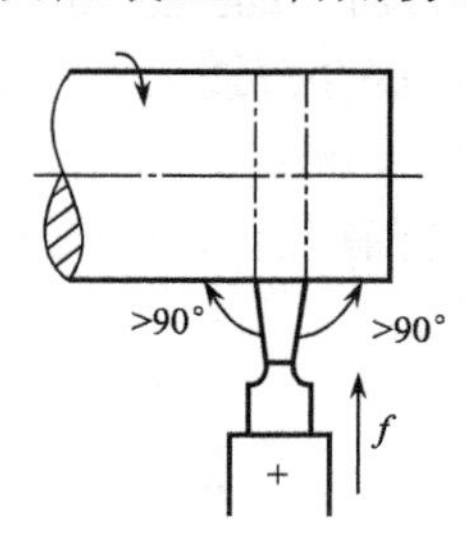


图 4.22　切断刀的正确安装

宽度为 5mm 以下的窄槽，一般可用主切削刃与槽等宽的车槽刀一次切出。车宽槽时，分几次横向进给切出槽宽，最后一次横向进给后，纵向进给车出槽底，如图 4.23 所示。

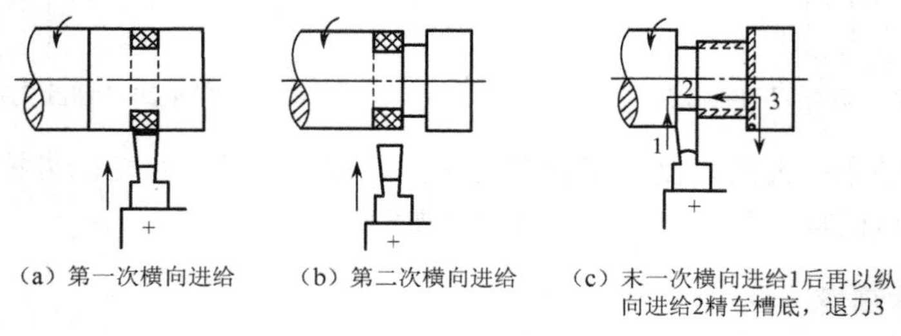


（a）第一次横向进给　（b）第二次横向进给　（c）末一次横向进给1后再以纵向进给2精车槽底，退刀3

图 4.23　车宽槽

车内沟槽的方法与车外沟槽基本相同。车宽度较小或要求不高的窄槽时，用与槽等宽的内沟槽刀一次切出。精度要求高的内沟槽，分几次车出，粗车时，将槽底和槽宽留出余量，精车时用等宽刀修整。

切削速度选择与车外圆相同。进给一般用手动，根据刀刃宽度和工件刚性采取适当的进给量，以不产生振动为宜。

## 2．切断方法

（1）直进法

直进法是指垂直于工件轴线方向进给切断，如图 4.24（a）所示。这种方法效率高，但对车床、切断刀的刃磨和安装都有较高的要求，否则容易造成刀头折断。

（2）左右借刀法

左右借刀法如图 4.24（b）所示，切断刀在工件轴线方向反复往返移动，同时两侧径向进给，直至工件被切断。这种方法用于工艺系统（机床、刀具、夹具和工件组成的系统）刚性不足的场合。

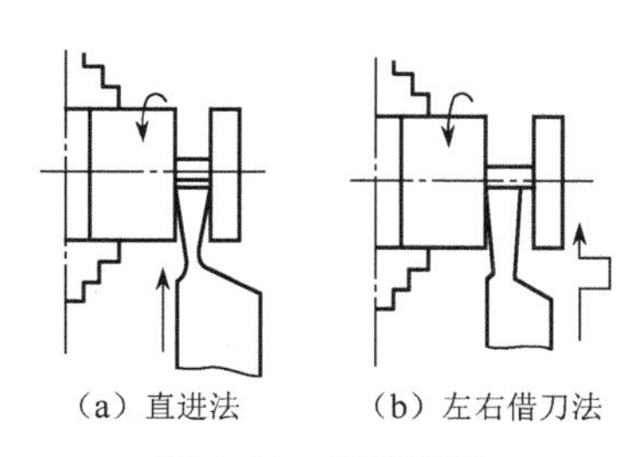


图 4.24　切断方法

切断时，切断刀横向进给至工件的回转中心，散热差，排屑困难，刀头窄而长，因此切断刀易折断。所以在切断时，要注意工件的切断处应尽可能靠近卡盘，以减小振动；在材料长度允许的情况下，切断刀宽度尽可能取较大值；切断刀不宜伸出太长；切断刀主切削刃必须对准工件中心，如图 4.25（c）所示，低于或高于工件中心（如图 4.25（a）、（b）所示）均会使工件中心部位形成凸台，切不到中心，且易损坏刀头；切断时进给要均匀，不间断，即将切断时需放慢进给速度，以免刀头折断。

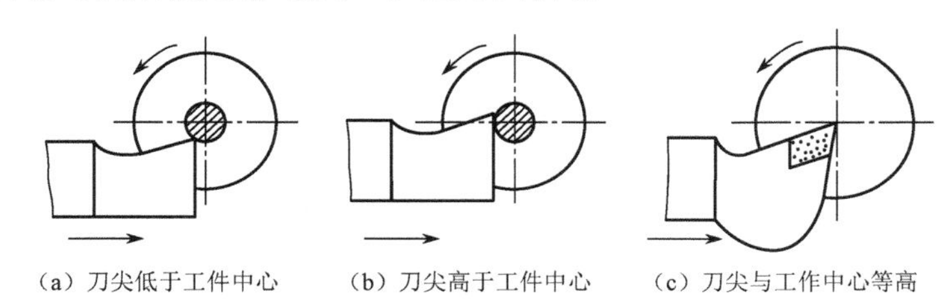


图 4.25　切断刀与工件中心相对位置

切断时，应根据工件材料、切断刀材料与结构、是否使用切削液等来选择切削用量。切削速度应比车外圆时略高，进给量比车外圆时低。切断时切削用量参考值见表 4.11。

**表 4.11　切断时切削用量参考值**

| 刀 具 材 料 | | 高速钢切断刀 | | 硬质合金切断刀 | |
|---|---|---|---|---|---|
| 切 削 用 量 | | 切削速度（m/min） | 进给量（mm/r） | 切削速度（m/min） | 进给量（mm/r） |
| 工件材料 | 钢 | 20～35 | 0.05～0.15 | 100～120 | 0.2～0.3 |
| | 铸铁 | 15～25 | 0.07～0.18 | 45～60 | 0.1～0.3 |

## 练一练

### 任务 1　刃磨如图 4.18（a）所示高速钢切断刀，槽宽 3mm

能力目标：

1．掌握切断刀和切槽刀的几何角度及其要求。

2．掌握切断刀和切槽刀的刃磨方法。

## 步　骤

操作步骤如图 4.26 所示。

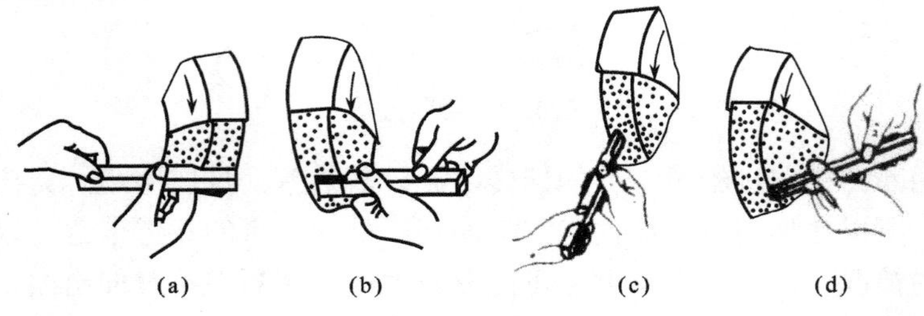

图 4.26　切断刀的刃磨

1．如图 4.26（a）所示，两手握刀，车刀前面向上，磨左侧副后刀面，同时磨出左侧副后角、副偏角。

2．如图 4.26（b）所示，两手握刀，车刀前面向上，磨右侧副后刀面，同时磨出右侧副后角、副偏角。磨此面时注意控制刀头宽度。

3．如图 4.26（c）所示，刃磨主后刀面，磨出主后角。

4．如图 4.26（d）所示，将车刀前面对着砂轮，磨削前刀面。

要求：

1．刃磨时，两侧副后角要对称，如图 4.27（a）所示。此时，以车刀底面为基准，用钢直尺或角尺检查副后角。一侧副后角为负值，切断时，该副后面会与工件侧面摩擦或使切断刀折断，如图 4.27（b）所示。两侧副后角也不可过大，否则刀头强度变差，易折断，如图 4.27（c）所示。

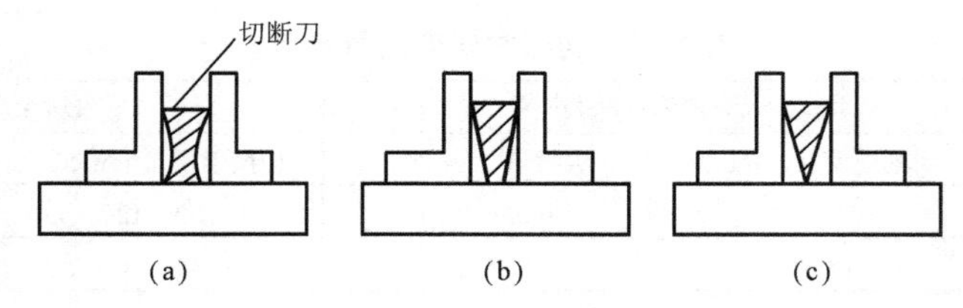


图 4.27　切断刀副后角的刃磨要求

2．刃磨时，两侧副偏角不能太大，否则刀头强度变差，易折断，如图 4.28（a）所示。也不能磨成如图 4.28（b）所示的负值，这样就不能用直进法切断，切槽时，会造成槽的两个侧面与工件中心不垂直。切刀左侧面不能磨去太多，否则不能切割有高台阶的工件，如图 4.28（c）所示。

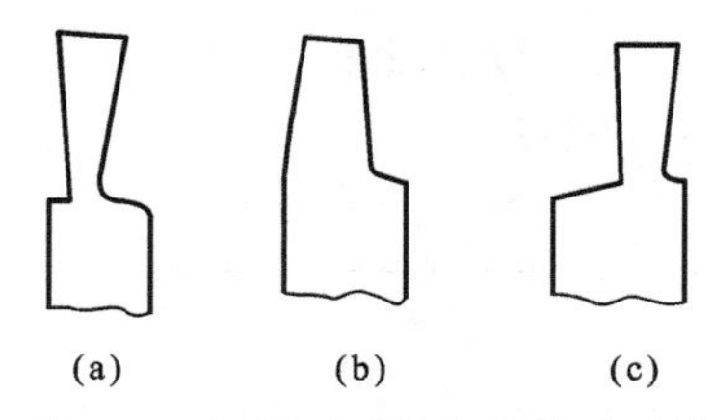

图 4.28　切断刀副偏角的错误形状

3．卷屑槽磨得不宜太深，否则刀头强度差，易折断。前刀面不能磨得太低或磨成台阶形，如图 4.29（b）、（c）所示，否则切削不顺利，排屑困难，且切削负荷增加，刀头容易折断。

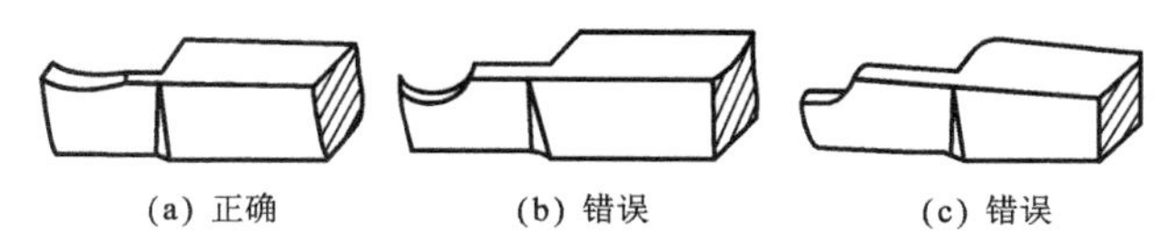
(a) 正确　(b) 错误　(c) 错误

图 4.29　前角刃磨形状示意图

4．注意主刀刃要磨得平直。

5．刃磨切断刀时不可用力过猛，以防折断。

6．刃磨高速钢切断刀过程中要用水冷却，以防刀刃退火。

7．刀头部分事先线切割切出窄条。每个成员领用一把。

8．砂轮的使用要求同磨外圆车刀一致。

9．评分参照表 4.12 执行。

**表 4.12　切断刀的质量评分表**

| 序号 | 考核项目 | 考核内容 | 配分 | 评分标准 | 检测结果 | | | 自测得分（40%） | 互测得分（30%） | 教师测评（30%） |
|---|---|---|---|---|---|---|---|---|---|---|
| | | | | | 自测 | 互测 | 教师测量 | | | |
| 1 | 角度 | 主后角（或 $R$） | 5 | 超差 1°，扣 2 分 | | | | | | |
| | | 副后角（两处） | 10 | 每处超差 1°，扣 2 分 | | | | | | |
| | | 前角 | 5 | 超差 2°，扣 5 分 | | | | | | |
| | | 前角 | 10 | 超差 2°，扣 10 分 | | | | | | |
| | | 副后角（两处） | 20 | 每处超差 1°，扣 10 分 | | | | | | |
| | | 主、副偏角 | 20 | 每处超差 1°，扣 10 分 | | | | | | |
| | | 副刀刃 | 5 | 不直，不得分 | | | | | | |
| | | 主后角（或 $R$） | 10 | 每处超差 1°，扣 5 分 | | | | | | |
| | | 主刀刃 | 5 | 不直，不得分 | | | | | | |
| | | 刀尖圆弧（两处） | 10 | 不合适，不得分 | | | | | | |
| 2 | 规范操作 | | 10 | 有一次不规范扣 1 分 | | | | | | |
| 3 | 文明生产 | | 10 | 有一次违章扣 1 分 | | | | | | |
| 合计得分 | | | | | | | | | | |

## 任务 2　完成如图 4.30 所示零件的车削加工

能力目标：

1．掌握切断和切槽的方法。

2．掌握切断和切槽时切削用量的选择。

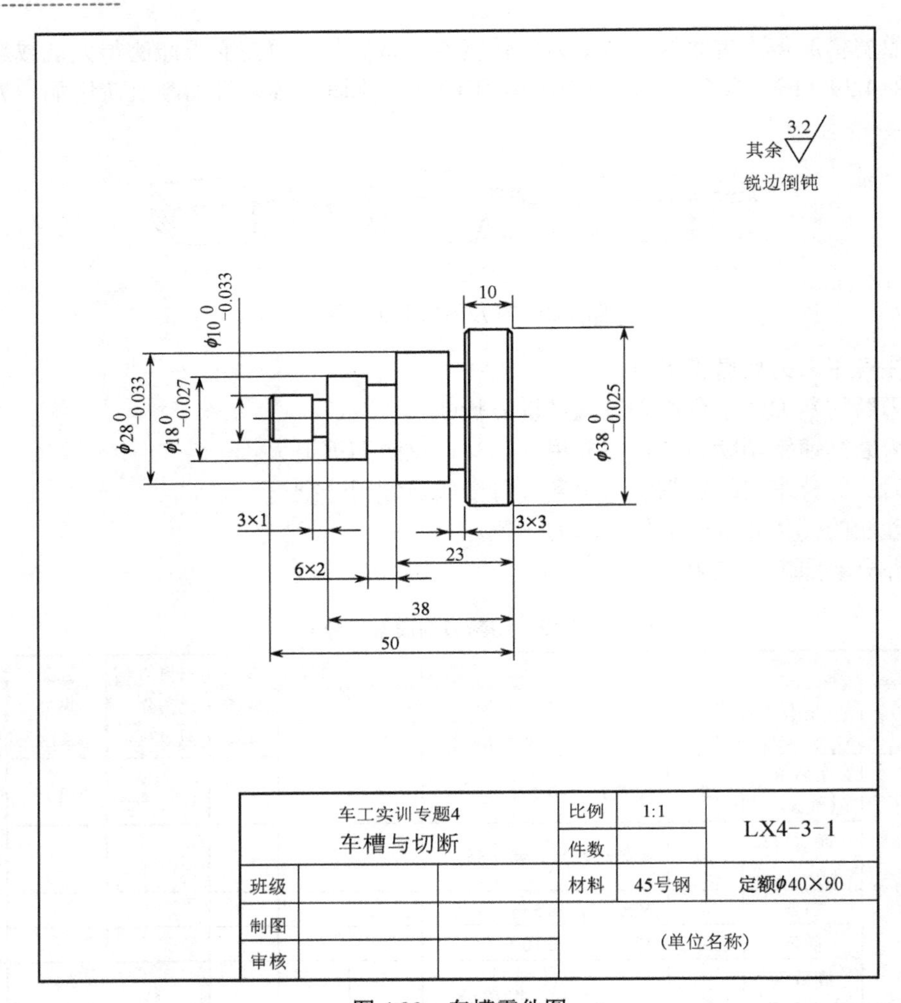


图 4.30　车槽零件图

## 步　骤

1．领取棒料$\phi$40×90；准备外圆车刀、车槽刀各一把，其中车槽刀用任务 1 磨好的刀具。

2．卡盘夹毛坯外圆，伸出端长 60mm，找正工件，安装并调整刀具。

3．粗车端面，车$\phi$38 外圆，长 55mm。

4．粗车$\phi$28 外圆，留余量 0.5mm，长 40mm。

5．粗车$\phi$18 外圆，留余量 0.5mm，长 27mm。

6．粗车$\phi$10 外圆，留余量 0.5mm，长 12mm。

7．转动小刀架，换车槽刀；割 3×3、3×1、6×2 槽，注意 6×2 槽用车宽槽方法。

8．精车$\phi$38、$\phi$28、$\phi$18、$\phi$10 外圆至尺寸，倒角。

9．切断，保证长度 52mm。

10．铜片包裹工件$\phi$38 处，用卡盘夹紧，将切断处车平，倒角。

11．评分参照表 4.13 执行。

表 4.13　加工件评分标准

| 序号 | 考核项目 | 考核内容 | 配分 | 评分标准 | 检测结果 | | | 得分 | 备注 |
|---|---|---|---|---|---|---|---|---|---|
| | | | | | 自测 | 互测 | 教师测量 | | |
| 1 | $\phi$38 外圆 | $\phi 38_{-0.025}^{\ 0}$ | 10 | 超差 0.05 扣 2 分 | | | | | |
| 2 | | 10 | 2 | 超差 0.1 扣 1 分 | | | | | |
| 3 | | *Ra*3.2 | 2 | 降一级扣 1 分 | | | | | |
| 4 | $\phi$28 外圆 | $\phi 28_{-0.033}^{\ 0}$ | 10 | 超差 0.05 扣 2 分 | | | | | |
| 5 | | 23 | 2 | 超差 0.1 扣 1 分 | | | | | |
| 6 | | *Ra*3.2 | 2 | 降一级扣 1 分 | | | | | |
| 7 | $\phi$18 外圆 | $\phi 18_{-0.027}^{\ 0}$ | 10 | 超差 0.05 扣 2 分 | | | | | |
| 8 | | 38 | 2 | 超差 0.1 扣 1 分 | | | | | |
| 9 | | *Ra*3.2 | 2 | 降一级扣 1 分 | | | | | |
| 10 | $\phi$10 外圆 | $\phi 10_{-0.033}^{\ 0}$ | 10 | 超差 0.05 扣 2 分 | | | | | |
| 11 | | *Ra*3.2 | 2 | 降一级扣 1 分 | | | | | |
| 12 | 3mm 槽 | 3×1 | 4 | 超差 0.1 扣 2 分 | | | | | |
| 13 | 3mm 槽 | 3×3 | 4 | 超差 0.1 扣 2 分 | | | | | |
| 14 | 6mm 槽 | 6×2 | 4 | 超差 0.1 扣 2 分 | | | | | |
| 15 | 倒角 | 两处 | 4 | 没有倒角扣完 | | | | | |
| 16 | 总长 | 50 | 4 | 超差 0.05 扣 2 分 | | | | | |
| 17 | | 端面 *Ra*6.3 | 4 | 降一级扣 1 分 | | | | | |
| 18 | 规范操作 | | 10 | 有一次不规范扣 1 分 | | | | | |
| 19 | 文明生产 | | 10 | 有一次违章扣 1 分 | | | | | |
| 合计得分 | | | | | | | | | |

**想一想**

1．切槽、切断时的切削速度与车外圆有什么不同？

2．切槽、切断的表面质量如何提高？

## 项目 4　孔的加工

机器上的各种轮、盘、套类零件，因支承和连接配合的需要，一般均加工有圆柱形或圆锥形的孔。孔的技术要求主要是，内孔直径尺寸精度一般为 IT8～IT7 级，表面粗糙度值 *Ra* 为 1.6～0.2μm，形状精度有圆度和圆柱度要求，一般控制在孔径公差之内，位置精度有孔端面与孔轴线的垂直度、孔与外圆轴线的同轴度，一般为 0.01～0.05mm。

车床上加工孔的方法有钻孔、扩孔、铰孔和车孔等，加工顺序有钻孔→扩孔→铰孔和钻孔→扩孔→车孔等方案。

# 学习单元1　钻孔、扩孔与铰孔

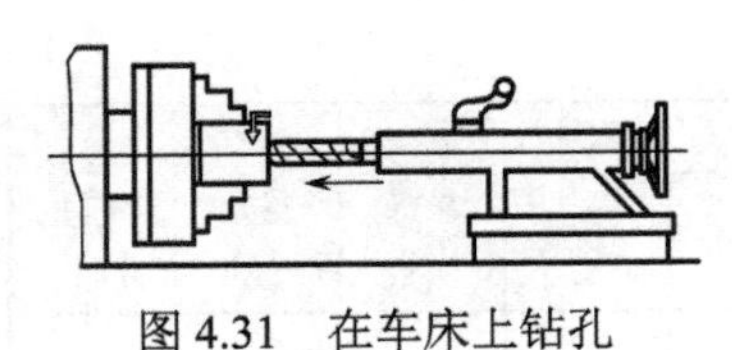

图 4.31　在车床上钻孔

在车床上钻孔如图 4.31 所示。工件旋转为主运动，摇动尾座手柄使钻头纵向移动为进给运动。钻孔的尺寸公差等级为 IT14～IT11 级，表面粗糙度值 *Ra* 为 25～6.3μm。

## 1．工件装夹

工件装夹在三爪自定心卡盘、四爪单动卡盘或专用车床夹具中，由主轴带动旋转。

## 2．钻孔、扩孔与铰孔刀具

钻孔、扩孔与铰孔时所用的刀具分别称为钻头、扩孔钻和铰刀。

（1）钻头

钻孔时，应根据孔径大小选用合适的钻头直径。根据形状和用途不同，钻孔刀具可分为扁钻、麻花钻、中心钻、锪钻、深孔钻等，如图 4.32 所示。

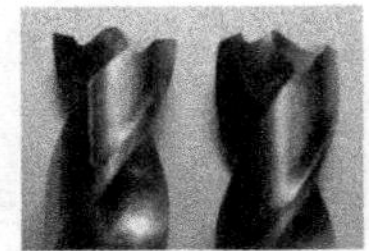

倪志福钻头

偏钻

锪钻

深孔钻

图 4.32　各种钻头

采用图 4.33 所示的专用工具安装，还可实现自动走刀钻孔。

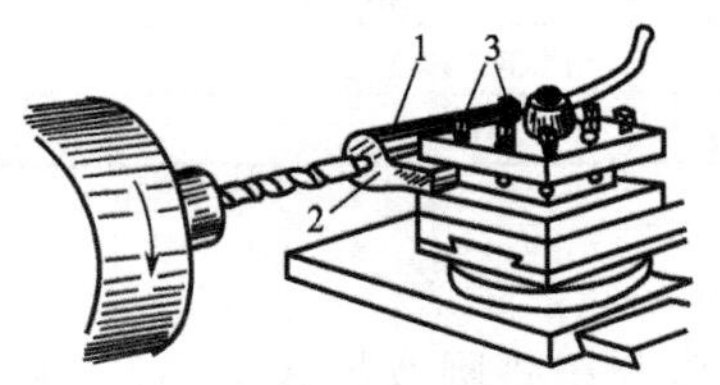


1—专用工具锥孔；2—方块；3—螺钉

图 4.33　专用工具装夹麻花钻

（2）扩孔钻

扩孔钻有高速钢扩孔钻和硬质合金扩孔钻两种，如图 4.34 所示。其中，图 4.34（a）所示为高速钢扩孔钻，图 4.34（b）所示为硬质合金扩孔钻。

（3）铰刀

铰刀按用途可分为机用铰刀和手用铰刀，如图 4.35 所示。机用铰刀的柄部为圆柱形或圆锥形，工作部分较短，主偏角较大，标准机用铰刀的主偏角为 15°。手用铰刀柄部做成方榫形，以便套入扳手，用手旋转铰刀来铰孔。它的工作部分较长，主偏角较小，一般为 40′～4°。

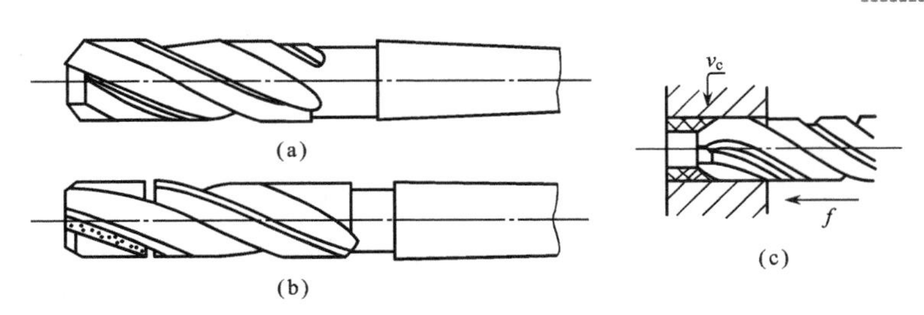


图 4.34 扩孔钻与扩孔

机用铰刀的结构如图 4.35（b）所示，由工作部分、颈部、柄部三部分组成。工作部分包括切削部分与校准部分等。切削部分为锥形，担负主要的切削工作；校准部分的作用是校正孔径，修光孔壁和导向。柄部用来装夹和传递转矩，有圆柱形、圆锥形和方榫形三种。

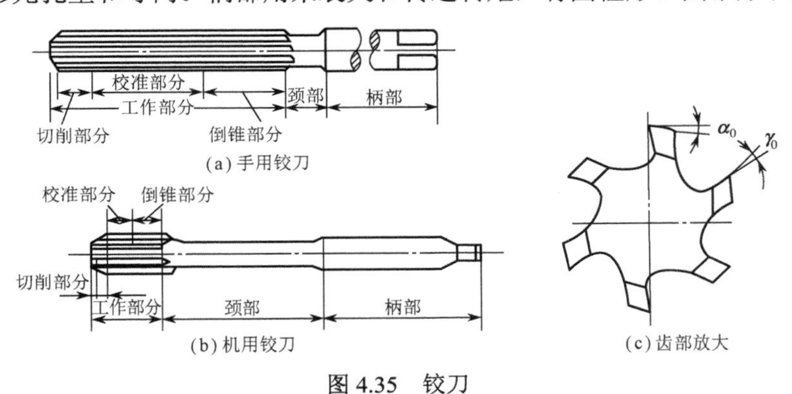


图 4.35 铰刀

铰刀切削部分的材料为高速钢和硬质合金两种。

### 3. 钻孔、扩孔与铰孔方法

（1）钻孔方法

为防止钻头钻偏，钻孔前一般应先加工孔的端面，将其车平，中心处不能留有凸台，有时也用中心钻钻出中心孔作为钻头的定位孔；找正尾座，使钻头中心对准工件旋转中心，否则会使孔径钻大、钻偏，甚至折断钻头；起钻时进给量要小，待钻头头部进入工件后再正常钻削；手动慢慢转动尾座手轮进给，在加工过程中多次退出钻头，以利排屑和冷却。当钻头横刃钻出工件后，应适当减小进给量，以免因轴向阻力减小而使钻头折断。钻削时要加注切削液。

钻削时切削用量的选择见表 4.14。背吃刀量 $a_p$ 为钻头的半径。进给量根据钻头直径确定，钻头直径小，进给量也取小，否则钻头会折断。

**表 4.14 钻孔的切削用量参考值（高速钢钻头，钻孔直径 10～25mm）**

| 工 件 材 料 | 切削速度（m/min） | 进给量（mm） |
|---|---|---|
| 碳钢 | 15～30 | 0.11～0.45 |
| 铸铁 | 10～25 | 0.23～0.90 |

车床主轴的转速根据钻头直径和选择的切削速度确定（$n=1\,000v_c/d$）。

注 意

车床钻孔孔径 $D$ 小于 30mm 时，可一次钻成；若所钻的孔径大于 30mm，则可分两次钻削，第一次钻头直径取（0.5～0.7）$D$，第二次钻头直径取 $D$，这样，钻削较为轻快。可采用较大的进给量，孔壁质量和生产率均可提高。钻孔直径一般小于 75mm。

用小直径钻头钻孔时，一般先用中心钻钻出浅孔用以定心，再用钻头钻孔，钻孔时转速选高些，进给量选小，并及时排屑，以免钻头折断。

用细长钻头钻孔时，为了防止钻头晃动，可在刀架上夹一挡铁，以支持钻头头部帮助钻头定心。如图 4.36 所示，先用钻头尖部少量钻进工件端面，然后缓慢摇动中滑板，移动挡铁逐渐接近钻头前端，以使钻头的中心稳定在工件旋转中心，但挡铁不能将钻头顶过工件旋转中心，否则容易折断钻头，当钻头正确定心后，挡铁退出。

钻不通孔（也称盲孔）孔深尺寸的控制：先将钻头尖部接触工件端面，固定尾座，用钢直尺量出尾座套筒长度，如图 4.37 所示。

转动尾座手轮，套筒带动钻头移动，钻头钻进长度为套筒后来伸出长度与原侧量套筒长度之差。

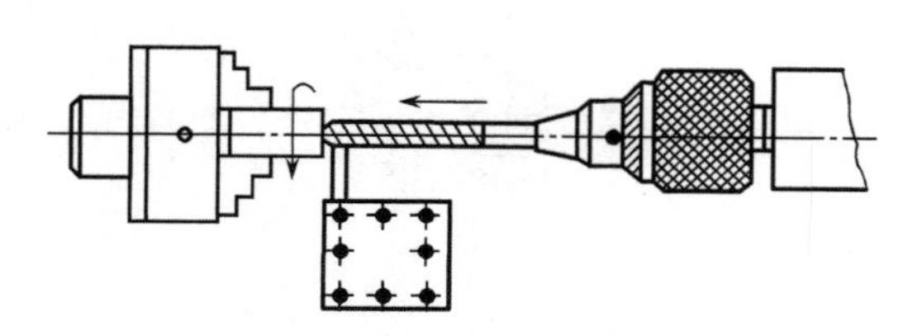

图 4.36　防止钻头跳动的方法

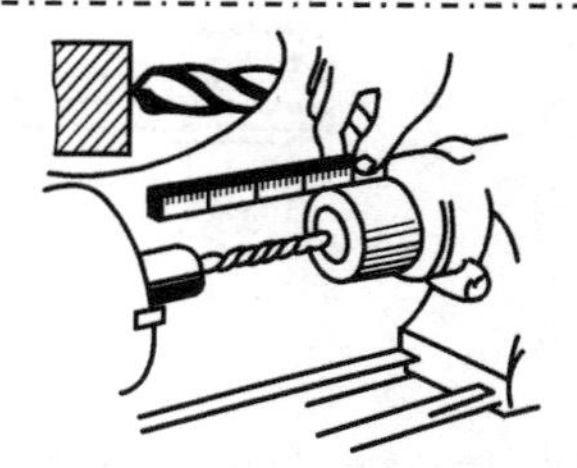

图 4.37　钻不通孔

（2）扩孔方法

扩孔是用扩孔钻扩大孔径的加工方法，在车床上用扩孔钻扩孔的尺寸精度可达 IT10～IT9 级，表面粗糙度值 $Ra$ 达 6.3～3.2μm。扩孔用于一般孔的最终加工或者铰孔前的工序。

扩孔时工件的装夹与钻孔时相同。扩孔钻利用锥柄装于尾座套筒的锥孔中。

扩孔钻和扩孔的主要特点如下：

- 已有孔部分不切削，这样就避免了麻花钻钻削时横刃所产生的不良影响。
- 由于背吃刀量小，切屑少，杆部直径大，刚性好，排屑容易，所以可增大切削用量。
- 扩孔钻的刃齿比麻花钻多（一般有 3～4 齿），导向性好。

因此，扩孔可改善孔的加工质量，且生产率高。

扩孔同钻孔一样用手动进给。扩孔切削用量的选择为：扩孔背吃刀量 $a_p$ 一般为（1/8）$D$（$D$ 为工件孔径），扩孔的切削速度和进给量均比钻孔时大 1～2 倍。

（3）铰孔方法

铰孔是在扩孔或半精车孔以后，用铰刀从孔壁上切除微量金属层的精加工方法，如图 4.38 所示。由于铰刀刀齿多，一般有 4～8 齿，刚性好，制造精度高，铰削余量小，切削速度低，所以铰孔尺寸精度可达 IT8～IT7 级，表面粗糙度值 $Ra$ 为 1.6～0.32μm。

① 铰孔前对孔的要求。铰孔前，孔的表面粗糙度值要小于 3.2μm。铰孔由于多采用浮动铰削，对修正孔的位置误差能力差，孔的位置精度由前道工序保证，因此铰孔前往往安

排扩孔、车孔工序。如果铰直径小于 10mm 的孔径，由于孔小，车孔非常困难，则一般先用中心钻定位，然后铰孔，这样才能保证孔的直线度和同轴度要求。工件孔口要倒角，便于铰刀切入。

② 正确选择铰刀直径。铰孔的精度主要取决于铰刀的尺寸，铰刀的选择取决于被加工孔的尺寸（直径和深度）和孔所要求的加工精度。铰刀尺寸公差最好选择被加工孔公差带中间 1/3 左右的尺寸。如铰 $\phi 20\mathrm{H7}(^{+0.021}_{0})$ 孔时，铰刀的尺寸最好选择 $\phi 20^{+0.014}_{+0.007}$。铰刀的柄部一般有精度等级标记。

③ 注意铰刀刀刃质量。铰刀刃口必须锋利，没有崩刃、残留切屑和毛刺。

④ 正确安装铰刀。铰孔前，必须调整尾座套筒轴线，使其与主轴轴线重合，保证铰刀的中心线和被加工孔的中心线一致，防止出现孔径过大或喇叭口现象，同轴度最好控制在 0.02mm 之内。但是，一般车床调整尾座轴线与主轴非常精确地在同一轴线上是比较困难的，因而铰孔时多用浮动套筒装夹铰刀，进行浮动铰削，如图 4.39 所示，锥套与夹头通过钢球浮动连接，铰刀根据已加工孔定心。

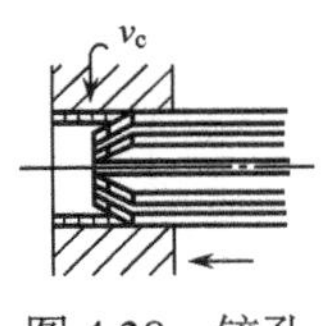


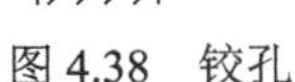

图 4.38 铰孔

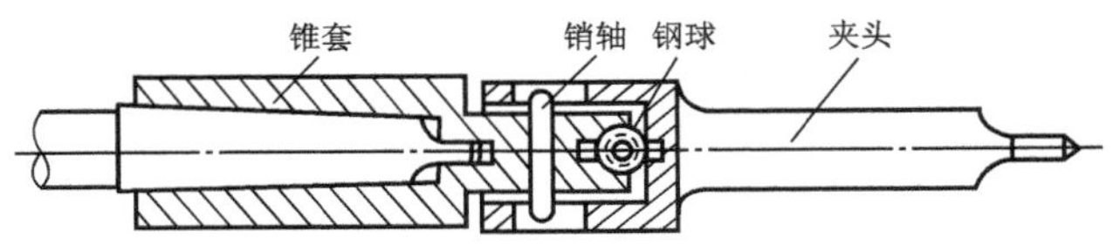


图 4.39 铰刀浮动夹头结构

⑤ 铰削用量的选择。铰削加工余量视孔径和铰刀而定。高速钢铰刀铰削余量为 0.08～0.12mm；硬质合金铰刀为 0.15～0.20mm。铰削时，切削速度越低，表面粗糙度值越小，一般切削速度小于 5m/min。进给量为 0.2～1mm/r，铰铸铁时进给量可大些。

⑥ 铰孔时尾座套筒伸出长度在 50～60mm 范围，移动尾座使铰刀离开工件端面 5～10mm，锁紧尾座。摇动尾座手轮使铰刀的引导部分轻轻进入孔口，深度 1～2mm。

⑦ 启动车床，加注充分的切削液，双手均匀摇动车床尾座手轮，进给量约为 0.5mm/r，进给至铰刀切削部分的 3/4 超出孔末端时，将铰刀从孔内退出，铰刀退出后工件才停止转动。铰不通孔时，手动进给当感觉轴向切削力明显增加时，表明铰刀端部已到孔底，应立即退出铰刀。铰较深的不通孔时，由于排屑困难，通常应退刀数次，清除切屑后再继续铰削。

⑧ 合理选用切削液。铰孔时，切削液对孔的扩胀量及孔的表面粗糙度有显著的影响。铰钢件时，必须用切削液，一般多选用乳化液切削液；铰铸件时，一般不用切削液，有时为了获得较小的表面粗糙度值，可用煤油做切削液。

⑨ 铰刀退刀时，车床主轴保持顺转，不可反转，否则会损坏铰刀和工件表面。

⑩ 应先试铰，以免造成废品。

***注 意***

铰孔主要用于加工中、小尺寸的孔，未淬硬的孔，不能加工短孔、深孔、断续表面孔（如键槽孔）。铰刀不用时，应注意保管，尤其工作刃不能碰毛，可用塑料套罩住工作刃口部分。

## 练一练

### 任务　用刃磨好的麻花钻，按图4.40所示零件要求，完成通孔、盲孔的加工

能力目标：

1．掌握钻头安装的方法和钻孔的过程。

2．掌握正确选择钻孔切削用量的方法。

要求：

1．钻孔起钻时要慢，钻头前部进入工件后才可正常钻削。

2．钻通孔时，孔即将被钻通时减小进给速度，防止卡死和损坏锥柄、锥孔。

3．钻盲孔时要经常排屑，防止钻头“咬死”或折断。

4．钻孔时要正确选用转速。钻头直径小，转速选高一点；反之选低一点。

5．操作时间30min。

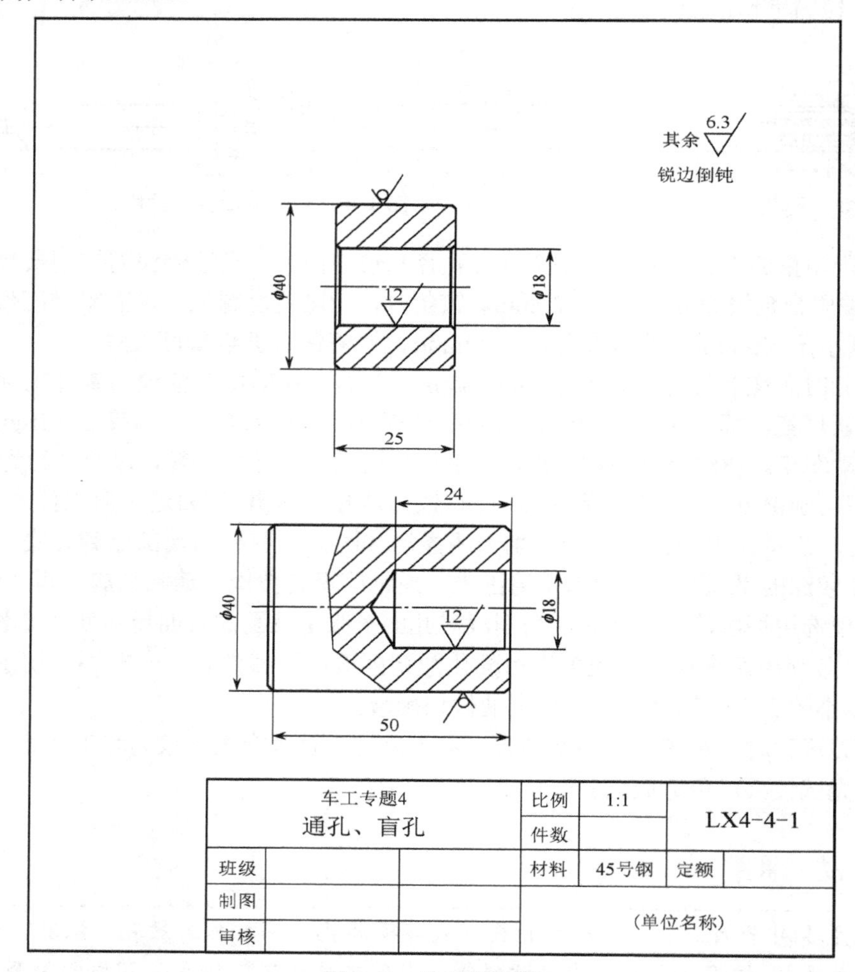


图4.40　钻孔零件图

## 步　骤

1．领取棒料$\phi$40×30、$\phi$40×55 各一件；准备中心钻、$\phi$18 麻花钻各一支，外圆车刀。
2．卡盘夹毛坯外圆，安装并调整刀具。
3．车端面。
4．调头，找正工件，车端面，保证总长。
5．换中心钻，钻中心孔定心。
6．换麻花钻，钻$\phi$18 通孔。
7．卸下工件，换另一毛坯，重复上述过程，钻盲孔。
8．评分参照表 4.15 执行。

**表 4.15　加工件评分标准**

| 序号 | 考核项目 | 考核内容 | 配分 | 评分标准 | 检测结果 | | | 自测得分（40%） | 互测得分（30%） | 教师测评（30%） |
|---|---|---|---|---|---|---|---|---|---|---|
| | | | | | 自测 | 互测 | 教师测量 | | | |
| 1 | 通孔 | 倒角 | 5 | 没倒角，扣分 | | | | | | |
| 2 | | $\phi$18 | 20 | 每超差 0.2mm，扣 10 分 | | | | | | |
| 3 | | 25 | 10 | 每超差 0.3mm，扣 10 分 | | | | | | |
| 4 | | 倒角 | 5 | 没倒角，扣分 | | | | | | |
| 5 | | 倒角 | 5 | 没倒角，扣分 | | | | | | |
| 6 | | $\phi$18 | 10 | 每超差 0.2mm，扣 10 分 | | | | | | |
| 7 | | 24 | 10 | 每超差 0.3mm，扣 10 分 | | | | | | |
| 8 | | 50 | 10 | 不合格，不得分 | | | | | | |
| 9 | 盲孔 | 倒角 | 5 | 没倒角，扣分 | | | | | | |
| 10 | 规范操作 | | 10 | 有一次不规范扣 1 分 | | | | | | |
| 11 | 文明生产 | | 10 | 有一次违章扣 1 分 | | | | | | |
| 合计得分 | | | | | | | | | | |

**想一想**

1．操作中如何解决钻头跳动问题？
2．钻孔是否有偏心？分析产生的原因。

## 学习单元 2　车孔

如图 4.41 所示，车孔是用内孔车刀对已经铸出和钻出的孔作进一步加工，以扩大孔径，提高精度和表面质量的一种加工方法。车孔可分为粗车、半精车和精车。精车孔的尺寸精度可达 IT8～IT7 级，表面粗糙度值 $Ra$ 为 1.6～0.8μm。

### 1．工件装夹

根据零件结构，可采用三爪自定心卡盘、四爪单动卡盘和一夹一托等方法。

## 2．内孔车刀

内孔车刀有整体式和装夹式，装夹式内孔车刀是把高速钢或硬质合金做成很小的刀头装在碳钢或合金钢制成的刀杆上，在顶端或上端用螺钉紧固。装夹式车刀刀柄刚性好，用于孔深大和孔径大的孔的加工，一般情况下用整体式。整体式车孔刀具如图 4.41 所示，装夹式车孔刀具如图 4.42 所示。根据不同的加工情况，内孔车刀又可分为通孔车刀（如图 4.41（a）、图 4.42（a）所示）和盲孔车刀（如图 4.41（b）、图 4.42（b）所示）两种。

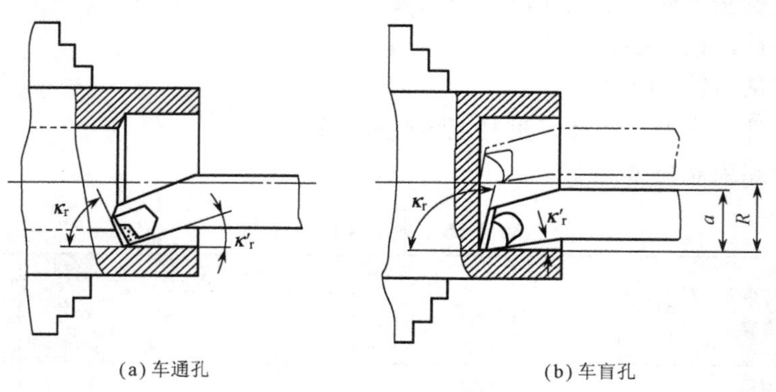


(a) 车通孔　(b) 车盲孔

图 4.41　车孔与车孔刀具

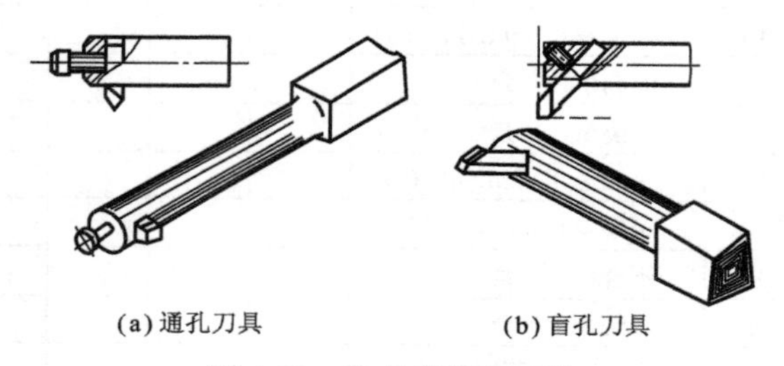

(a) 通孔刀具　(b) 盲孔刀具

图 4.42　装夹式车孔刀具

（1）通孔车刀。通孔车刀的几何形状基本上与外圆车刀类似。为了减小径向切削分力，防止振动，主偏角 $\kappa_r$ 应取得较大些，一般在 60°～75° 之间，副偏角 $\kappa'_r$ 为 15°～30°。为了防止内孔车刀后刀面和孔壁产生摩擦，又不使后角磨得太大，一般磨成两个后角。

（2）盲孔车刀。盲孔车刀是用来车盲孔和台阶孔的，切削部分的几何形状基本上与偏刀相似。它的主偏角 $\kappa_r$ 取 95° 左右。刀尖在刀杆的最前端，刀尖与刀杆外端的距离 $a$ 应小于内孔半径 $R$，否则孔的底平面就无法车平。装夹式盲孔车刀的刀杆方孔应做成斜的。

装夹式车刀刀杆可以根据孔径大小及孔的深浅做成几组，以便在加工时选择使用。

内孔车刀安装时，车刀刀尖应与工件中心等高或略高，刀柄与孔轴线平行。由于受孔径影响，内孔车刀的刚性较差，所以刀柄伸出尽可能短些，一般比被加工孔长 5～10mm。内孔车刀装好后，在工件孔内移动几次，检查有无碰撞。

内孔车刀的刃磨方法与外圆车刀的刃磨方法基本相似。

## 3．车孔方法

车孔与车外圆的方法基本相似，只是其进、退刀动作与车外圆相反，一般也需试切。常用到的车孔形式为车通孔、车盲孔（台阶孔、平底孔、内沟槽）。

（1）车通孔

车削前若没有孔，需先将孔钻通，钻孔直径比图纸尺寸小 1.5～2mm。

每次粗车和精车内孔时都要进行试切削和测量，其试切削方法与外圆试切削时相同。

操作步骤如下（可参考车外圆图）：

① 开动机床，使内孔车刀刀尖与孔壁相接触，然后车刀纵向退出，将中滑板刻度调零。

② 背吃刀量为径向余量的一半，根据内孔加工余量，确定背吃刀量（一般粗车取 1～3mm，精车最末一刀的背吃刀量取 0.1～0.2mm，进给量取 0.08～0.15mm/r），用中滑板刻度盘控制。

③ 摇动床鞍手轮，使车刀靠近内孔，进行车孔的试切削，试切长度约 2mm，纵向退出车刀（横向不动），然后停车，测量试切尺寸，若尺寸正确，就可合上机动进给车孔。切削时，注意倾听车削声音和观察内孔排屑是否顺利，当车削声停止，表明刀尖已离开孔的末端，立即停止机动进给，车刀横向不必退刀，直接纵向快速退出。若内孔余量较多，再调整背吃刀量进行第二次车削，留精车余量 0.3～0.5mm。

车孔时注意控制孔径尺寸，以防将孔径车大。精车时试车次数不要太多，以防工件产生冷硬层（尤其慢速精车）。

（2）车台阶孔

车台阶孔时，台阶孔中的大孔可视为盲孔。盲孔车刀的装夹除了遵照内孔车刀安装的一般要求外，还要注意车刀的主切削刃应和平面成 3° 左右的夹角，并且在车削内平面时，要求车刀横向有足够的退刀空隙，以防刀柄碰伤孔壁，如图 4.43 所示。

当车削孔径尺寸相差较大的台阶孔时，最好采用主偏角 $\kappa_r<90°$（一般为 85°～88°）的车刀粗车大孔，然后用内偏刀车出长度后再精车。直接用内偏刀车削时背吃刀量不可太大，否则刀尖易损坏。其原因是刀尖处于切削刃的最前端，切削时刀尖先切入工件，因此其承受切削抗力最大，加上刀尖本身强度差，所以容易损坏。

车小孔的方法与车通孔相同，留精车余量 0.3～0.5mm。

车削大孔的操作步骤如下：

① 启动机床，用内孔车刀车端面，将小滑板刻度调至零位，同时将床鞍刻度调至零位。粗车用床鞍刻度盘控制，精车用小滑板刻度盘控制。

② 移动床鞍和中滑板，使刀尖与孔壁相接触，车刀纵向退出，将中滑板刻度调至零位。

③ 移动中滑板，调整粗车背吃刀量，试切符合要求后，纵向机动进给粗车孔。当床鞍刻度接近孔深度时，停止机动进给，用手动继续进给至刀尖切入内孔台阶面时，停止进给。摇动中滑板手柄横向进给车台阶孔内端面，如图 4.44 所示。

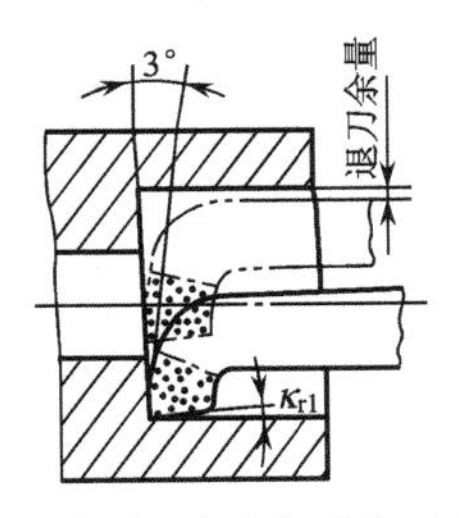


图 4.43 车削不通孔时车刀的装夹

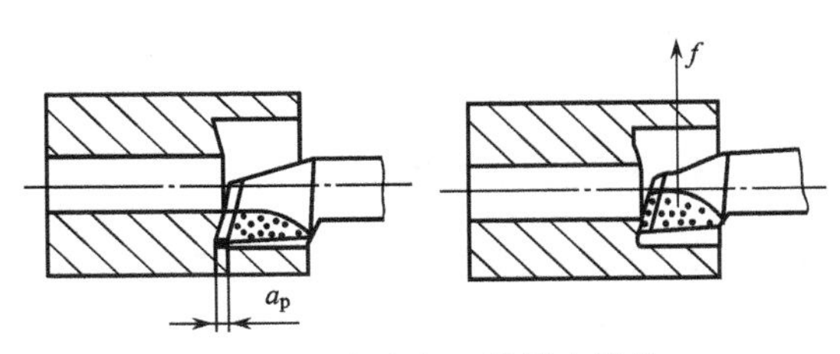


图 4.44 内孔车刀纵横向进给

④ 精车大孔，试切尺寸正确后纵向机动进给车内孔。当床鞍刻度值接近孔深时停止机动进给，手动继续进给至刀尖与内台阶可微量接触后稍向后退，停车后将车刀退出。一般留精车余量 0.3～0.5mm，孔深可车至尺寸。

台阶孔深度用深度游标卡尺测量。如图 4.45 所示，测量时将卡尺基座端面与工件端面靠平，尺身沿着孔壁移动，当尺身端面与内孔台阶面轻微接触就读出深度的读数值。深度游标卡尺的读数方法与一般游标卡尺完全相同。测量后若尺寸未达到所要求值，应记下数值，然后用小滑板控制车台阶孔内端面的背吃刀量。

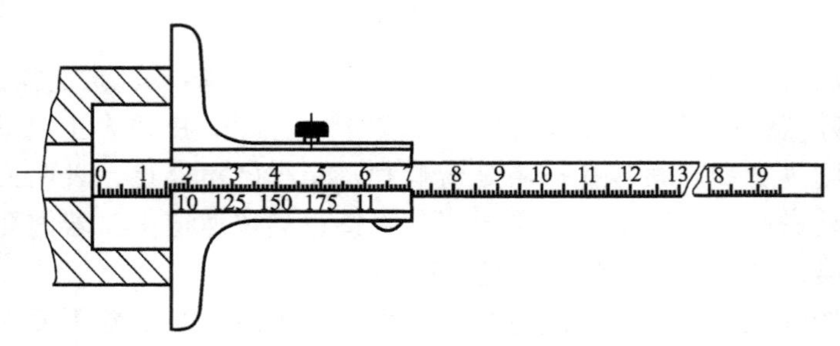


图 4.45 台阶孔深度检测

（3）车平底孔

车削平底孔时除要保证孔径外，还要将孔底车平。将孔底车平的关键在于不通孔车刀装夹时刀尖要严格对准工件旋转中心，高于或低于工件中心都不能将孔底车平。检验刀尖中心高的简便方法是用车端面的方法进行验证，若端面能车至中心，则不通孔的底面也一定能车平整；同时，还要检查刀尖至刀柄外侧的距离是否小于工件半径。移动中滑板使刀尖刚好超出工件中心，检查刀柄外侧是否与孔壁相碰。

工件毛坯若没有孔，需先用比孔径小 2mm 的钻头钻出底孔，孔深从钻尖算起。然后用相同直径的平头钻将孔底扩成平底（也可用不通孔刀车平）。孔底平面留 0.5～1mm 的余量，车底平面和粗车孔径（留精车余量），尺寸控制与车削台阶孔的方法相同。最后精车内孔及底平面至图样尺寸要求。

（4）车内沟槽

装夹内沟槽刀时，应使主切削刃与内孔中心等高或略高，两侧副偏角必须对称。在车内沟槽时要求车刀横向有足够的退刀余量。

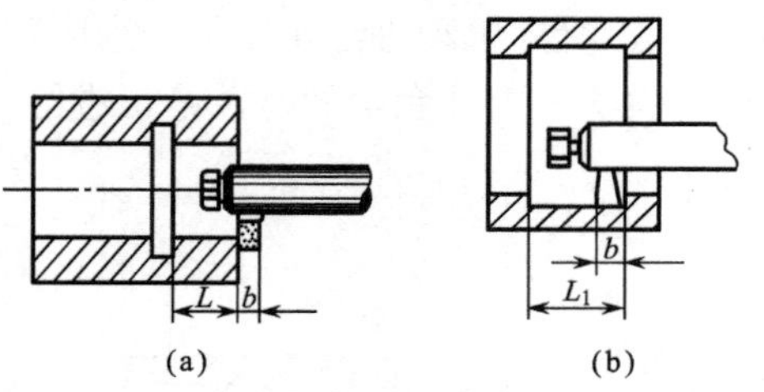


图 4.46 内沟槽轴向位置和宽度的控制

车内沟槽要注意控制内沟槽的轴向位置和宽度，方法如图 4.46 所示。移动床鞍和中滑板，使内沟槽车刀副切削刃与工件端面轻轻接触，此时将床鞍刻度盘刻度调至零位，若用小滑板控制内沟槽轴向位置，则应将小滑板刻度盘刻度调整到零位，作为车内沟槽纵向的起始位置。然后移动中滑板，使内沟槽车刀主切削刃向内孔方向移动，碰不着孔壁时止。再移动床鞍或小滑板，使车槽刀进入孔内。进入深度为内沟槽的轴向位置尺寸 $L$ 加上内沟槽车刀主切削的宽度 $b$。

车内沟槽与车外沟槽方法类似，窄沟槽可利用主切削刃宽度等于槽宽的内沟槽车刀，用直进法一次车出，如图 4.47（a）所示。沟槽宽度大于主切削刃则可分几刀将槽车出，如图 4.47（b）所示。刀具轴向移动距离为沟槽宽度尺寸 $L_1$ 减去起始位置处车槽刀主切削刃的宽度 $b$。如图 4.47（c）所示为沟槽浅、宽时用尖头内孔车刀先车出凹槽，再用内沟槽刀车沟槽两端垂直面。

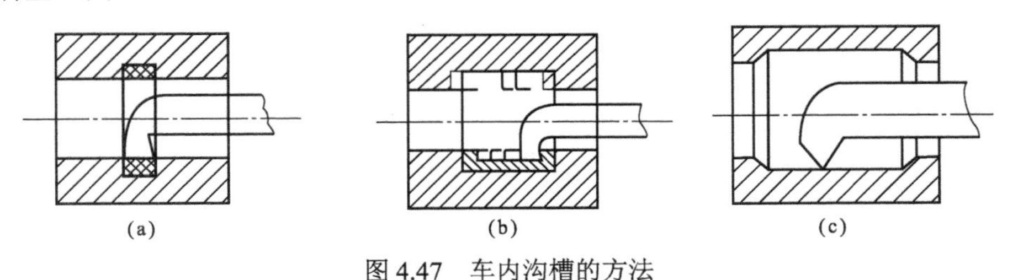

图 4.47 车内沟槽的方法

内沟槽的直径可用弹簧内卡钳或装有特殊测头的游标卡尺测量，如图 4.48（a）、（b）所示。其槽宽用钩形深度游标卡尺测量，如图 4.48（c）所示。

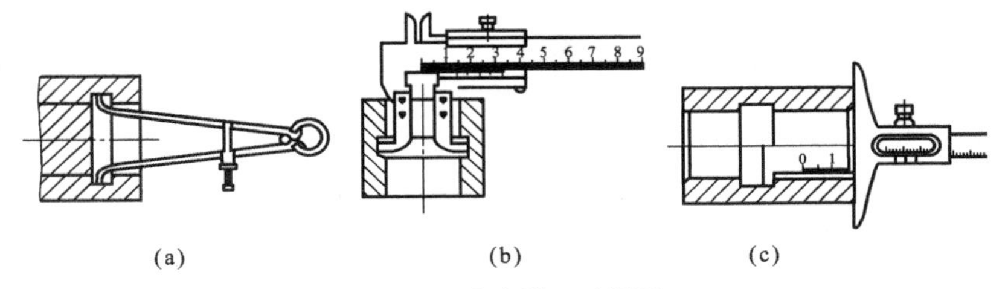

图 4.48 内沟槽尺寸测量

使用弹簧内卡钳测量时，先把弹簧内卡钳放进沟槽，用调节螺母把卡钳张开的尺寸调整至松紧适度，在保证不拧动调节螺母的前提下，把卡钳收小，从内孔中取出。然后使其回复原来尺寸，再用千分尺测量出弹簧内卡钳张开的距离，这个尺寸就是内沟槽的直径。用这种方法测量比较麻烦，尺寸又不十分准确，用于内孔精度要求不高的场合。尺寸精度要求高时，可采用图 4.48（b）中带有弯头的游标卡尺进行测量，此时沟槽的直径为游标卡尺的读数值加上量爪尺寸。

（5）车孔的几个工艺问题

① 切削用量。与车外圆相比，车孔的切削条件差，排屑难，冷却液不易进入切削区，所以切削用量要比车同样直径的外圆低 10%～20%。

② 增加内孔车刀的刚性和解决排屑的方法。车孔时，刀杆截面积受孔径限制，刀杆伸出长，刚性差，会造成孔轴线直线度误差。切屑落在内孔表面，不易排出，切削热、刀具磨损增加，内孔表面质量下降。所以车孔的关键问题是提高内孔车刀的刚性和解决排屑。

a．尽量增加刀杆的截面积。一般内孔车刀刀杆的截面积小于孔截面积的 1/4，如图 4.49（b）所示，如果让内孔车刀的刀尖位于刀杆的水平中心线上，则刀杆的截面积就可达到最大程度（如图 4.49（a）所示），从而提高刀杆的刚性。

b．刀杆的伸出长度尽可能缩短。刀杆伸出长度只需略大于孔深，并要求刀杆的伸长能根据孔深加以调节（如图 4.49（a）所示）。

c．控制切屑的流出方向。采用正刃倾角内孔车刀，使切屑流向待加工表面（前排屑）。

③ 保证精度的方法。当批量小时，可采用试切法达到孔径尺寸公差。批量大时，采用调整法控制孔径尺寸，此法先通过试切，使孔径在尺寸公差以内，然后记下刻度值，并据以控制刀具位置，使孔径尺寸达到公差要求。

④ 保证内孔与外圆的同轴度及与端面的垂直度的方法。

a．在一次装夹中完成内、外圆及端面加工。在单件、小批量生产时，可以在一次装夹中完成工件全部或大部分表面的加工，如图 4.50 所示。如果机床精度较高，则可获得较高的同轴度及垂直度。采用此方法车削时，刀架要装几把刀具，需要经常转换刀架，如果刀架定位精度较差，则尺寸较难掌握，切削用量也会时常改变。由于加工集中，大尺寸工件不便装夹，所以此法适用于尺寸较小的工件。

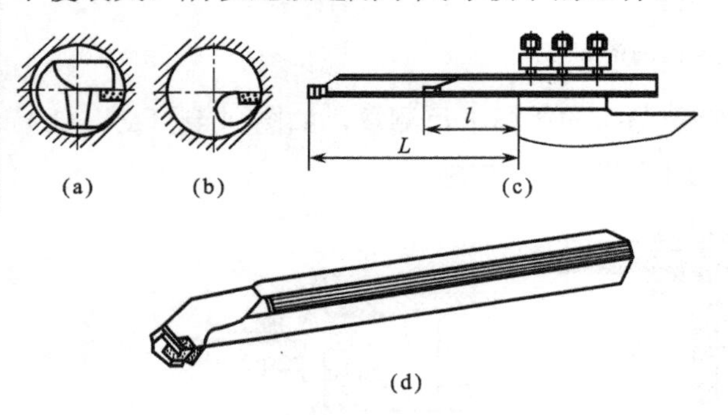


图 4.49　可调节长度的刀杆及车刀

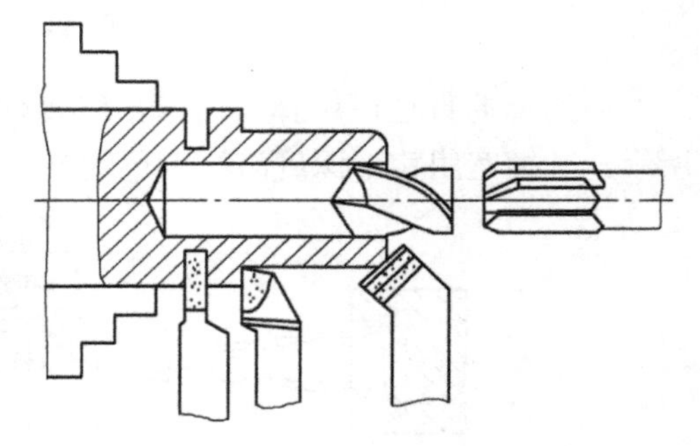

图 4.50　一次装夹中加工工件

b．以内孔为基准加工外圆与端面，保证同轴度和垂直度。中、小型的套、带轮、齿轮等零件，一般以内孔作为定位基准，采用心轴装夹，保证工件的同轴度和垂直度。

c．以外圆为基准加工内孔，以保证同轴度和垂直度。当加工外圆很大、内孔很小、定位孔长度较短的工件时，应以外圆为基准加工内孔，从而保证加工要求。采用该方法时一般用卡盘装夹，因此装夹迅速、可靠，但卡盘安装误差大，精度要求高时，可采用修磨过的软卡爪。软卡爪是未经淬火的钢料（45 号钢）制成的，将软卡爪装在本身车床卡盘上，车成所需的形状和尺寸，因而可确保装配精度。另外，使用软卡爪装夹已加工表面时，不易夹伤工件表面。

**4．孔径测量**

单件、小批量生产时，孔径可用游标卡尺测量。精度要求较高时，可用内径千分尺或内径百分表测量。

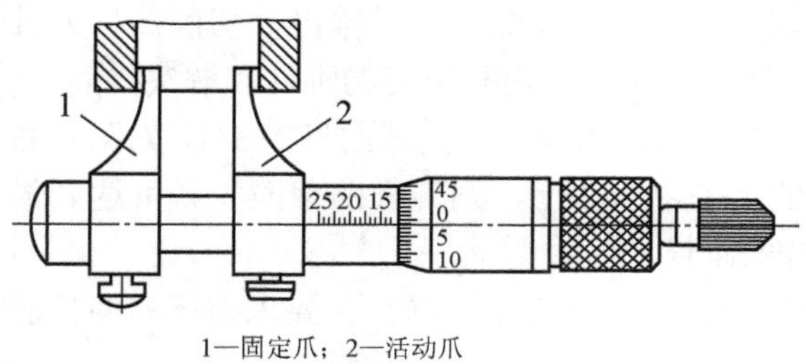


1—固定爪；2—活动爪

图 4.51　用内径千分尺测量孔径

内径千分尺的测量原理与外径千分尺相同。用内径千分尺测量孔径如图 4.51 所示。

内径百分表的结构如图 4.52 所示，可用来测量深孔尺寸。上部为百分表，表盘上有大指针和小指针，当测量杆向上或向下移动 1mm 时，大指针转动一周，小指针转动 1 格，大指针每格读数为 0.01mm，小指针每格读数为 1mm。用手转动表盖时，刻度盘随之转动，可使指针对准刻度盘上的任一刻度。下部测量端有一可换测量头 4 和一固定测量头 7，测量内孔时，将测量端放入被测孔内，孔壁使固定测量头 7 向左移动，推动摆块 6，使活动杆 5 向上移动，从而推动百分表测量杆 1，带动指针转动，在表盘上读出数值。测量完毕后，在弹簧 2 的作用下，测量杆回到原位。

用内径百分表测量内孔时，首先根据孔径调换可换测量头，使可换测量头与固定测量头之间的距离等于孔径的基本尺寸（用外径千分尺控制），然后将百分表对零（应使表有半圈压缩量）。将测量端放入被测孔中，使测杆稍作摆动，如图 4.52 所示，找出轴向最小值（表上指针反向转动处）和周向最大值，此值为被测孔径的数值。测量结果的判断方法是：如果指针正好指在 0 刻度线，则孔径等于被测孔的基本尺寸；如果指针顺时针偏离零位，则表示被测孔径小于基本尺寸；如果指针逆时针偏离零位，则表示被测孔径大于基本尺寸。在后两种情况中，需要判断尺寸是否超差。

在车床上加工的圆柱孔，其形状精度仅测量圆度和圆柱度，测量方法同外圆。位置度（垂直度、同轴度、圆跳动）的测量可采用加工外圆时所用的方法。

成批生产时，可选用标准塞规进行测量，判断尺寸是否合格。如图 4.53 所示，塞规包含通端和止端，通端按孔的最小极限尺寸制成，止端按孔的最大极限尺寸制成。测量时，通端通过孔径，止端未能通过，则孔径符合要求，不需要得出具体数值。利用塞规测量不通孔时，需在外圆上沿轴向开排气槽。

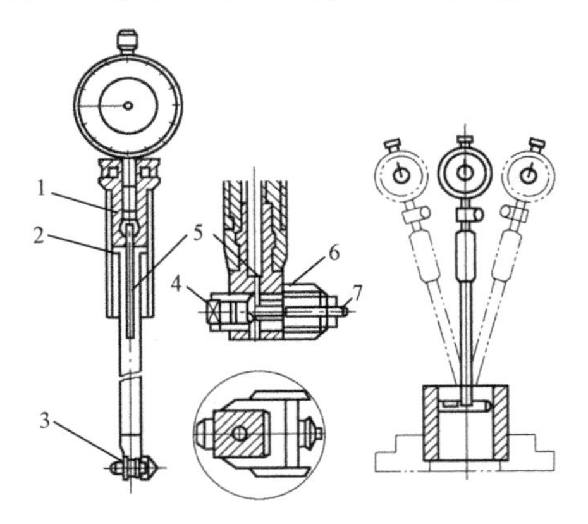


1—测量杆；2—弹簧；3—螺母；4—可换测量头；5—活动杆；6—摆块；7—固定测量头

图 4.52　内径百分表的结构及测量方法

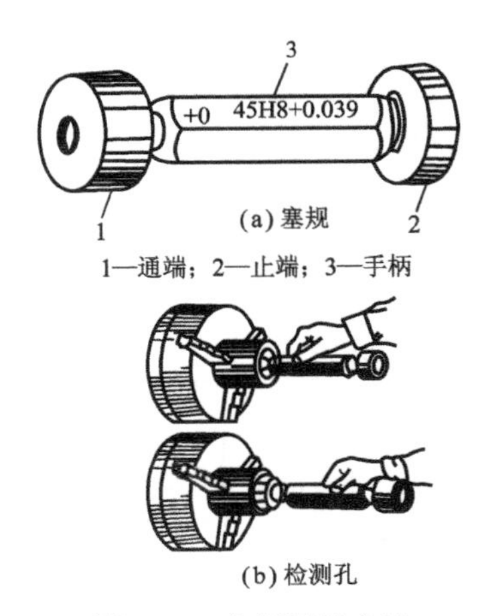


(a) 塞规

1—通端；2—止端；3—手柄

(b) 检测孔

图 4.53　塞规测量内孔

## 练一练

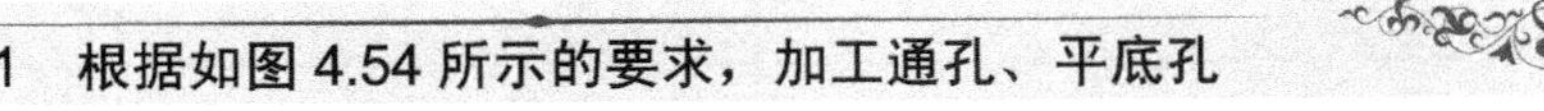

### 任务 1　根据如图 4.54 所示的要求，加工通孔、平底孔

能力目标：

1．掌握孔加工时刀具的正确装夹。

2．掌握通孔、平底孔加工的方法、切削用量选择。

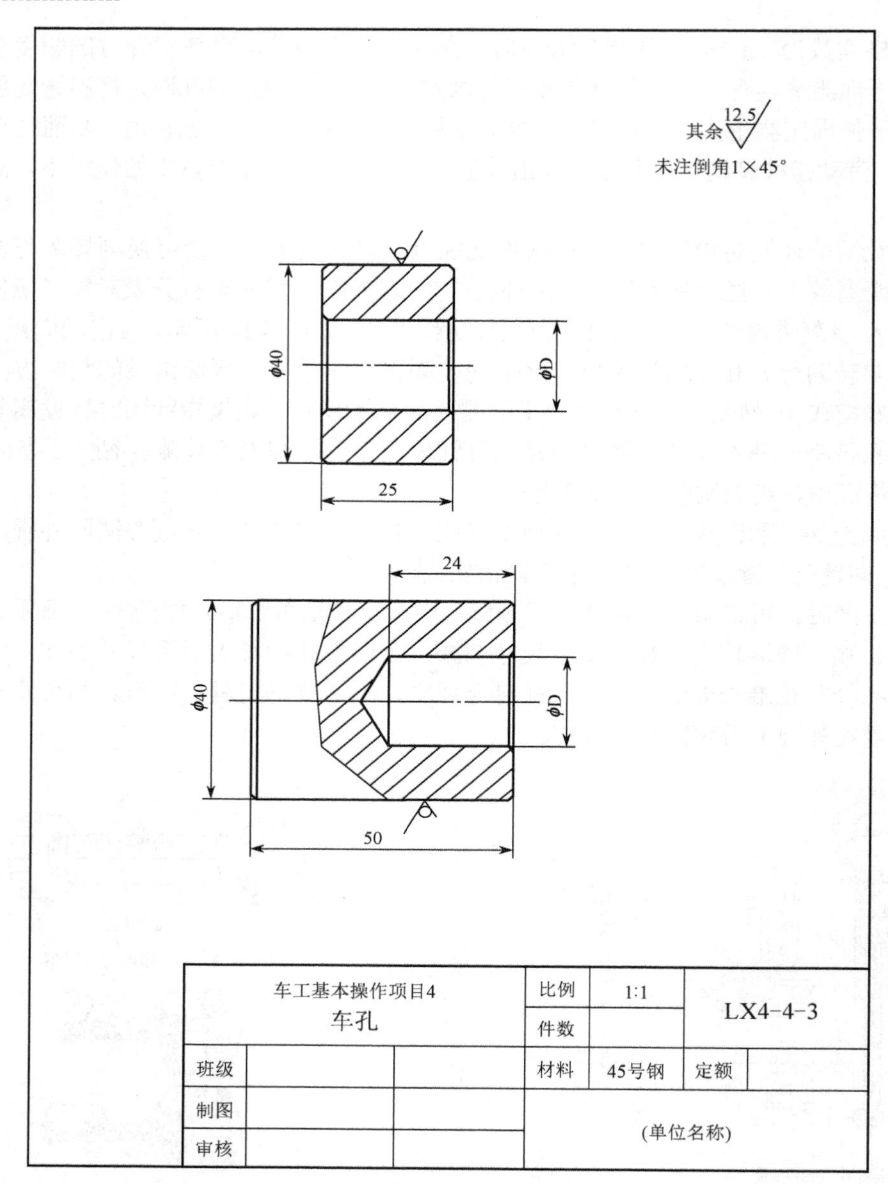


图4.54　车孔

要求：

1．分三次进行练习，每次尺寸如下：

| 练习次数 | 毛坯尺寸 | 1扩孔 | 2车孔 | 3车孔 |
|---|---|---|---|---|
| 直径 $D_0$ | $\phi 18$ | $\phi 20$ | $\phi 22^{+0.052}_{0}$ | $\phi 24^{+0.033}_{0}$ |
| D | $\phi 18$ | $\phi 20$ | $\phi 22^{+0.052}_{0}$ | $\phi 24^{+0.033}_{0}$ |

2．操作时间90min。

注意：

1．记住车孔时的床鞍、中滑板进、退刀的方向与车外圆相反。

2. 内孔车刀的刚性较差，需要保持刀刃的锋利和合理选择切削用量。
3. 用内径百分表测量孔径时要注意百分表的读数方法，防止读错。
4. 由于看不见内孔加工情况，所以尤其要注意安全操作。

## 步 骤

1. 用钻通孔、盲孔练习的工件；准备$\phi 20$扩孔钻、内孔车刀、外圆车刀。
2. 卡盘夹工件外圆并找正，安装并调整刀具。
3. 扩孔，扩至尺寸$\phi 20$。
4. 粗、精车外圆，倒角。
5. 调头，找正工件，粗、精车外圆，倒角。
6. 换内孔车刀，车通孔至尺寸$\phi 22^{+0.052}_{0}$，倒角。
7. 车通孔至尺寸$\phi 24^{+0.033}_{0}$，倒角。
8. 卸下工件，换另一毛坯，重复上述过程，加工盲孔。
9 .评分参照表 4.16 执行。

**表 4.16 加工件评分标准**

| 序号 | 考核项目 | 考核内容及要求 | | 配分 | 评分标准 | 检测结果 | | | 得分 | 备注 |
|---|---|---|---|---|---|---|---|---|---|---|
| | | | | | | 自测 | 互测 | 教师测量 | | |
| 1 | 通孔 | 扩孔 | | 5 | | | | | | |
| 2 | | $\phi 22^{+0.052}_{0}$ | IT | 8 | 超差 0.01 扣 1 分 | | | | | |
| | | | *Ra* | 4 | 降一级扣 1 分 | | | | | |
| 3 | | $\phi 24^{+0.033}_{0}$ | IT | 8 | 超差 0.01 扣 1 分 | | | | | |
| | | | *Ra* | 4 | 降一级扣 1 分 | | | | | |
| 4 | | 倒角 | 4 处 | 8 | 没倒角，不得分 | | | | | |
| 5 | 平底孔 | 扩孔 | | 5 | | | | | | |
| 6 | | $\phi 22^{+0.052}_{0}$ | IT | 8 | 超差不得分 | | | | | |
| | | | *Ra* | 4 | 降一级扣 1 分 | | | | | |
| 7 | | $\phi 24^{+0.033}_{0}$ | IT | 8 | 超差不得分 | | | | | |
| | | | *Ra* | 4 | 降一级扣 1 分 | | | | | |
| 8 | | 倒角 | 4 处 | 8 | 没倒角，不得分 | | | | | |
| 9 | | 底平面 | *Ra* | 6 | 超差不得分 | | | | | |
| 10 | 文明生产 | 1. 着装是否规范<br>2. 工具等放置是否规范<br>3. 清除切屑是否正确<br>4. 环境卫生、设备保养 | | 10 | 每违反一条酌情扣 1 分，扣完为止 | | | | | |
| 11 | 规范操作 | 1. 开机前的检查<br>2. 工件装夹是否规范<br>3. 刀具安装是否规范<br>4. 量具使用是否正确<br>5. 基本操作是否正确 | | 10 | 每违反一条酌情扣 1 分，扣完为止 | | | | | |

想一想

1．如何保证将不通孔底平面车平？

2．说说在操作上车内孔与车外圆的区别。

## 任务 2　完成如图 4.55 所示零件的加工

能力目标：

1．进一步掌握麻花钻、内孔车刀的安装方法。

2．进一步掌握钻孔、车孔的方法和车孔的过程。

3．掌握孔径的测量方法与孔径尺寸的控制方法。

要求：

1．注意安全操作。

2．操作时间 90min。

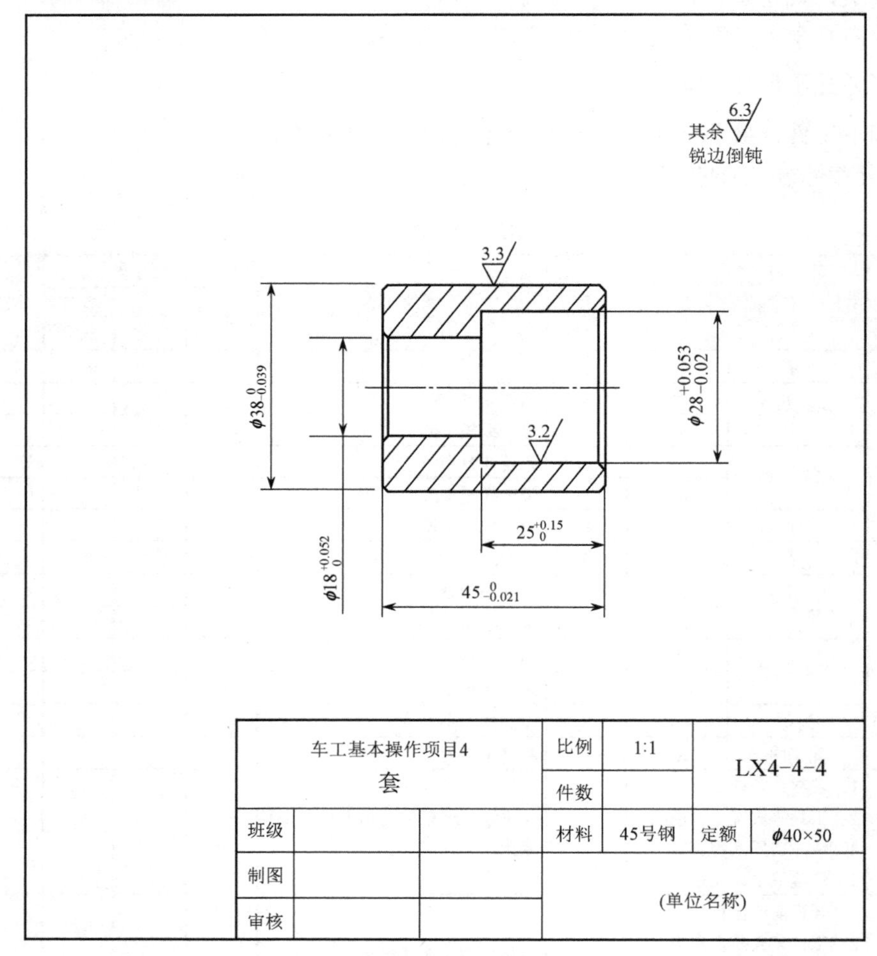


图 4.55　套零件图

## 步 骤

1．领取棒料$\phi$40×50；准备中心钻、$\phi$16 麻花钻各一支，外圆车刀，内孔车刀。
2．卡盘夹毛坯外圆，安装并调整刀具。
3．外圆车刀车端面，倒角。
4．粗车$\phi$38 外圆，留 0.5mm 余量。
5．调头，卡盘夹$\phi$38 外圆，找正工件。
6．外圆车刀车端面，倒角。
7．粗车$\phi$38 外圆，留 0.5mm 余量。
8．换中心钻，钻中心孔定心。
9．换$\phi$16 麻花钻，钻通孔。
10．换内孔车刀，粗车$\phi$28 孔至$\phi$27.7，深 25。
11．粗车$\phi$18 孔至$\phi$17.7。
12．精车$\phi$28 孔、$\phi$18 孔至尺寸，车孔口倒角。
13．调头，车孔口倒角。
14．评分参照表 4.17 执行。

**表 4.17 加工件评分标准**

| 序号 | 考核项目 | 考核内容及要求 | | 配分 | 评分标准 | 检测结果 | | | 得分 | 备注 |
|---|---|---|---|---|---|---|---|---|---|---|
| | | | | | | 自测 | 互测 | 教师测量 | | |
| 1 | 外圆 | 倒角 | 2 处 | 8 | 没倒角，不得分 | | | | | |
| 2 | | $\phi 38^{\ 0}_{-0.039}$ | IT | 8 | 超差 0.01 扣 1 分 | | | | | |
| | | | *Ra* | 4 | 降一级扣 1 分 | | | | | |
| 3 | | $\phi 45^{\ 0}_{-0.021}$ | IT | 8 | 超差 0.01 扣 1 分 | | | | | |
| | | | *Ra* | 4 | 降一级扣 1 分 | | | | | 左右端面 |
| 4 | 孔 | 倒角 | 2 处 | 8 | 没倒角，不得分 | | | | | |
| 5 | | $\phi 18^{+0.052}_{\ 0}$ | IT | 8 | 超差 0.01 扣 1 分 | | | | | |
| | | | *Ra* | 4 | 降一级扣 1 分 | | | | | |
| 6 | | $\phi 28^{+0.053}_{+0.020}$ | IT | 8 | 超差 0.01 扣 1 分 | | | | | |
| | | | *Ra* | 4 | 降一级扣 1 分 | | | | | |
| 7 | | $25^{+0.15}_{\ 0}$ | IT | 8 | 超差 0.01 扣 1 分 | | | | | |
| 8 | | | *Ra* | 8 | 降一级扣 1 分 | | | | | 槽底 |
| 9 | 文明生产 | 1．着装是否规范<br>2．工具等放置是否规范<br>3．清除切屑是否正确<br>4．环境卫生、设备保养 | | 10 | 每违反一条酌情扣 1 分，扣完为止 | | | | | |
| 10 | 规范操作 | 1．开机前的检查<br>2．工件装夹是否规范<br>3．刀具安装是否规范<br>4．量具使用是否正确<br>5．基本操作是否正确 | | 10 | 每违反一条酌情扣 1 分，扣完为止 | | | | | |

想一想

1．车削时，如何保证台阶孔的深度？

2．如果端面与内孔有垂直度要求，如何处理？

# 项目5 车锥面

锥面分外锥面和内锥面（即锥孔）。锥面配合具有拆卸方便，多次拆装仍能保持精确的定心，配合精度高，传递扭矩大等特点。因此，锥面配合应用广泛。如图 4.56 所示，（a）图为车床主轴锥孔与顶尖的配合，（b）图为麻花钻锥柄与车床尾座套筒锥孔的配合。

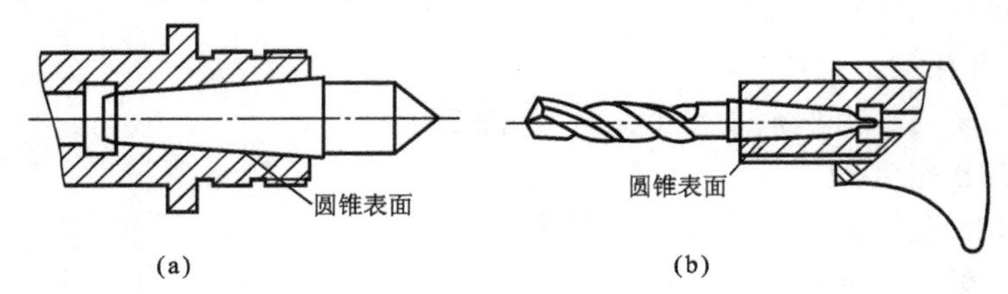


图 4.56 圆锥面配合实例

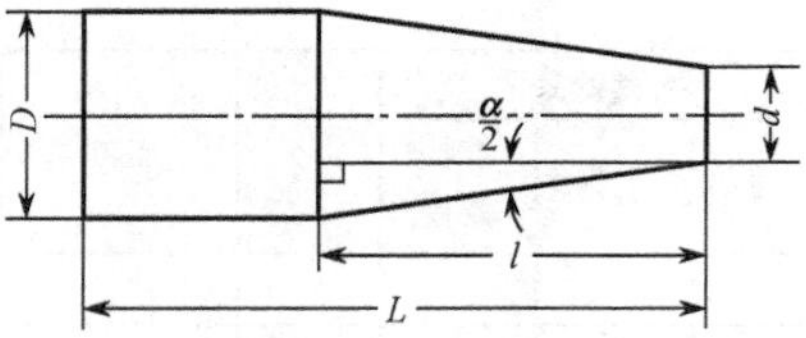

图 4.57 圆锥表面名称定义

圆锥表面的各部分名称如图 4.57 所示。

图中，$D$——圆锥体的大端直径（mm）；

$d$——圆锥体的小端直径（mm）；

$L$——零件的长度（mm）；

$l$——圆锥体的长度（mm）；

$\alpha$——圆锥角。

圆锥体的大小端直径之差与圆锥长度之比称为锥度 $C$，即

$$C=\frac{D-d}{l} \qquad \tan\frac{\alpha}{2}=\frac{D-d}{2l}$$

圆锥面的加工除了尺寸精度、形位精度和表面粗糙度要求外，还有锥度的要求。

## 学习单元1 车锥面的刀夹具

### 1．工件装夹

一般采用卡盘、两顶尖装夹工件。

### 2．车锥面刀具

除使用与车外圆、内孔相同的刀具外，还可用宽刃车刀、锥形铰刀，如图 4.58 所示。安装车刀时，车刀刀尖必须严格对准工件的旋转中心，否则车出的圆锥素线不直。

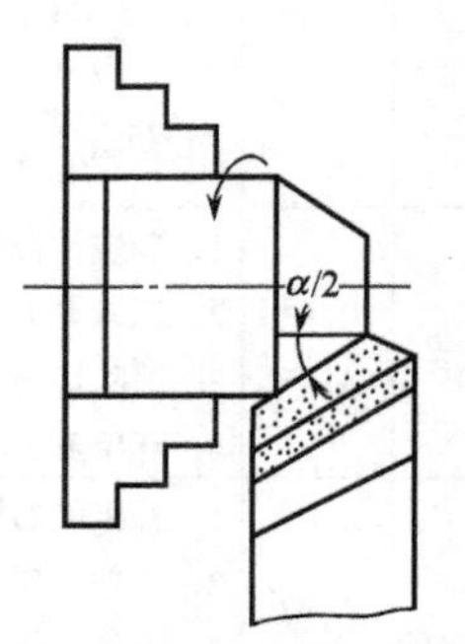


图 4.58 宽刃车刀车锥面

# 学习单元2　车锥面方法

一般先按圆锥大端和圆锥部分的长度车成圆柱体，然后车锥面。外圆锥按圆锥大端尺寸车出圆柱体，内锥孔按圆锥小端尺寸车出圆柱孔。

## 1. 小滑板转位法

锥面车削方法有小滑板转位法、尾座偏移法、宽刀法（又称样板刀法）及仿形法等。这里介绍前两种方法。

小滑板转位法如图 4.59 所示，当内、外锥面的圆锥角为 $\alpha$ 时，将小刀架扳转 $\alpha/2$，使车刀的运动轨迹与所要求的圆锥素线平行即可加工。

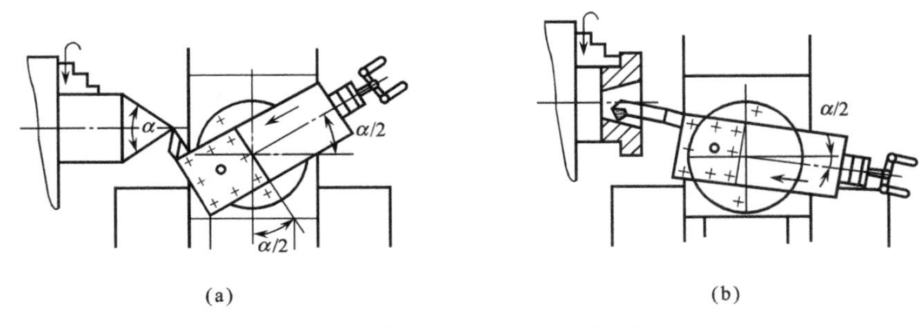


图 4.59　小滑板转位法车内、外圆锥面

此法操作简单，可加工任意锥角的内、外锥面。但加工长度受小滑板行程的限制，只能加工锥面较短的工件。一般采用手动进给，因此表面粗糙度较难控制，对操作者要求高，劳动强度也大。

（1）小滑板的调整

车削前，小滑板镶条的松紧应检查并调整好。过紧，手动进给时费力，移动不均匀，工件锥面的表面粗糙度值会增大；过松，则小滑板间隙过大，车出工件的圆锥母线不平直，锥面的表面粗糙度值也会增大。此外，还应注意小滑板行程位置的调整，考虑锥面的长度，前后适中，不要靠前或靠后，刀架悬伸过长会降低刚性，影响加工质量。

（2）小滑板偏转角度的调整

车削前，应根据锥度调整小滑板的偏转角度。如图 4.59（a）所示，一般可利用刻度转盘调整角度，通过试切逐步校正。首先用扳手将小滑板下面转盘上的前后两个螺母松开，根据小滑板的转动方向，把转盘转至需要的圆锥半角 $\alpha/2$ 的刻度，与基准零线对齐，再将螺母锁紧。圆锥半角 $\alpha/2$ 的小数部分数值目测估计。注意小滑板转动的角度应稍大于圆锥半角 $\alpha/2$，但不能小于 $\alpha/2$，因为转角偏小会使圆锥素线车长而造成废品，如图 4.60 所示。

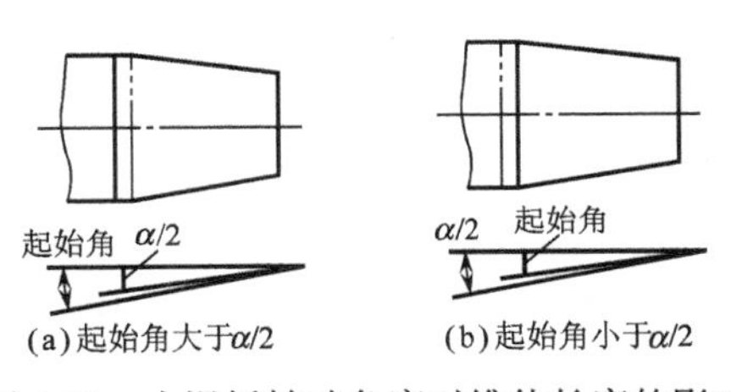


图 4.60　小滑板转动角度对锥体长度的影响

车内、外锥时，注意小滑板偏转方向的不同（如图 4.59 所示）。

（3）车外锥和锥孔

① 粗车圆锥面。开动车床，移动中、小滑板，使车刀刀尖与工件（圆柱面已车出）右端外圆面轻轻接触，如图 4.61 所示，然后将小滑板向后退出至端面，中滑板刻度调至零位，作为粗车外锥面的起点位置。中滑板移动背吃刀量，双手交替转动小滑板手柄进给，如图 4.62 所示。手动进给时要注意速度保持均匀、连续。

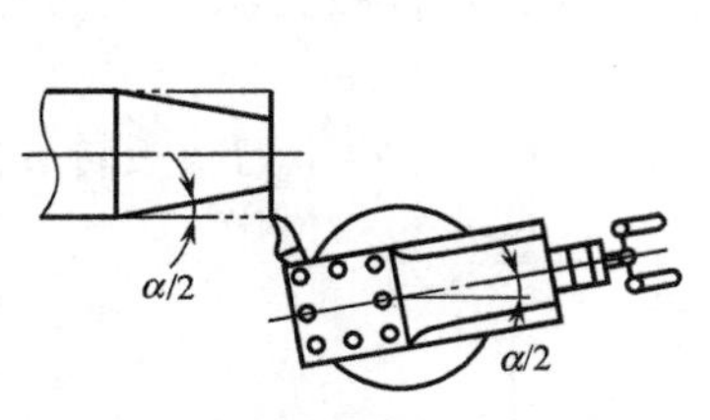

图 4.61　确定起始位置

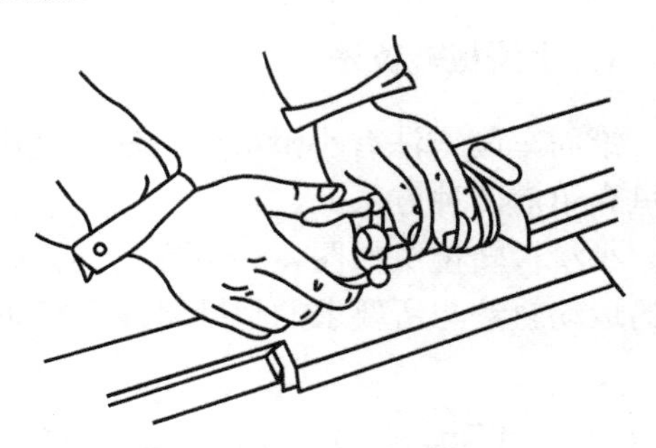
图 4.62　双手转动小滑板

车圆锥孔时，如果没有预制孔要先钻孔，麻花钻的直径小于锥孔小端直径 1～2mm。车刀安装时，刀柄伸出长度应保证工件切削行程，同时，刀柄与工件锥孔周围应留有一定空隙，保证刀柄不碰孔壁。

② 圆锥角度的调整。圆锥角度的调整可用圆锥套规、游标万能角度尺和百分表进行。

车外锥时，当工件车至能塞进套规约 1/2 时，把套规和工件表面擦拭干净，将套规轻轻套在工件上，用手捏住套规左右两端分别上下摆动，如图 4.63（a）所示，通过感觉来判断套规与工件锥面的配合间隙。如图 4.63（b）所示，大端有间隙，说明锥角偏小；如图 4.63（c）所示，小端有间隙，说明锥角偏大。此时松开转盘螺母，用左手拇指按在转盘与中滑板接缝处，右手按角度调整方向轻轻敲动小滑板，使角度朝着正确的方向作极微小的转动。若工件锥角小，小滑板应作逆时针转动；若工件锥角大，小滑板应作顺时针转动。最后锁紧转盘螺母。

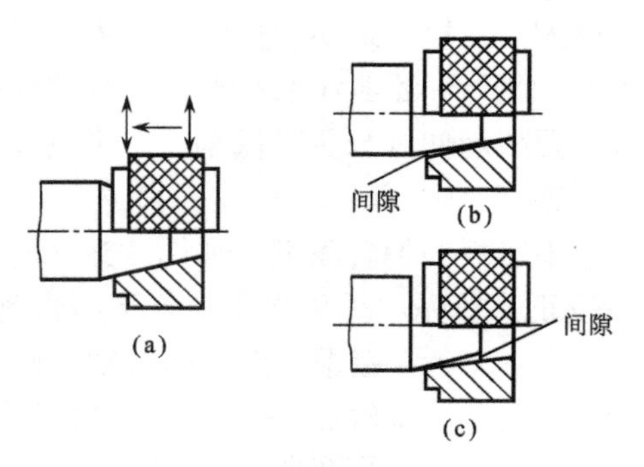

图 4.63　圆锥角度粗检方法

小滑板角度调整好后，继续车削（注意留出精车余量），再次用套规检查，若左右两端摆动感觉不大，这时可借助涂色法进行检查。在工件表面顺着素线、相隔 120° 均匀涂上 3 条显示剂（印油、红丹粉，学校也可用粉笔），如图 4.64（a）所示。用套规插入转动半圈，根据擦痕情况判断锥角大小。若显示剂被均匀擦到，如图 4.64（b）所示，说明角度正确。

若工件小端显示剂被擦到，大端显示剂没有接触，说明锥角调小，如图 4.65（b）所示；若工件大端显示剂被擦到，小端显示剂没有接触，说明锥角调大，如图 4.65（a）所示；若两端显示剂均被擦到，说明圆锥的素线不直，如图 4.65（c）所示。

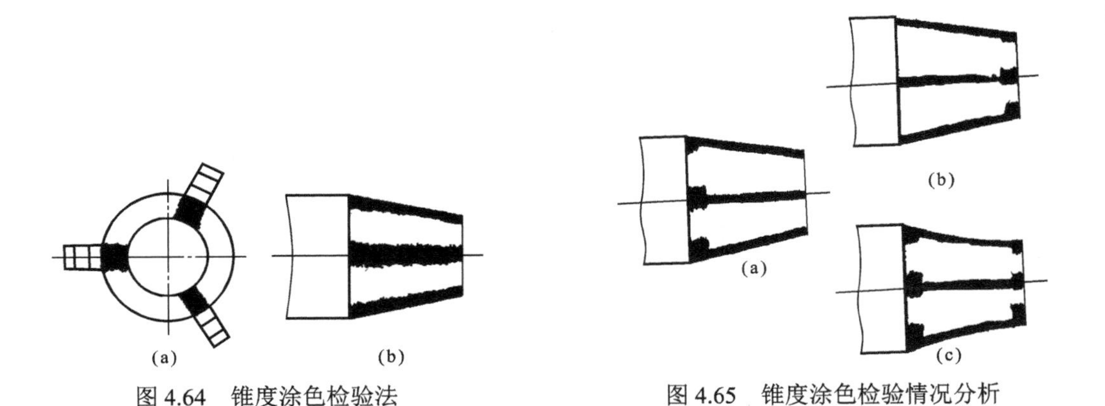


图 4.64 锥度涂色检验法

图 4.65 锥度涂色检验情况分析

用涂色法检查时，要注意工件与量具的清洁，涂色要薄而均匀，转动量应在半圈之内。取出套规或塞规时，不要敲击，以防工件移位。

对精度不高的圆锥面，可用游标万能角度尺用透光法调整小滑板。使直尺或角度尺与被测面靠平，如图 4.66 所示，通过角度尺的读数来微调小滑板的角度。

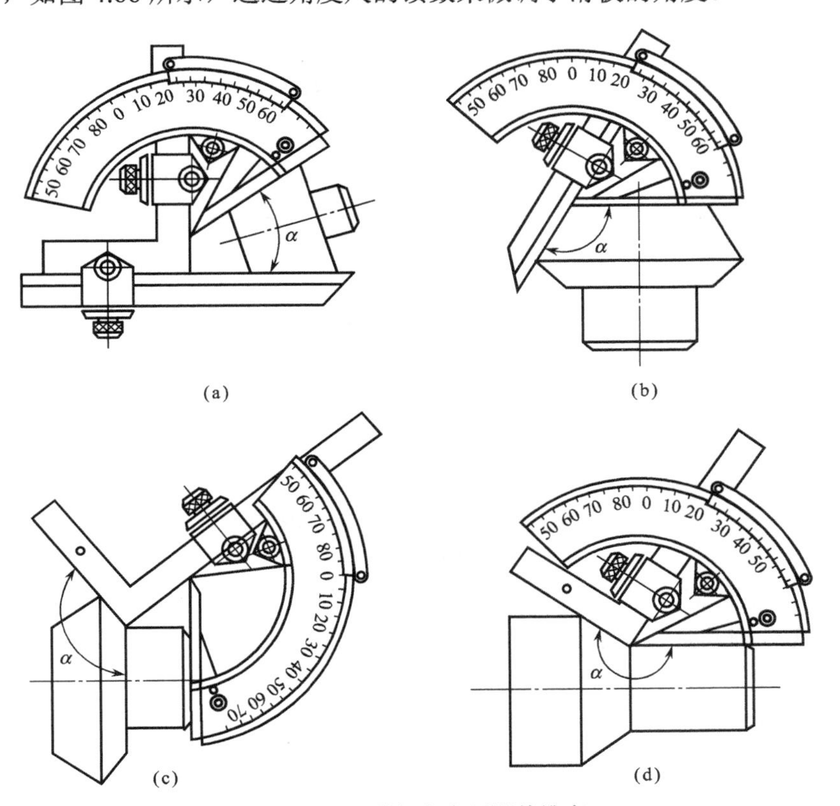


图 4.66 用游标角度尺调整锥度

对精度较高的圆锥面，可用百分表和圆锥试样精确调整小滑板。先用圆柱试样两顶尖装夹，用百分表找正尾座中心，再将圆锥试样或标准塞规装在两顶尖之间，按圆锥半角 $\alpha/2$ 转动小滑板并锁紧。在刀架或小滑板上装上百分表，使测量头垂直对准圆锥的中心位置，移动中小滑板，将测量头轻轻接触圆锥小端，并使指针转过半周，此时转动表盘将读数调整至零位。移动小滑板至圆锥大端，观察指针读数，若指针右转，说明锥角偏小，逆时针转动小滑板；反之，顺时针转动小滑板，如图 4.67 所示。直至两端读数一致，小滑板调整正确。

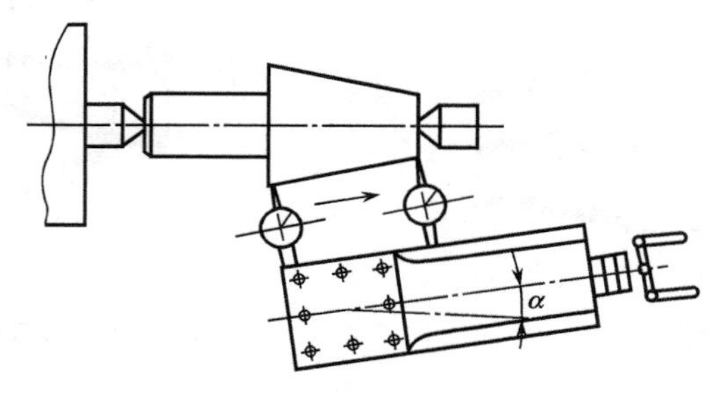


图 4.67　用百分表调整锥度

③ 精车圆锥面。精车圆锥面时主要是控制锥面的尺寸和提高表面质量。锥面尺寸的控制可用游标卡尺和千分尺及套规进行。

用游标卡尺和千分尺控制尺寸时注意测量直径的位置必须在锥体的最大端或最小端。

在车削过程中，若出现锥度已车准而大、小端尺寸还未达到要求，则必须再进行车削。根据套规（或刻线）中心到工件小端面的距离 $L$，按如图 4.68 所示，其背吃刀量 $a_p$ 可用以下方法算出。

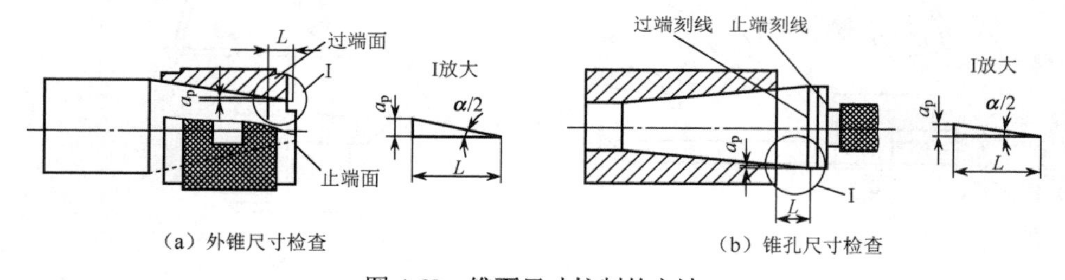


（a）外锥尺寸检查　　（b）锥孔尺寸检查

图 4.68　锥面尺寸控制的方法

a．计算法。当圆锥的尺寸过大或锥孔的尺寸过小时，可用界限量规控制尺寸。根据套规台阶中心到工件小端面的距离 $L$，按图 4.68 所示，背吃刀量 $a_p$ 可用下式计算：

$$a_p = L\tan(\alpha/2) \quad 或 \quad a_p = LC/2$$

式中　$a_p$——界限量规或台阶中心距离工件端面 $L$ 时的背吃刀量（mm）；

$\alpha$——工件圆锥角（°）；

$C$——工件锥度；

$L$——套规台阶中心到工件小端面的距离（mm）。

然后移动中、小滑板，使刀尖轻轻接触工件圆锥小端外圆，并退出，如图 4.69 所示，中滑板按 $a_p$ 值进给，小滑板手动进给精车锥面至尺寸。

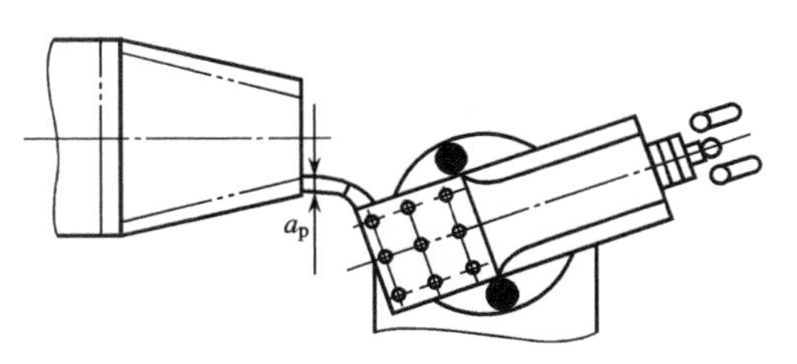


图 4.69　计算法控制圆锥尺寸

b．移动床鞍法。如图 4.70 所示，当用极限量规检测工件尺寸时，根据量出的长度 $L$ 或 $l$，使刀尖轻轻接触工件小端面，然后移动小滑板，使刀尖离开工件端面距离为 $L$ 或 $l$，再移动床鞍使刀尖同工件端面接触，车刀即切入一个需要的切削深度。

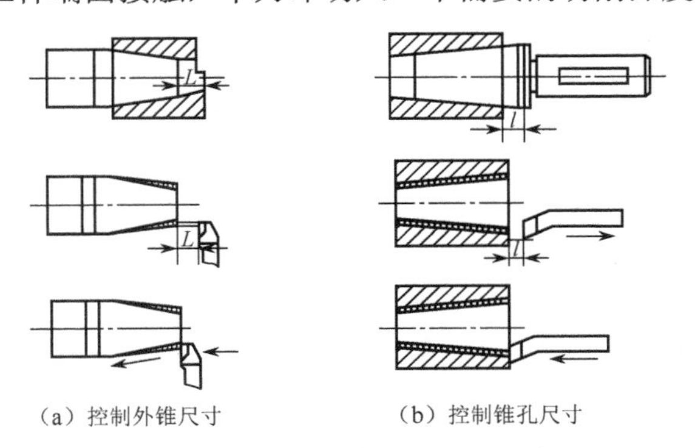


图 4.70　移动床鞍控制锥面尺寸

应用小滑板转位法车锥面时，要注意以下几点：

- 车刀必须对准工件旋转中心，否则会产生双曲线误差。
- 手动进给时，应两手握小滑板手柄，均匀移动小滑板，工件表面应一刀车出。
- 粗车时，进刀量不宜太大，应先找正锥度，以防工件车小而报废。
- 用游标万能角度尺、游标量角器检查锥度时，测量边应通过工件中心。用套规检查时，工件表面粗糙度值要小，涂色要均匀、薄，转动量一般在半圈之内，以免造成误判。
- 在转动小滑板调整角度时，应使小滑板转过的角度大于圆锥半角，然后逐步找正。当小滑板角度调整差不多时，只需把紧固螺母稍松一些，用左手拇指紧贴在小滑板与中滑板底盘上，用铜棒轻轻敲击小滑板、凭手指的感觉确定微调量。

### 2．尾座偏移法

尾座偏移法如图 4.71（a）所示，工件或心轴安装在前、后顶尖之间，将后顶尖横向偏移一定距离 S，使工件回转轴线与车床主轴轴线的夹角等于工件圆锥角 $\alpha/2$，当刀架自动或手动纵向进给时，即可车出所需的锥面。

如图 4.71（b）所示，松开固定螺母 5 和调节螺钉 3 或 6，用内六角扳手转动尾座上层两侧螺钉 6 或 3，尾座体即可沿尾座导轨横向移动（正锥向操作者一侧偏移，倒锥向远离操作者一侧偏移）。然后拧紧尾座固定螺母 5。该方法操作方便，尾座上有刻度的车床都可使用。

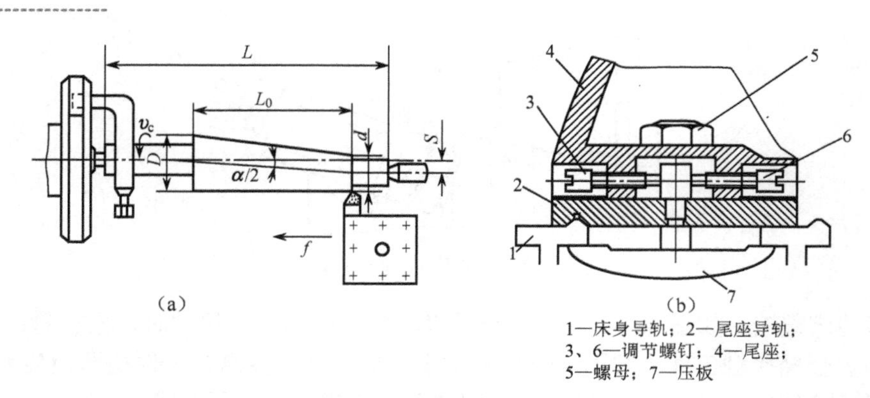


图 4.71 偏移尾座车锥面

尾座偏移量 $S$ 可根据下式计算：

$$S=(D-d)L/(2L_0)$$

式中 $L$——工件总长度（mm）；

$L_0$——锥面长度（mm）；

$D$、$d$——圆锥大端、小端直径（mm）。

尾座偏移量可利用尾座刻度调整，要求较高时可用百分表控制。如图 4.72 所示，小刀架夹持一个百分表，其测头与尾座上的精确表面接触，指针对零，百分表应位于通过尾座套筒轴线的水平面内，并且百分表测量杆的轴线垂直于套筒的轴线。转动尾座的调节螺钉，使指针的摆动量等于尾座偏移量 $S$，然后紧固尾座。

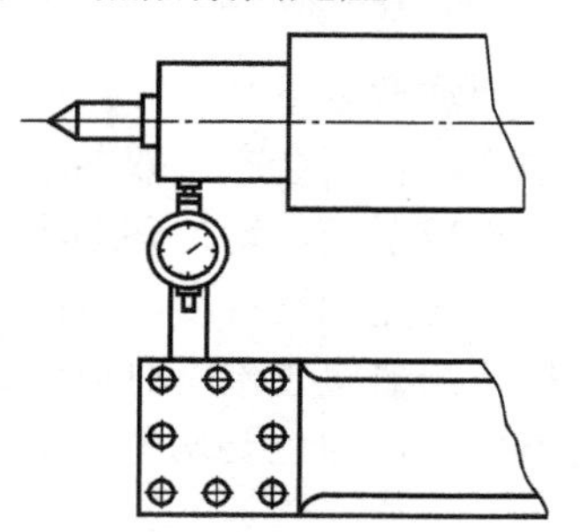

图 4.72 用百分表控制尾座偏移量

尾座偏移法车圆锥的切削用量可参照车外圆的切削用量选择。由于可以机动进给，车出的工件表面粗糙度值较小，为（$Ra1.6$～$Ra6.3$）μm，并能车较长的圆锥。但是由于受尾座偏移量的限制，不能车锥度较大的工件。另外，用顶尖装夹时，由于中心孔接触不良，每批工件两中心孔之间的尺寸和工件总长不可能完全一致，这些因素都会影响加工质量。因此，尾座偏移法只适宜加工锥度较小、长度较长的外圆锥面。

## 3．锥度测量

（1）锥度检验

在检验标准圆锥或配合精度要求高的工件时（如莫氏锥度和其他的标准），可用标准锥度塞规或锥度套规检验，如图 4.73 所示。圆锥塞规检验内圆锥时，如图 4.73（a）所示，先在塞规表面顺着圆锥素线用显示剂均匀地涂上三条线（线与线相隔 120°），然后把塞规插入内圆锥中约转动半周，观察显示剂擦去的情况。如果显示剂擦去均匀，则说明圆锥接触良好，锥度正确。如果小端擦去，大端未擦去，则说明圆锥角大了；反之，则说明圆锥角小了。外锥套规如图 4.73（b）所示，用同样方式检验外圆锥的锥度是否正确。锥度也可用万能角度尺、角度样板检验。

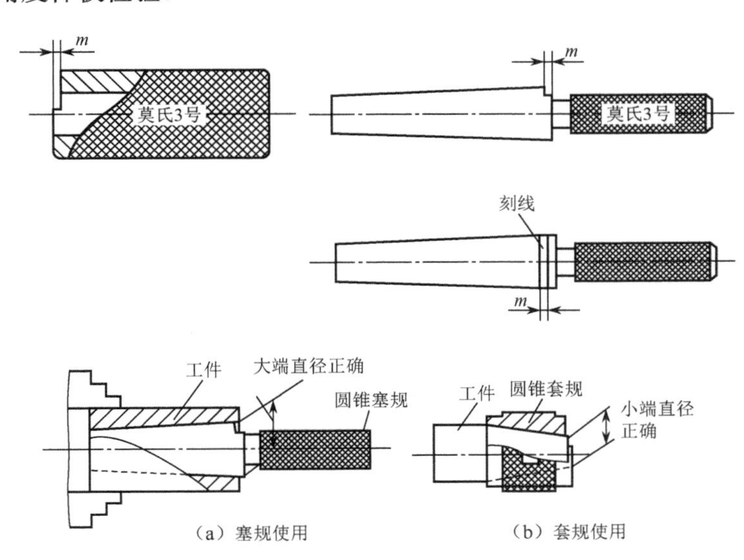


图 4.73 圆锥量规的使用

（2）圆锥的尺寸检验

圆锥大、小端直径可用圆锥量规来测量。

圆锥量规如图 4.73 所示，它除了有精确的圆锥表面外，在塞规和套规的端面还分别有一个台阶（或刻线）。台阶长度（或刻线之间的距离）$m$，就是圆锥大、小端直径公差的范围。

检验工件时，工件的端面位于圆锥量规台阶（或两刻线）之间才算合格。

## 练一练

### 任务 1 加工如图 4.74 所示的零件，达到图纸要求

能力目标：

1. 掌握转动小滑板加工外锥面的方法。
2. 掌握控制小滑板转动角度的方法。
3. 了解圆锥体的锥度检查方法，掌握用万能角度尺测量圆锥体的方法。

要求：

1. 分三次进行练习，每次尺寸如下。

| 练习次数 | 毛坯尺寸 | 1 | 2 | 3 |
|---|---|---|---|---|
| 直径 $d_1$ | $\phi 40$ | $\phi 38_{-0.062}^{0}$ | $\phi 36_{-0.062}^{0}$ | $\phi 34_{-0.062}^{0}$ |
| $d_2$ | | $\phi 28_{-0.052}^{0}$ | $\phi 26_{-0.052}^{0}$ | $\phi 24_{-0.052}^{0}$ |

续表

| 练习次数 | 毛坯尺寸 | 1 | 2 | 3 |
|---|---|---|---|---|
| $L_2$ | | 48 | 43 | 35 |
| $L_1$ | 70 | 68 | 66 | 62 |
| 1：$n$ | | 1：7 | 1：5 | 1：3 |

2．操作时间 60min。

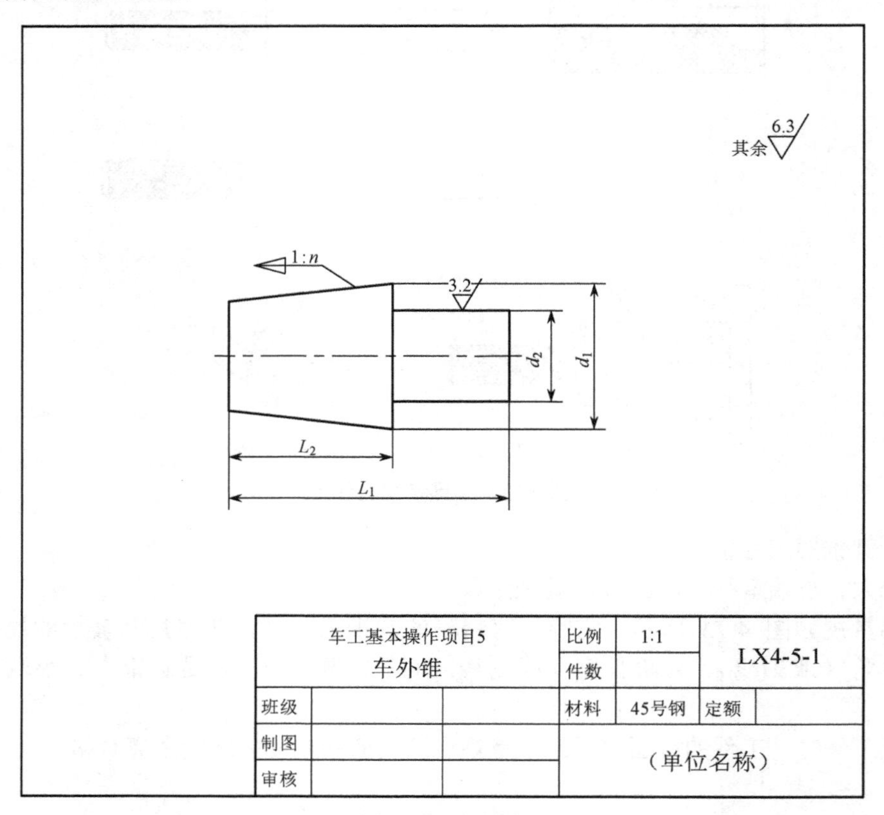


图 4.74　车外锥

## 步　骤

1．根据材料定额领取毛坯，并检查毛坯尺寸。
2．卡盘夹一端外圆，伸出端长 40mm，安装并调整外圆车刀，找正工件。
3．车端面，粗、精车外圆，保证尺寸 $d_2$。
4．调头，车端面，车外圆至大端尺寸。
5．转动小滑板调整角度（$\alpha/2$），tan（$\alpha/2$）＝（$d_1-d_2$）$/2l_2=1/n$，车圆锥面。
6．倒钝尖角。
7．评分参照表 4.18 进行。

表 4.18 加工件评分标准

| 序号 | 考核项目 | 考核内容及要求 | | 配分 | 评分标准 | 检测结果 | | | 得分 | 备注 |
|---|---|---|---|---|---|---|---|---|---|---|
| | | | | | | 自测 | 互测 | 教师测量 | | |
| 1 | 圆柱 | $\phi 28_{-0.052}^{0}$ | IT | 4 | 超差 0.01 扣 1 分 | | | | | |
| | | | *Ra* | 2 | 降一级扣 1 分 | | | | | |
| 2 | | $\phi 26_{-0.052}^{0}$ | IT | 4 | 超差 0.01 扣 1 分 | | | | | |
| | | | *Ra* | 2 | 降一级扣 1 分 | | | | | |
| 3 | | $\phi 24_{-0.052}^{0}$ | IT | 4 | 超差 0.01 扣 1 分 | | | | | |
| | | | *Ra* | 2 | 降一级扣 1 分 | | | | | |
| 4 | | 倒角 | | 2 | 没倒角，不得分 | | | | | |
| 5 | 圆锥 | 1∶7 | 锥角 | 10 | 每超差 5′，扣 5 分 | | | | | |
| 6 | | $\phi 38_{-0.062}^{0}$ | IT | 4 | 超差不得分 | | | | | |
| | | | *Ra* | 2 | 降一级扣 1 分 | | | | | |
| 7 | | 48 | | 4 | 不合格，不得分 | | | | | |
| 8 | | 1∶5 | 锥角 | 10 | 每超差 5′，扣 5 分 | | | | | |
| 9 | | $\phi 36_{-0.062}^{0}$ | IT | 4 | 超差不得分 | | | | | |
| | | | *Ra* | 2 | 降一级扣 1 分 | | | | | |
| 10 | | 43 | | 4 | 不合格，不得分 | | | | | |
| 11 | | 1∶3 | 锥角 | 10 | 每超差 5′，扣 5 分 | | | | | |
| 12 | | $\phi 34_{-0.062}^{0}$ | IT | 4 | 超差不得分 | | | | | |
| | | | *Ra* | 2 | 降一级扣 1 分 | | | | | |
| 13 | | 35 | | 2 | 超差不得分 | | | | | |
| 14 | | 倒角 | | 2 | 降一级扣 1 分 | | | | | |
| 15 | 文明生产 | 1．着装是否规范<br>2．工具等放置是否规范<br>3．清除切屑是否正确<br>4．环境卫生、设备保养 | | 10 | 每违反一条酌情扣 1 分，扣完为止 | | | | | |
| 16 | 规范操作 | 1．开机前的检查<br>2．工件装夹是否规范<br>3．刀具安装是否规范<br>4．量具使用是否正确<br>5．基本操作是否正确 | | 10 | 每违反一条酌情扣 1 分，扣完为止 | | | | | |

**想一想**

1．采用转动小滑板车锥度时，如何保证两端直径？

2．加工后锥体素线是否平直？如果不平直，分析原因。

## 任务 2　加工如图 4.75 所示的零件

能力目标：

1．掌握转动小滑板加工锥孔的方法。

2．掌握控制小滑板转动角度的方法。

3．根据工件的锥度，计算小滑板的转动角度。

4．掌握用塞规测量圆锥的方法。

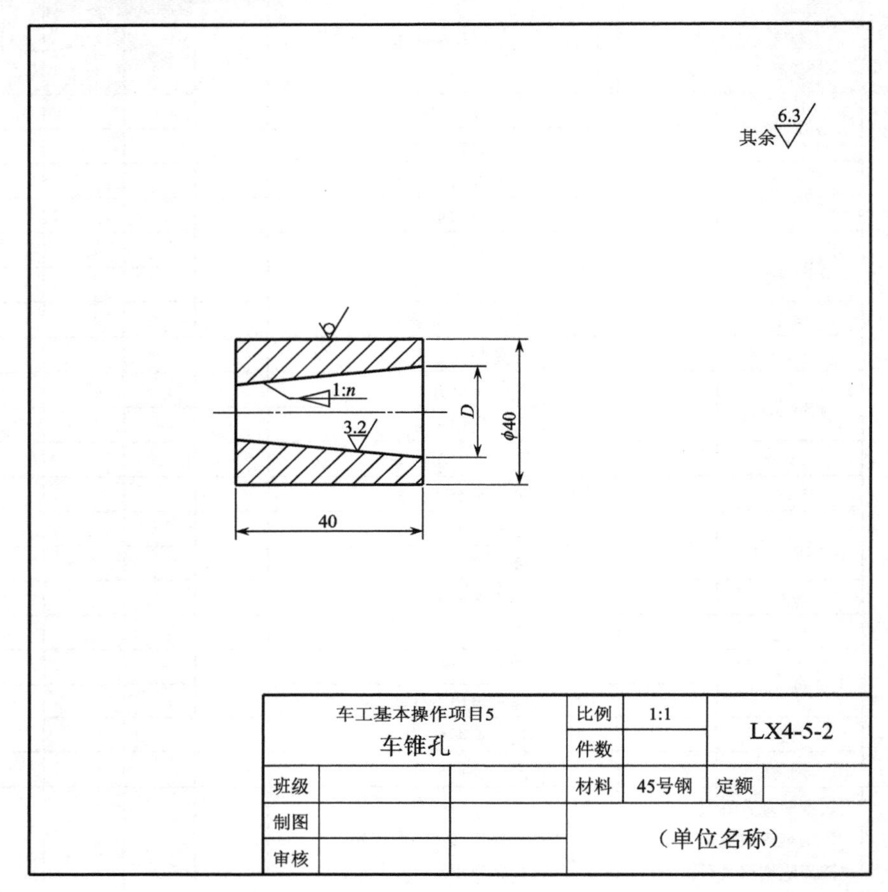


图 4.75　车锥孔

要求：

1．分三次进行练习，每次尺寸如下。

| 练习次数 | 毛坯尺寸 | 1 | 2 | 3 |
| --- | --- | --- | --- | --- |
| 直径 $D$ | $\phi 40$ | $\phi 22_{-0.052}^{\ 0}$ | $\phi 25_{-0.052}^{\ 0}$ | $\phi 30_{-0.052}^{\ 0}$ |
| $1:n$ | | 1∶10 | 1∶5 | 1∶3 |

2．操作时间 60min。

## 步　骤

1．根据材料定额领取毛坯，并检查毛坯尺寸。

2．计算小端直径，根据计算结果，确定麻花钻直径尺寸（选最小尺寸）。

3．卡盘夹工件外圆，用划针盘找正工件位置，安装并调整外圆车刀、钻头、内孔车刀。

4．车端面，钻孔，车孔至所要求尺寸。

5．转动小滑板调整角度（$\alpha/2$），车圆锥孔，倒角去毛刺；检验。

6．评分参照表 4.19 执行。

**表 4.19　加工件评分标准**

| 序号 | 考核项目 | 考核内容及要求 | | 配分 | 评分标准 | 检测结果 | | | 得分 | 备注 |
|---|---|---|---|---|---|---|---|---|---|---|
| | | | | | | 自测 | 互测 | 教师测量 | | |
| 1 | 圆锥 | 1∶10 | 锥角 | 15 | 每超差 5′，扣 5 分 | | | | | |
| 2 | | $\phi 22_{-0.052}^{0}$ | IT | 6 | 超差不得分 | | | | | |
| | | | *Ra* | 4 | 降一级扣 1 分 | | | | | |
| 3 | | 1∶5 | 锥角 | 15 | 每超差 5′，扣 5 分 | | | | | |
| 4 | | $\phi 25_{-0.052}^{0}$ | IT | 6 | 超差不得分 | | | | | |
| | | | *Ra* | 4 | 降一级扣 1 分 | | | | | |
| 5 | | 1∶3 | 锥角 | 15 | 每超差 5′，扣 5 分 | | | | | |
| 6 | | $\phi 30_{-0.052}^{0}$ | IT | 6 | 超差不得分 | | | | | |
| | | | *Ra* | 4 | 降一级扣 1 分 | | | | | |
| 7 | | 倒角 | | 5 | 没倒角，不得分 | | | | | |
| 8 | 文明生产 | 1．着装是否规范<br>2．工具等放置是否规范<br>3．清除切屑是否正确<br>4．环境卫生、设备保养 | | 10 | 每违反一条酌情扣 1 分，扣完为止 | | | | | |
| 9 | 规范操作 | 1．开机前的检查<br>2．工件装夹是否规范<br>3．刀具安装是否规范<br>4．量具使用是否正确<br>5．基本操作是否正确 | | 10 | 每违反一条酌情扣 1 分，扣完为止 | | | | | |

**想一想**

1．锥孔的锥角是如何确定的？

2．车锥孔时要保证尺寸精度、锥度，操作中应注意哪些问题？

# 项目 6　车螺纹

螺纹零件广泛应用于机械产品，螺纹零件的功能是连接和传动。例如，车床主轴与卡盘的连接，方刀架上螺钉对刀具的紧固，丝杠与螺母的传动等。螺纹的种类很多，按牙型分有三角形螺纹、梯形螺纹、矩形螺纹等。各种螺纹又有右旋、左旋和单线、多线之分。普通螺纹（也称为米制螺纹）是我国应用最广泛的一种三角形螺纹。

在车床上可加工各种类型和直径的螺纹。其加工精度可达 IT9～IT4 级，表面粗糙度值 *Ra*3.2～0.8μm。车床上的螺纹加工多用于单件、小批量生产。

# 学习单元1 螺纹基本知识

## 1．螺纹的形成

螺纹是根据螺旋线原理进行加工的。螺旋线就是一个动点沿直径为 $d_2$ 的圆柱一边等速转动，一边沿圆柱轴线等速移动的轨迹。若将圆柱展开，则动点的轨迹为三角形，如图 4.76 所示。在车床上车螺纹的情况如图 4.77（a）所示。工件旋转，车刀沿工件轴线方向等速移动形成螺旋线，经多次车削后成为螺纹，如图 4.77（b）所示。车刀刀刃形状不同，在工件表面形成的槽不同，因而得到不同的螺纹。

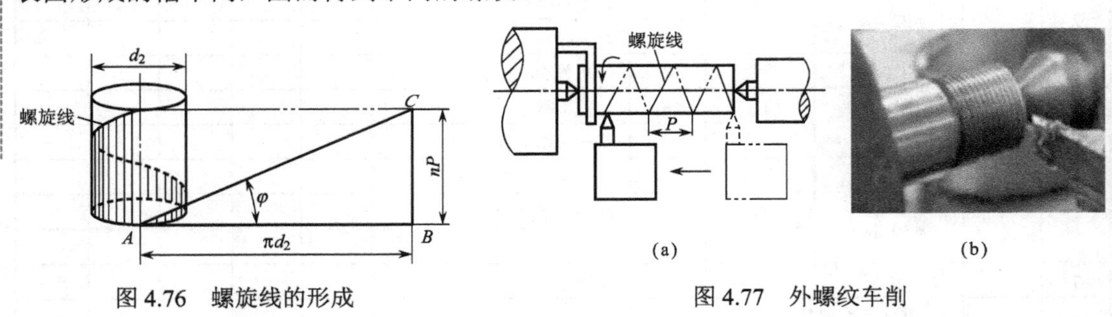


图 4.76 螺旋线的形成　　图 4.77 外螺纹车削

## 2．圆柱螺纹的主要几何参数

通过螺纹轴线剖面，获得螺纹的轮廓形状称为螺纹牙型。常见的牙型有三角形、梯形和锯齿形等。螺纹牙型上的主要参数如图 4.78 所示。

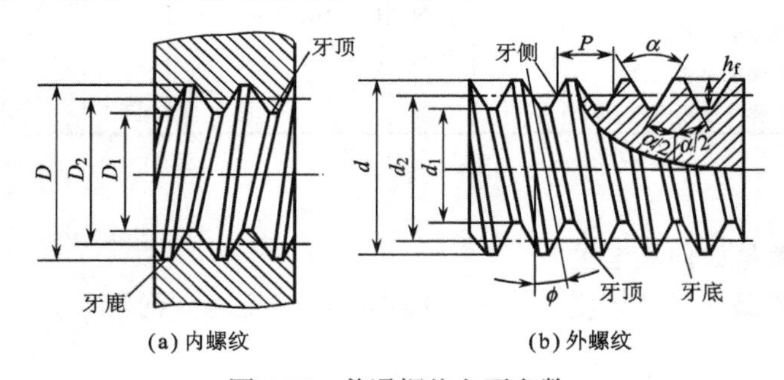


图 4.78 普通螺纹主要参数

（1）螺纹大径（$d$，$D$）：与外螺纹牙顶或内螺纹牙底相重合的假想圆柱体直径。螺纹的公称直径即大径。

（2）螺纹小径（$d_1$，$D_1$）：与外螺纹牙底或内螺纹牙顶相重合的假想圆柱体直径。$d_1=d-1.0825p$。

（3）螺纹中径（$d_2$，$D_2$）：母线通过牙型上凸起和沟槽两者宽度相等的假想圆柱体直径。$d_2=d-0.6495p$。

（4）螺距（$P$）：相邻两牙在中径线上对应两点间的轴向距离。

（5）导程（$P_h$）：同一螺旋线上相邻牙在中径线上对应两点间的轴向距离。

（6）牙型角 $\alpha$：螺纹轴向剖面上的相邻两牙侧之间的夹角。普通三角螺纹的牙型角为 $\alpha=60°$。

（7）螺纹升角 $\phi$：中径圆柱上螺旋线的切线与垂直于螺纹轴线的平面之间的夹角。

（8）牙型高度 $h_1$：牙顶到牙底在垂直于螺纹轴线方向上的距离。普通螺纹的 $h_1=0.5413p$。

螺纹的公称直径除管螺纹以管子内径为公称直径外，其余都以外径为公称直径。

圆柱螺纹中，三角形螺纹自锁性能好。它分粗牙和细牙两种，一般连接多用粗牙螺纹。细牙的螺距小，升角小，自锁性能更好，常用于细小零件薄壁管中、有振动或变载荷的连接，以及微调装置等。管螺纹用于管件紧密连接。矩形螺纹效率高，但因不易磨制，且内外螺纹旋合定心较难，故常为梯形螺纹所代替。锯齿形螺纹牙的工作边接近矩形直边，多用于承受单向轴向力。

圆锥螺纹的牙型为三角形，主要靠牙的变形来保证螺纹副的紧密性，多用于管件。

内外螺纹总是成对使用的，决定内外螺纹能否配合，以及配合的松紧程度，主要取决于牙型角 $\alpha$、螺距 $P$ 和中径 $D_2$（$d_2$）三个基本要素的精度。

普通螺纹的标注，如 M20：M 表示普通三角螺纹，牙型角 $\alpha=60°$；20 表示螺纹大径为 20mm，螺距 $P=2.5$mm（查普通螺纹标准得到），单线、右旋（在螺纹标注中省略）。

## 学习单元 2　车螺纹的刀夹具

### 1．工件装夹

常用卡盘、顶尖装夹工件，如图 4.79 所示。

图 4.79　顶尖装夹车螺纹

### 2．车螺纹刀具

螺纹加工必须保证螺纹的牙型和螺距的精度，并使相配合的螺纹具有相同的中径，否则加工出来的螺纹不能旋合。为了获得正确的牙型，必须正确刃磨车刀，螺纹车刀切削部分的形状必须磨成与螺纹牙型完全一致，米制螺纹车刀刀尖角为 60°，使用样板检查时，刀尖应与样板配合无缝。外螺纹车刀如图 4.80 所示，其中图 4.80（a）所示为高速钢外螺纹车刀，粗车加工时常采用 5°～15° 的正前角，这样可使切削顺利和减少表面粗糙度。但螺纹车刀的前角会使加工出的螺纹牙型角产生误差（<60°），这种误差对一般要求不高的螺纹可以忽略不计，对于精度要求高的螺纹，螺纹刀刃磨时需对牙尖角进行修正，所以精车螺纹时，应使用前角为零的螺纹车刀。图 4.80（b）所示为硬质合金外螺纹车刀。硬质合金外螺纹车刀高速切削时，牙型角会扩大，因此刀尖角减少 30′。螺纹车刀的工作后角一般为 3°～5°。因受螺纹升角的影响，进刀方向一侧的刃磨后角应等于工作后角加上螺纹升角，另一侧的刃磨后角应等于工作后角减去螺纹升角。不过三角形螺纹的升角一般比较小，影响也小，在加工大螺距螺纹时要考虑。内螺纹车刀的后角要大一些，以减少摩擦。

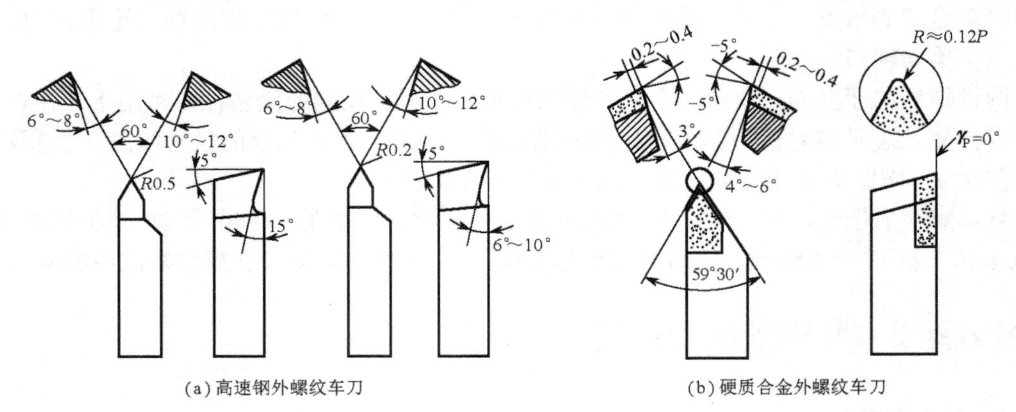


(a) 高速钢外螺纹车刀　　(b) 硬质合金外螺纹车刀

图 4.80　外螺纹车刀

图 4.81 为内螺纹车刀。其刀刃几何形状与外螺纹车刀相似，但刀杆受工件螺纹孔径尺寸的限制，应在保证顺利车削的前提下，使刀杆的截面尺寸尽可能大。刀杆过细，刚度差，车削时易振动；刀杆过粗，退刀时会碰伤内螺纹牙顶。

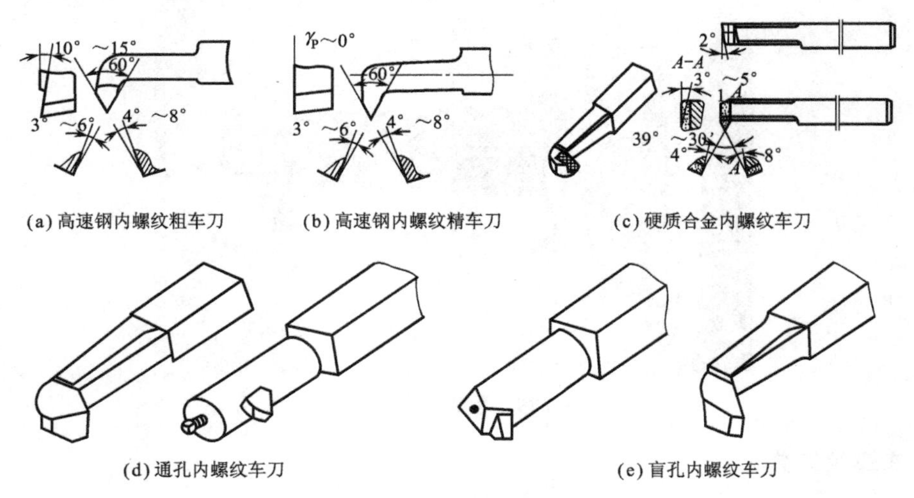


(a) 高速钢内螺纹粗车刀　　(b) 高速钢内螺纹精车刀　　(c) 硬质合金内螺纹车刀

(d) 通孔内螺纹车刀　　(e) 盲孔内螺纹车刀

图 4.81　普通内螺纹车刀

# 学习单元3　车螺纹的方法

### 1．螺纹加工前尺寸的确定

普通三角螺纹在车削时，由于车刀挤压作用，外螺纹大径会变大，内螺纹小径会变小，并且螺纹顶径公差采用“入体”原则，因此，外螺纹加工前的工件尺寸应比螺纹大径小些，内螺纹加工前的工件尺寸应比螺纹小径大些。一般当螺距为 1.5～3.5 时，外圆直径比螺纹大径尺寸小 0.2～0.4mm。内螺纹孔径按下列公式计算。

车削塑性材料：$D_0 \approx D-P$

车削脆性材料：$D_0 \approx D-1.05P$

式中　$D_0$——车内螺纹前的孔径；

$D$——内螺纹大径；

$P$——螺距。

另外，工件上应预先加工好退刀槽。

### 2．机床调整

为了在车床上车出螺距合乎要求的螺纹，车削时必须保证工件（主轴）转一周，车刀纵向移动的距离等于工件一个螺距值。这就是说，若所车螺纹的螺距和车床丝杠的螺距已经确定，即车床主轴和丝杠必须保证一定的转速比。在现在生产的万能普通车床中，这个速比关系在设计进给箱和挂轮架时大都考虑进去了，只要查一下标牌就可以变换出来。因此车削螺纹时，要变换进给箱手柄，接通丝杠。根据所加工的螺距查阅进给箱铭牌，选择配换挂轮，并进行调整或装卸。

### 3．车刀安装

螺纹车刀安装时，刀尖必须与工件螺纹轴线等高，刀尖角的平分线必须与工件轴线垂直，这样才能保证螺纹在纵向截面上获得正确的牙型。螺纹车刀安装时常使用样板对刀，如图 4.82 所示。将样板靠平工件外圆，螺纹车刀的两侧切削刃与样板的角度槽对齐，作透光检查，若车刀歪斜，用铜棒轻敲刀柄，使车刀位置对准样板。对好后，紧固车刀，并且再复查一次，以防拧紧刀架螺钉时车刀移动。

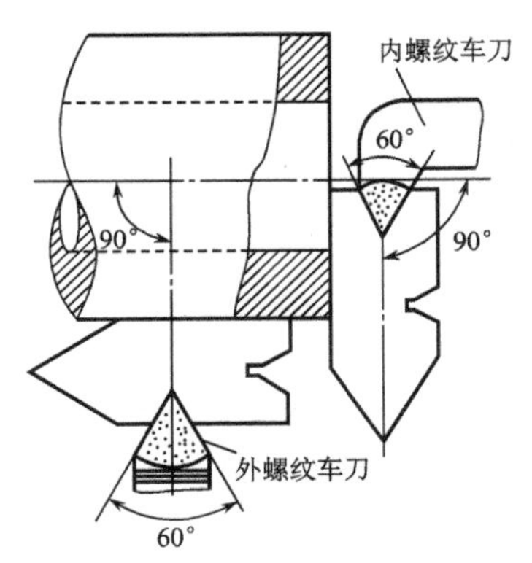

图 4.82　螺纹车刀安装

### 4．进刀方法

低速车削米制螺纹时的进刀方法有以下三种。

（1）直进法。如图 4.83（a）所示，车削时，在每次往复行程后，车刀沿横向进刀，通过多次行程，完成车削。车削时，车刀双面切削，容易产生扎刀现象，常用于车削螺距较小的米制螺纹。

（2）左右切削法。如图 4.83（b）所示，车削过程中，每次往复行程后，除了作横向进刀外，同时还利用小滑板使车刀纵向作微量进给，这样重复几次行程，直至完成车削。

（3）斜进法。如图 4.83（c）所示，在粗车螺纹时，为了操作方便，在每次往复行程后，除中滑板横向进给外，小滑板只向一个方向作微量进给。但在精车时，必须用左右切削法才能使螺纹的两侧面都获得较小的表面粗糙度值。

左右切削法和斜进法中，由于车刀是单面切削（如图 4.83（e）所示），因而不易产生扎刀现象，常在车削较大螺距的螺纹时使用。用左右切削法精车螺纹时，小滑板的左右移动量不宜过大，否则会造成牙槽过宽及凹凸不平。

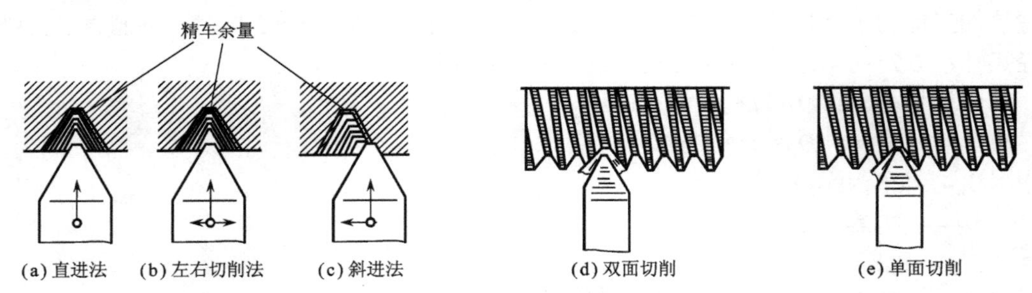


图 4.83　车米制螺纹的进刀方法

### 5．切削用量的选择

切削用量根据工件材料、螺纹精度、进刀方式、螺纹刀具等因素确定。一般在加工塑性材料、粗车外螺纹、斜进和左右进刀时，切削用量可取大。为了获得合格的螺纹中径 $d_2$（或 $D_2$），必须准确控制多次进给切削的总背吃刀量。一般根据螺纹牙高（普通三角螺纹牙高为 0.541 3$P$，$P$ 为螺距），由刻度盘进行大致控制，每次走刀的背吃刀量按先粗后精原则确定，并用螺纹量规或其他测量中径值的方法进行检验控制。最后一刀可采用光车。

表 4.20 为车削三角形螺纹切削用量的参考值。

**表 4.20　车削三角形螺纹切削用量的参考值**

| 工 件 材 料 | 刀 具 材 料 | 螺　距 | 背吃刀量（mm） | 进给量（mm/r） |
|---|---|---|---|---|
| 碳钢 | 硬质合金 | 2 | 分 3～4 次 | 60～90 |
| 碳钢 | 高速钢 | 1.5 | 粗车：0.15～0.30<br>精车：0.05～0.08 | 粗车：15～30<br>精车：5～7 |
| 铸铁 | 硬质合金 | 2 | 粗车：0.20～0.40<br>精车：0.05～0.10 | 粗车：15～30<br>精车：15～25 |

### 6．操作步骤

普通螺纹车削的操作步骤如图 4.84 所示。

（1）启动机床，使车刀与工件轻微接触，记下刻度盘数值，向右退出刀具。

（2）合上开合螺母，在工件表面车出一条螺纹线，横向退出车刀，停车。

（3）开反车使车刀退到工件右端，停车，用直尺检查螺距是否正确。

（4）利用刻度盘调整吃刀量，开车切削。如在 CA6140 型卧式车床上车螺距为 2mm 的普通三角螺纹，背吃刀量为 0.54×2＝1.08mm，刻度盘每格为 0.05mm，所以转过的格数为 1.08/0.05＝21.6 格，即中滑板刻度盘从“0”位开始横向进给，转 21.6 格，即可车到所要求的螺纹深度。

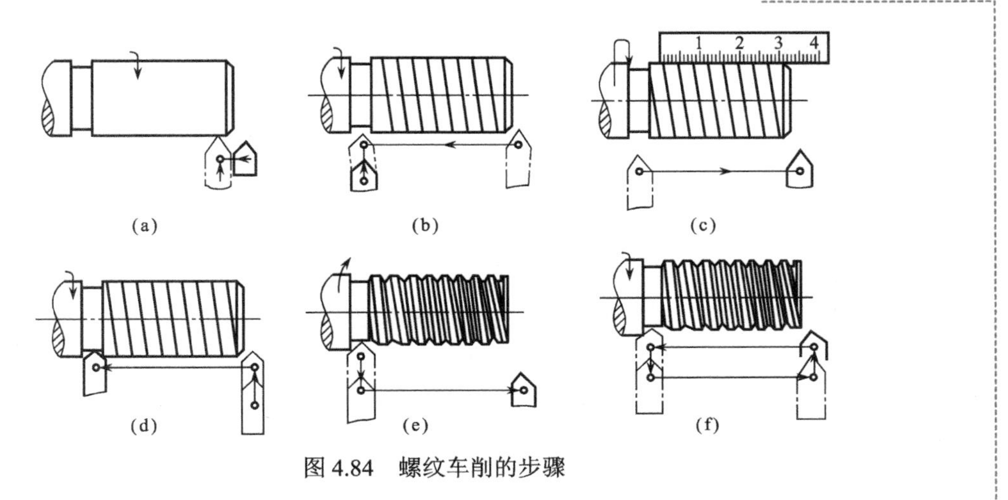


图 4.84　螺纹车削的步骤

（5）车刀将至行程终了时，应做好退刀准备，先快速横向退出车刀，然后停车，开反车退回。

（6）再次横向进刀切削，直至螺纹符合要求。粗车螺纹一般留 0.05～0.2mm 精车余量。

### 7. 注意事项

（1）车螺纹前要用样板仔细对刀（如图 4.82 所示），以保证车刀工作时具有正确的位置。

（2）工件装夹牢固，伸出部分不宜太长，避免工件松动。

（3）为了便于退刀，主轴转速不宜过高，主轴转速高时退刀槽要宽些。

（4）为降低螺纹的表面粗糙度，保证螺纹的中径，应多次用螺纹套规或标准螺母旋入检查，并仔细调整背吃刀量，直至合格。车钢料时，加机油润滑。

（5）第二次按下开合螺母进给时，螺纹车刀刀尖偏离前一次进给车出的螺旋槽的现象叫“乱牙”。常用防止乱牙的方法是开倒顺车，即在第一次行程结束时，不提起开合螺母，立即把车刀横向退出，开倒车使车刀沿纵向退回到第一刀处，然后调整吃刀深度，中滑板进给，开顺车开始第二刀，这样反复，直至螺纹加工完成。注意开倒顺车时，主轴换向不能过快，否则机床将受到瞬间冲击，容易损坏，卡盘和工件也可能移位。还要注意在开始车削时，滑板与尾座之间应留有一定的距离，以避免退刀时滑板与尾座相碰。

（6）如果在车削过程中换刀或磨刀，均应重新对刀。对刀方法如图 4.85 所示，主轴慢速正转，先闭合开合螺母，使车刀处于位置 1，开车将刀架向前移动一段距离，使车刀处于位置 2，以消除丝杠与螺母之间的间隙，移动小滑板使车刀刀尖移至原来的螺纹槽中间，车刀处于位置 3，记录中滑板刻度值，最后将车刀移至螺纹右端相距数毫米处，进刀后继续切削。

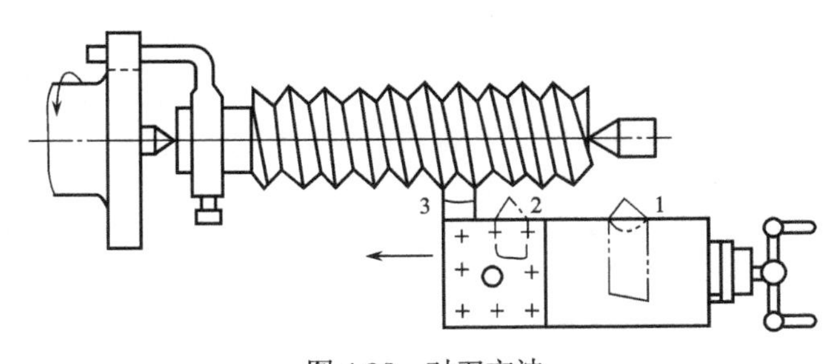


图 4.85　对刀方法

### 8．螺纹检测

螺纹测量的主要参数有螺距、大径、小径、中径，测量的方法有单项测量和综合测量。

（1）单项测量

① 螺距测量。对一般精度的螺纹，通常用钢直尺和螺距规测量螺纹螺距。

② 大径、小径测量。外螺纹的大径和内螺纹的小径的公差都比较大，一般用游标卡尺或千分尺测量。

③ 中径测量。常用螺纹千分尺和三针测量螺纹中径。

a．用螺纹千分尺测量。螺纹千分尺的刻线原理和读数方法同外径千分尺，区别在于螺纹千分尺带有如图 4.86（b）所示的测量头。测量头可根据测量的需要进行选择，然后分别插入千分尺的测杆和砧座的孔中。测量时两个测量头正好卡在螺纹的牙侧上，此时的读数为螺纹的中径。

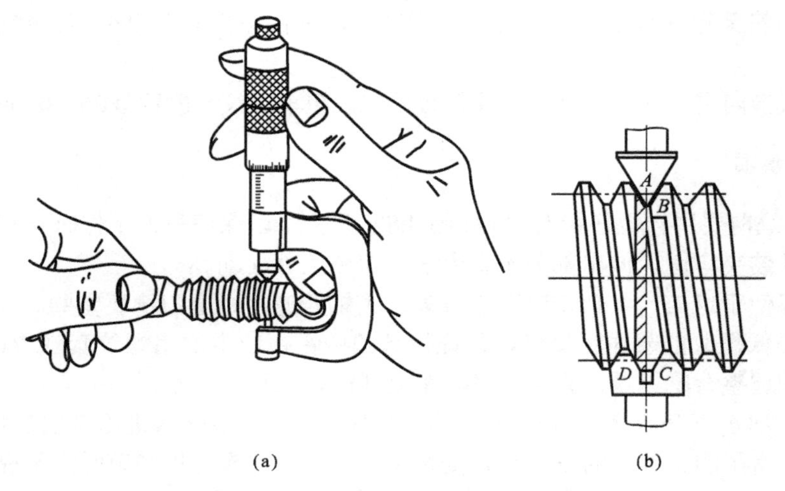


图 4.86　用螺纹千分尺测量螺纹中径

b．用三针测量。用三针测量外螺纹中径是一种比较精确的测量方法。测量时所用的三根圆柱量针，是由量具厂专门制造的（在没有量针的情况下，也可用三根直径相等的优质钢丝或新的钻头柄部代替）。测量时，把三根量针放置在螺纹两侧对应的螺旋槽内，用千分尺量出两边量针顶点之间的距离 $M$，如图 4.87 所示。根据 $M$ 值可以计算出螺纹中径的实际尺寸。进行三针测量时，$M$ 值和中径的计算公式见表 4.21。

三针测量用的量针直径 $D$ 不能太大。如果太大，量针的横截面与螺纹牙侧不相切，则无法量得中径的实际尺寸；也不能太小，如果太小，则量针陷入牙槽中，其顶点低于螺纹牙顶而无法测量。最佳量针直径是指量针横截面与螺纹中径处牙侧相切时的量针直径。量针直径的最大值和最小值可按表 4.20 计算。选用量针时，应尽量接近最佳值，以便获得较高的测量精度。

（2）综合测量

综合测量是用螺纹量规对螺纹各主要参数进行综合性测量。如图 4.88 所示，螺纹量规包括螺纹套规（如图 4.88（a）所示）和螺纹塞规（如图 4.88（b）所示）。它们都由通规和止规组成，检测时如果通规可以旋合通过，而止规不能通过，则螺纹为合格。

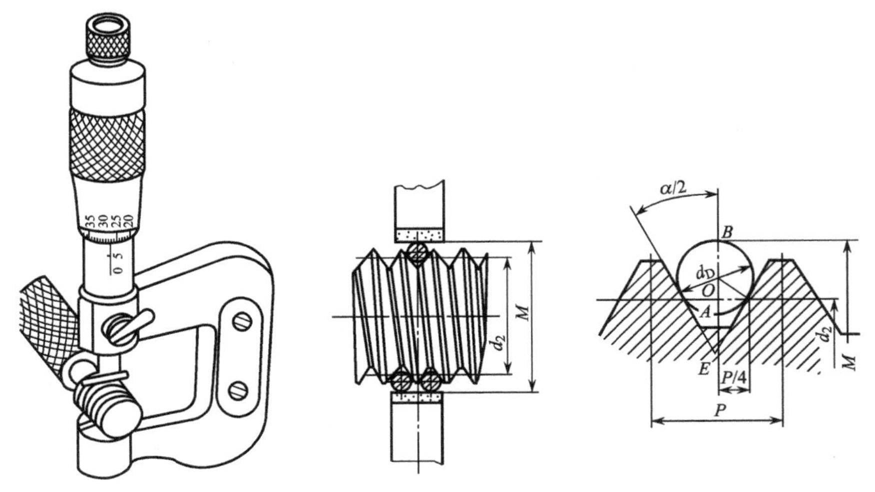


图 4.87 用三针测量螺纹中径

**表 4.21 三针测量螺纹时 *M* 值的计算表**

| 螺纹牙型角 | *M* 值计算公式 | 量针直径 *D*（mm） | | |
|---|---|---|---|---|
| | | 最大值 | 最佳值 | 最小值 |
| 60° | $M=d_2+3D-0.866P$ | 1.01*P* | 0.577*P* | 0.505*P* |

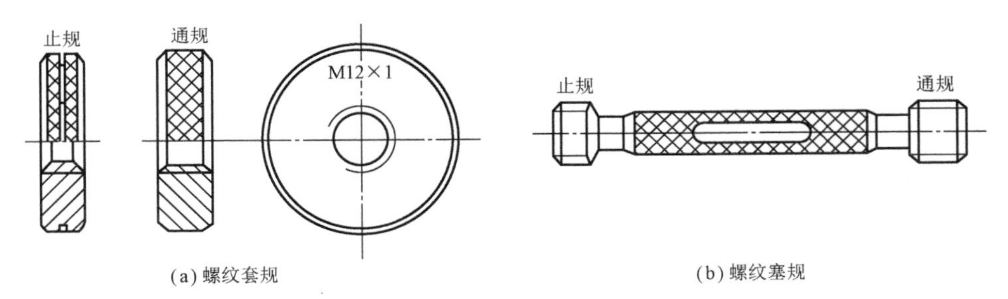


(a) 螺纹套规　　(b) 螺纹塞规

图 4.88 螺纹量规

## 9. 丝锥加工普通内螺纹

（1）丝锥

丝锥是一种加工内螺纹的工具，可分为手用和机用两大类。丝锥的螺纹方向一般制成右旋。丝锥由工作部分和柄部组成，其结构如图 4.89 所示，工作部分又由切削部分和校准部分组成，切削部分担任主要切削任务。一套丝锥通常有头锥、二锥、三锥，成套丝锥是为了合理分配攻丝时的切削负荷，一般小直径两支一套，大直径三支一套。

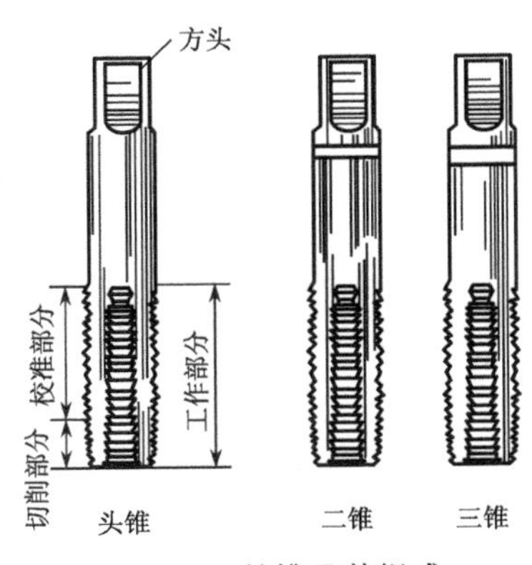


图 4.89 丝锥及其组成

（2）底孔的确定

攻丝前通常先在工件上钻孔或扩孔，使底孔与螺纹相适应。如果底孔大了会出现螺纹牙型平头，如果孔小了，切削余量偏多，脆性材料容易产生螺纹牙尖崩裂（称为烂牙），塑性材料膨胀变形造成丝锥折断。加工普通螺纹底孔的钻头直径一般按以下公式计算。

钢材：$d_0=D-P$

铸铁：$d_0=D-(1.05\sim1.1)P$

式中 $D$——螺纹公称直径（mm）；

$P$——螺距（mm）；

$d_0$——螺纹底孔直径（mm）。

（3）攻丝方法

① 钻扩螺纹底孔，孔口倒角要大于螺纹外径尺寸，校正尾座零位。

② 工件装夹要正确，孔的中心一般垂直于工件表面。

③ 丝锥装在尾座锥孔内，移动尾座向工件靠近，固定，然后开车，根据螺纹工件的攻丝长度，在攻丝工具或车床套筒上作出移动的记号，转动尾座手轮使丝锥头部几牙进入螺纹底孔，使套筒跟随丝锥前进直到所需要的尺寸，然后开倒车退出丝锥。

④ 为了避免切削过程中咬住丝锥，攻丝时应时常反转 1/2 圈来切碎切屑。

⑤ 攻不通孔时，要经常退出丝锥，排出切屑。

⑥ 小螺距螺纹一般一次加工，螺距较大的螺纹可先用头锥加工，再用二锥二攻，三锥三攻。或先用内螺纹车到粗车，再用丝锥攻丝。

## 练一练

### 任务 1 刃磨如图 4.90 所示普通外螺纹车刀

能力目标：

1．了解普通外螺纹车刀的几何角度要求。

2．掌握普通外螺纹车刀的刃磨要求和刃磨方法。

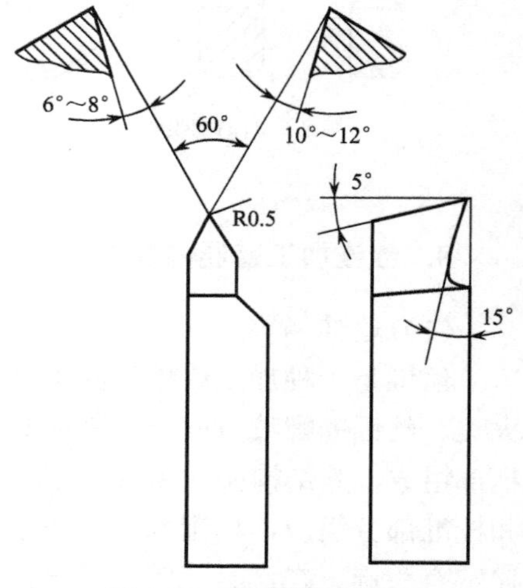


图 4.90 普通外螺纹车刀

## 步　骤

1．领取高速钢刀坯，检查砂轮机，准备螺纹刀样板。

2．粗磨前刀面。

3．粗磨主后刀面和副后刀面，初步形成刀尖角。先磨进给方向侧刃，再磨背进给方向侧刃，用样板检验牙型角。磨出主后角、副后角。

4．精磨前刀面，磨出前角。

5．精磨主后刀面、副后刀面，磨出主、副后角，同时磨出刀尖角，并用三角形螺纹车刀样板修正。检查时注意样板与车刀端面应平行。

6．修磨刀尖圆弧。

7．用磨石研磨切削刃处的前、后刀面，使刃口锋利。

8．评分参照表 4.22 执行。

表 4.22　普通外螺纹车刀的刃磨质量评分表

| 序号 | 考核项目 | 考核内容 | 配分 | 评分标准 | 检测结果 | | | 得分 | 备注 |
|---|---|---|---|---|---|---|---|---|---|
| | | | | | 自测 | 互测 | 教师测量 | | |
| 1 | 刀具角度 | 前角 | 10 | 超差 2°，扣 10 分 | | | | | |
| | | 主后角 | 20 | 每处超差 1°，扣 10 分 | | | | | |
| | | 副后角 | 10 | 每处超差 1°，扣 10 分 | | | | | |
| | | 刀尖角 | 20 | 超差 0.5°，扣 10 分 | | | | | |
| | | 主、副刀刃 | 10 | 不直，不得分 | | | | | |
| | | 刀尖 $R=0.125d$ | 10 | 不合适，不得分 | | | | | |
| 2 | 规范操作 | | 10 | 有一次不规范扣 1 分 | | | | | |
| 3 | 文明生产 | | 10 | 有一次违章扣 1 分 | | | | | |
| 合计得分 | | | | | | | | | |

要求：

1．磨刀时，人的站立姿势要正确。

2．粗磨时需用三角形螺纹样板检查，对前角大于 0 的螺纹车刀，粗磨时刀尖角略大于牙型角，待磨好前角后再修磨刀尖角。

3．磨外螺纹车刀时，刀尖角平分线应平行于刀体中心；磨内螺纹车刀时，刀尖角平分线应垂直于刀体中心。

4．刃磨高速钢螺纹车刀时压力要轻，并及时进行水中冷却，以免刀尖过热退火。

5．刃磨切削刃时，应沿水平方向缓慢平行移动，以保证切削刃平直。

6．刃磨时注意安全。

### 想一想

1．螺纹刀刃磨与外圆车刀刃磨有何异同？哪个部位难掌握？刃磨时如何处理？

2．外螺纹车刀的刀尖角要略小于牙型角，是何道理？

## 任务2　车外螺纹的动作练习

能力目标：

1．掌握车螺纹的操作动作。

2．掌握车螺纹的车床调整。

要求：操作时间60min。

### 步　骤

#### 1．车床调整

（1）根据所车螺距在进给箱的铭牌上找到相应的手柄位置参数，并把手柄拨到需用的位置。

（2）按交换齿轮铭牌调整交换齿轮。

（3）调整中、小滑板，保证间隙适当。调整太紧，中、小滑板操作不灵活；调整太松，容易产生扎刀。

（4）启动车床，将主轴正、反转数次，合上开合螺母，检查丝杠与开合螺母的工作情况是否正常，以防车削时产生乱牙。

#### 2．开合螺母法车螺纹

工件螺距与车床丝杠螺距成整数比时，可用开合螺母法车螺纹。

（1）安装工件，选择螺距2mm，长度30mm，主轴转速40r/min。

（2）装夹螺纹车刀，使螺纹车刀刀尖与车床主轴轴线等高，同时注意螺纹车刀的刀尖角平分线与工件轴线垂直。

（3）开动车床，使刀尖与工件外圆相擦，将中滑板刻度调零位，作为车螺纹的起始位置。摇动床鞍手柄使刀尖离轴端5～10mm。中滑板模拟进给后，左手不放松，右手将开合螺母手柄向下压，如图4.91（a）所示。开合螺母一经闭合，床鞍就迅速向前移动，此时右手仍按在手柄上做好脱开准备。当刀尖进入退刀位置时，左手迅速摇动中滑板手柄，使车刀退出，刀尖离开工件的同时，右手立即将开合螺母手柄提起使床鞍停止移动。摇动床鞍手柄，使其复位，然后重复练习，直至熟练。

#### 3．倒顺法车螺纹

工件螺距与车床丝杠螺距不成整数比时，必须用倒顺法车螺纹。

（1）移动床鞍，使车刀靠近工件右端，开动机床，合上开合螺母，一手向上提起操作杆，另一手握中滑板手柄，如图4.91（b）所示。当车刀进至离工件轴端3～5mm时，立即将操作杆放在中间位置，使主轴停转。

（2）中滑板进刀控制背吃刀量（建议取0.05mm）。

（3）向上提起操作杆，车床主轴正转，此时车刀刀尖切入外圆，在外圆上切出很浅的一条螺旋槽。

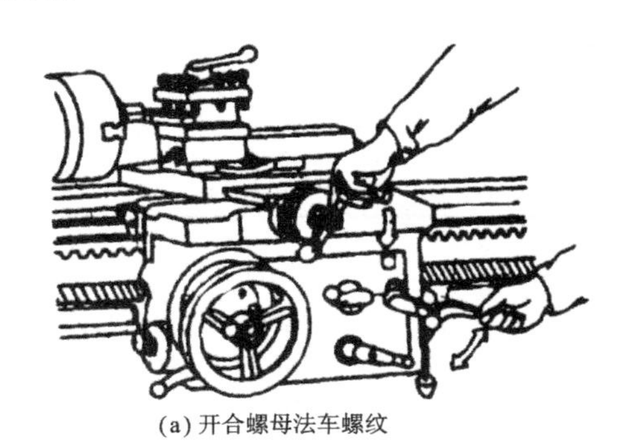
(a) 开合螺母法车螺纹

(b) 倒顺法车螺纹

图 4.91　车螺纹操作动作

（4）当刀尖离退刀位置 2～3mm 时，使操作杆开始向下，主轴速度逐渐减慢。当车刀进入退刀位置时，迅速退出中滑板，并向下推操作杆，使主轴反转，车刀退向起始位置。

（5）当车刀退至起始位置后，向上提起操作杆，使主轴停转。

（6）重复练习，直至熟练。

**想一想**

开合螺母法车螺纹、倒顺法车螺纹各用在何种场合？

## 任务 3　完成如图 4.92 所示螺纹的加工

能力目标：

1．掌握外螺纹的车削方法。

2．掌握外螺纹尺寸测量和精度的控制方法。

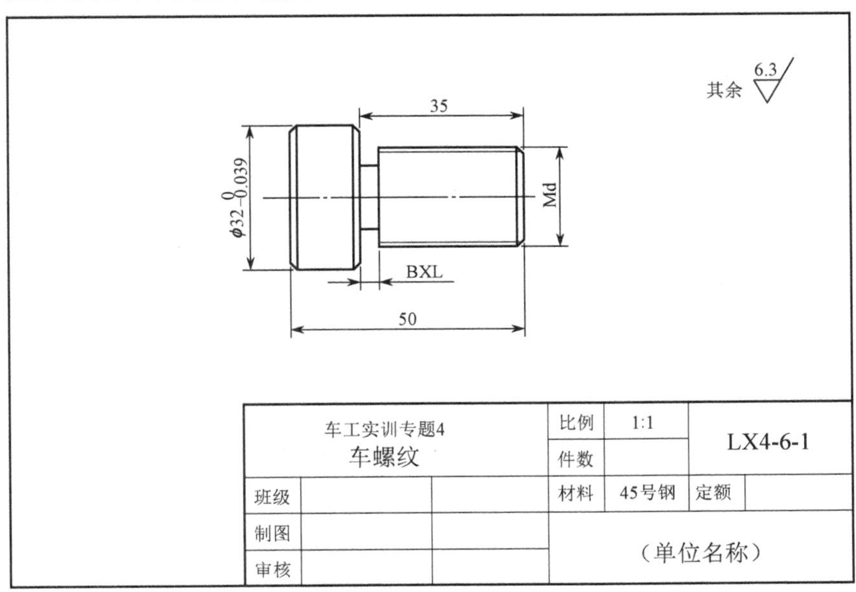


图 4.92　螺纹

要求：

1．分 4 次进行练习，每次尺寸如下。

| 练习次数 | 毛坯尺寸 | 1 | 2 | 3 | 4 |
|---|---|---|---|---|---|
| $B\times L$ | $\phi 40\times 53$ | 5×2 | 4×2 | 3×1.5 | 3×1.5 |
| M | | M34×2 | M30×2 | M26×1.5 | M24×1.5 |

2．实训课时 4 课时，每个学生操作时间 120min。

## 步　骤

1．准备工作：领料、刀具（外圆车刀、外螺纹刀、割槽刀，螺距规、螺纹千分尺）准备。

2．卡盘夹工件外圆，一端伸出卡盘 30mm，找正工件位置，安装并调整外圆车刀、螺纹刀。

3．车端面，车外圆至尺寸$\phi 35$。

4．调头，车端面，粗、精车外圆至尺寸$\phi 32_{-0.039}^{0}$，长 15mm，倒角。

5．调头，卡盘夹$\phi 32$ 外圆（铜皮包住），伸出 40mm。

6．车 M34 外圆至尺寸$\phi 33.8$，分两次完成。

7．车槽，保证尺寸$\phi 32$，宽 5mm。

8．车螺纹，背吃刀量为 1.08mm，分 5 次进给。第一次进给，在外圆表面划出螺旋线，检查螺距；第二次进给，取 0.5mm；第三次取 0.25mm；第四次取 0.2mm；第五次取 0.13mm，长度 30mm。

9．车端面倒角及$\phi 32$ 外圆倒角。

10．检查各部位尺寸，其中 M34×2 用螺距规检查螺距，螺纹千分尺检查中径。

11．第二次车螺纹。将螺纹表面车至$\phi 29.8$，车槽$\phi 28$，宽 4mm；重复第一次车螺纹过程，背吃刀量为 1.08mm。第三、四次车螺纹的背吃刀量为 0.95mm。

12．评分参照表 4.23 执行。

**表 4.23　加工件评分标准**

| 序号 | 考核项目 | 考核内容及要求 | | 配分 | 评分标准 | 检测结果 | | | 得分 | 备注 |
|---|---|---|---|---|---|---|---|---|---|---|
| | | | | | | 自测 | 互测 | 教师测量 | | |
| 1 | 外圆 | 倒角 | | 2 | 没倒角，不得分 | | | | | |
| 2 | | $\phi 32_{-0.039}^{0}$ | IT | 4 | 超差不得分 | | | | | |
| | | | $Ra$ | 2 | 降一级扣 1 分 | | | | | |
| 3 | 螺纹 | 牙型 $\alpha=60°$ | | （每次）5 | 每超差 5，扣 5 分 | | | | | |
| 4 | | 中径 | IT | （每次）4 | 超差不得分 | | | | | |
| 5 | | 螺距 | P | （每次）5 | 每超差 5，扣 5 分 | | | | | |
| 6 | | 倒角 | | （每次）2 | 没倒角，不得分 | | | | | |
| 7 | | 表面 | $Ra$ | 2 | 不合格，不得分 | | | | | |
| 8 | 沟槽 | $B\times L$ | | （每次）3 | 不合格，不得分 | | | | | |

续表

| 序号 | 考核项目 | 考核内容及要求 | 配分 | 评分标准 | 检测结果 | | | 得分 | 备注 |
|---|---|---|---|---|---|---|---|---|---|
| | | | | | 自测 | 互测 | 教师测量 | | |
| 9 | 文明生产 | 1．着装是否规范<br>2．工具等放置是否规范<br>3．清除切屑是否正确<br>4．环境卫生、设备保养 | 10 | 每违反一条酌情扣1分，扣完为止 | | | | | |
| 10 | 规范操作 | 1．开机前的检查<br>2．工件装夹是否规范<br>3．刀具安装是否规范<br>4．量具使用是否正确<br>5．基本操作是否正确 | 10 | 每违反一条酌情扣1分，扣完为止 | | | | | |

**想一想**

1．车螺纹时，是否发生乱扣？若发生，如何改正？

2．车螺纹时，机床手柄是如何调整的？

3．车螺纹时，出现积屑瘤时应如何处理？

## 任务 4　刃磨如图 4.93 所示内三角螺纹车刀

能力目标：

1．了解内三角螺纹的用途与技术要求。

2．了解内三角螺纹车刀的几何角度要求。

3．掌握内三角螺纹车刀的刃磨要求和刃磨方法。

要求：

1．磨刀时要注意主、副刀刃的对称和平直，以保证加工的螺纹牙型正确。

2．内螺纹车刀的刀尖角可比螺纹牙型角略大 0.5°。

3．要防止修磨刀尖圆弧时过多地将刀尖磨去，否则会加大磨削量。

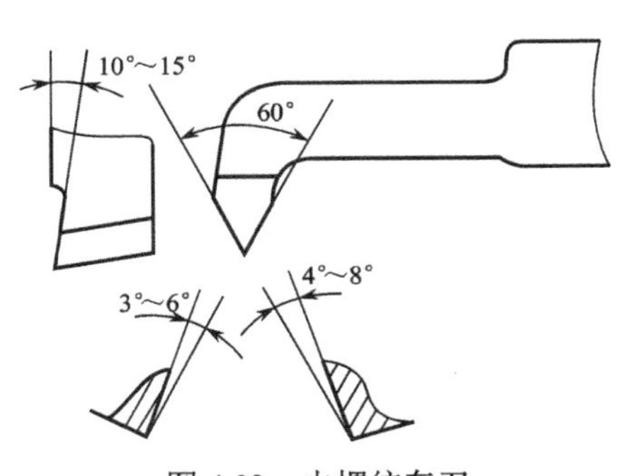


图 4.93　内螺纹车刀

## 步　骤

1．领取高速钢刀坯，检查砂轮机，准备螺纹刀样板。

2．粗磨前刀面、主后刀面、副后刀面，磨出主后角、副后角与 60° 刀尖角。

3．精磨前刀面，磨成前角。

4．精磨主后刀面（圆弧）、副后刀面，磨出主后角、副后角。

5．修磨刀尖圆弧。

6．评分参照表 4.24 执行。

表 4.24　内螺纹车刀的刃磨质量评分表

| 序号 | 考核项目 | 考核内容 | 配分 | 评分标准 | 检测结果 | | | 得分 | 备注 |
|---|---|---|---|---|---|---|---|---|---|
| | | | | | 自测 | 互测 | 教师测量 | | |
| 1 | 刀具角度 | 前角 | 10 | 超差 2°，扣 10 分 | | | | | |
| | | 主后角 | 20 | 每处超差 1°，扣 10 分 | | | | | |
| | | 副后角 | 10 | 每处超差 1°，扣 10 分 | | | | | |
| | | 刀尖角 | 20 | 超差 0.5°，扣 10 分 | | | | | |
| | | 主、副刀刃 | 10 | 不直，不得分 | | | | | |
| | | 刀尖 $R=0.125d$ | 10 | 不合适，不得分 | | | | | |
| 2 | 规范操作 | | 10 | 有一次不规范扣 1 分 | | | | | |
| 3 | 文明生产 | | 10 | 有一次违章扣 1 分 | | | | | |
| 合计得分 | | | | | | | | | |

**想一想**

内螺纹车刀与外螺纹车刀在结构上有何异同？使用时有什么不同要求？

## 任务 5　在车床上攻如图 4.94 所示的内螺纹

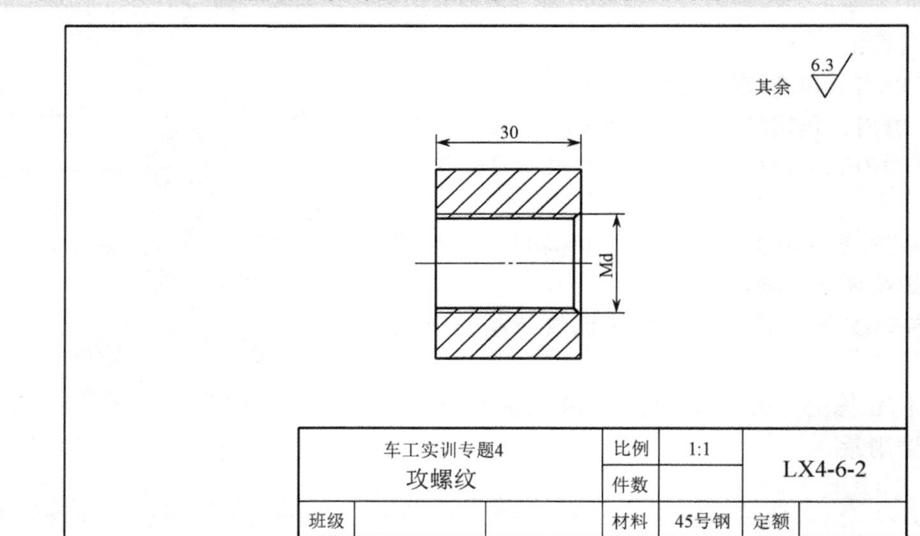


图 4.94　内螺纹

能力目标：

1．掌握内三角螺纹的攻丝方法。

2．掌握内螺纹的检测方法。

要求：

1．分三次进行练习，每次尺寸如下。

| 练习次数 | 毛坯尺寸 | 1 | 2 | 3 |
|---|---|---|---|---|
| M | $\phi$40×53 | 8 | 10 | 12 |

2．操作时间 120min。

## 步 骤

1．准备工作：领料、刀具（外圆车刀、钻头、丝锥，螺纹塞规）准备。

2．装夹工件，安装刀具（钻头）。

3．车端面，钻孔，倒角。

4．换丝锥，攻丝。

5．评分参照表 4.25 执行。

**表 4.25　加工件评分标准**

| 序号 | 考核项目 | 考核内容及要求 | | 配分 | 评分标准 | 检测结果 | | | 得分 | 备注 |
|---|---|---|---|---|---|---|---|---|---|---|
| | | | | | | 自测 | 互测 | 教师测量 | | |
| 1 | 螺纹 | 倒角 | | 5 | | | | | | |
| 2 | | M8 | | 25 | 牙型不清晰，不得分 | | | | | |
| 3 | | M10 | | 25 | 牙型不清晰，不得分 | | | | | |
| 4 | | M12 | | 25 | 牙型不清晰，不得分 | | | | | |
| 5 | 文明生产 | 1．着装是否规范<br>2．工具等放置是否规范<br>3．清除切屑是否正确<br>4．环境卫生、设备保养 | | 10 | 每违反一条酌情扣 1 分，扣完为止 | | | | | |
| 6 | 规范操作 | 1．开机前的检查<br>2．工件装夹是否规范<br>3．刀具安装是否规范<br>4．量具使用是否正确<br>5．基本操作是否正确 | | 10 | 每违反一条酌情扣 1 分，扣完为止 | | | | | |

**想一想**

1．丝锥与工件端面不垂直会出现什么情况？

2．不通孔攻丝时应注意哪些问题？

3．操作中有发生丝锥折断吗？原因何在？如何处理？

## 任务 6　车如图 4.94 所示的内螺纹

能力目标：

1．掌握车内三角螺纹的方法。

2．掌握内螺纹的检测方法。

要求：

1．分三次进行练习，每次尺寸如下。

| 练习次数 | 毛坯尺寸 | 1 | 2 | 3 |
|---|---|---|---|---|
| M | $\phi$40×53 | 18×2 | 22×1.5 | 24×2 |

2．内螺纹车刀安装时刀尖应对准或略高于工件中心，刀柄伸出长度应比螺纹加工长度多出 10～20mm，并严格按样板找正刀尖角。摇动床鞍，使车刀在孔内纵向移动至螺纹终点，检查刀柄是否有退刀余量，以防退刀时与内孔相碰或不能车削。

3．操作时间 120min。

## 步　骤

1．准备工作：领料（任务 4 的工件）、刀具（内孔车刀、$\phi$14.2 钻头、内孔螺纹刀，螺纹塞规）准备。

2．装夹工件，安装刀具（钻头）。

3．用$\phi$14.2 钻头钻 M18 螺纹底孔，倒角。

4．车孔至$\phi 16^{+0.2}_{0}$。

5．调整车床，车螺纹。

6．检查各部位尺寸，其中 M18×2 用螺纹塞规检查。

7．车 M22×1.5、M24×2 螺纹。

8．评分参照表 4.26 执行。

**表 4.26　加工件评分标准**

| 序号 | 考核项目 | 考核内容及要求 | | 配分 | 评分标准 | 检测结果 | | | 得分 | 备注 |
|---|---|---|---|---|---|---|---|---|---|---|
| | | | | | | 自测 | 互测 | 教师测量 | | |
| 1 | 外圆 | 倒角 | | 2 | 没倒角，不得分 | | | | | |
| 2 | | $\phi 32^{\ 0}_{-0.039}$ | IT | 4 | 超差不得分 | | | | | |
| | | | *Ra* | 2 | 降一级扣 1 分 | | | | | |
| 3 | 螺纹 | 牙型 $\alpha$=60° | | （每次）5 | 每超差 5′，扣 5 分 | | | | | |
| 4 | | 中径 | IT | （每次）4 | 超差不得分 | | | | | |
| 5 | | 螺距 | P | （每次）5 | 每超差 5′，扣 5 分 | | | | | |
| 6 | | 倒角 | | （每次）2 | 没倒角，不得分 | | | | | |
| 7 | | 表面 | *Ra* | 2 | 不合格，不得分 | | | | | |
| 8 | 沟槽 | *B*×*L* | | （每次）3 | 不合格，不得分 | | | | | |

续表

| 序号 | 考核项目 | 考核内容及要求 | 配分 | 评分标准 | 检测结果 | | | 得分 | 备注 |
|---|---|---|---|---|---|---|---|---|---|
| | | | | | 自测 | 互测 | 教师测量 | | |
| 9 | 文明生产 | 1．着装是否规范<br>2．工具等放置是否规范<br>3．清除切屑是否正确<br>4．环境卫生、设备保养 | 10 | 每违反一条酌情扣 1 分，扣完为止 | | | | | |
| 10 | 规范操作 | 1．开机前的检查<br>2．工件装夹是否规范<br>3．刀具安装是否规范<br>4．量具使用是否正确<br>5．基本操作是否正确 | 10 | 每违反一条酌情扣 1 分，扣完为止 | | | | | |

想一想

1．车内螺纹时，如何避免“扎刀”？

2．车较深螺纹时，如何避免螺纹出现锥度？

# 项目 7 车成形面

## 学习单元 1 车回转成形面

成形面是指零件表面的素线为曲线（圆、椭圆等）的表面，如图 4.95 所示。成形面的车削方法有双手车削法、成形刀具法和靠模法。

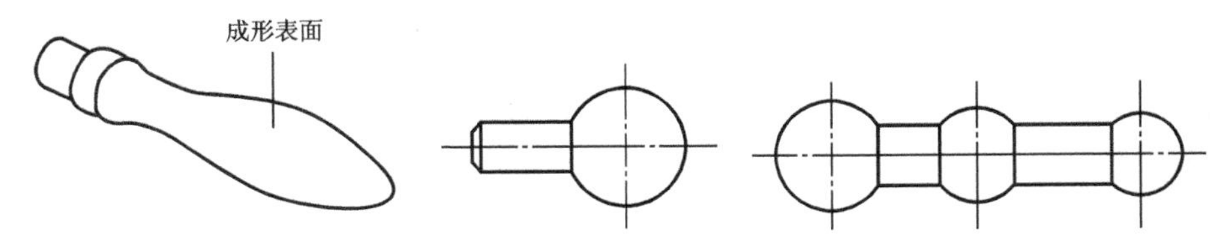


图 4.95 各种成形面手柄

### 1．车成形面的刀夹具

一般采用卡盘、顶尖装夹工件，刀具采用半径为 2～3mm 的圆头车刀。

### 2．成形面的车削方法

（1）双手车削法

用右手握小滑板手柄，左手握中滑板手柄，双手同时转动手柄（一般不同转速），刀尖纵向、横向同时进给，形成合成运动，使刀尖的运动轨迹与零件表面素线重合，车出所需表面。刀具可采用带圆弧刃的外圆车刀。

此法操作技术要求较高，但无须采用特殊设备与工具，多用于在单件、小批量生产中加工精度要求不高的成形面。

下面介绍双手操作车削如图 4.96 所示球面的方法。

先按圆球直径、柄部直径车成两级外圆（留精车余量 0.2～0.3mm），并控制球状部分长度，如图 4.97 所示。圆球的长度计算公式为：

$$L=\frac{1}{2}\left(D+\sqrt{D^2-d^2}\right)$$

式中 $L$——圆球部分长度（mm）；

$D$——圆球直径（mm）；

$d$——柄部直径（mm）。

① 刀具选用半径为 2～3mm 的圆头车刀，调整中、小滑板间隙，以便操作灵活，进退自如。

② 确定圆球中心位置。用钢直尺量出圆球的中心，并用车刀刻出线痕，以保证车圆球时左右半球面对称，如图 4.98 所示。

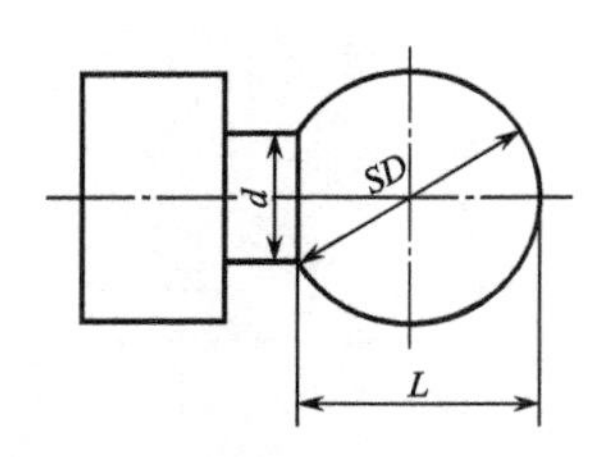


图 4.96 单球手柄

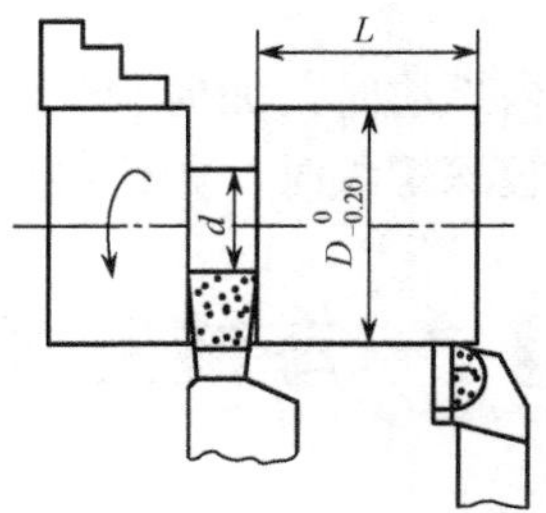


图 4.97 车圆球外圆

③ 两端倒角。用 45° 车刀在圆球两端倒角，如图 4.98 所示。

④ 车圆球。左手握中滑板手柄，右手握小滑板手柄，双手配合先粗车毛坯，再精车成形。如图 4.99 所示，先车右半球面，车刀的起刀位置在离圆球中心线痕 5～6mm 处，当车至图中 $a$ 点时，中滑板进刀速度要慢，小滑板退刀速度要快；车至 $b$ 点时，中滑板进刀和小滑板退刀的速度相等；车至 $c$ 点时，中滑板进刀速度要快，小滑板退刀速度要慢，这样就能车出球。

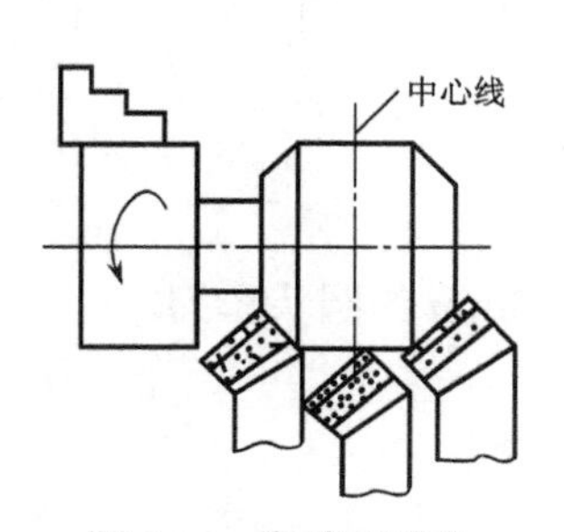


图 4.98 车球面准备

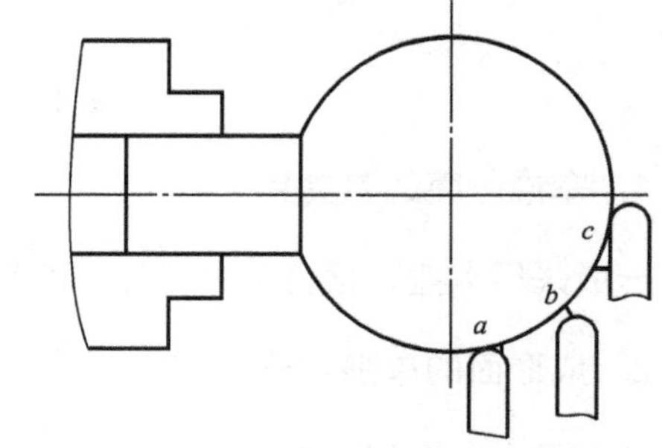


图 4.99 车球面的速度分析

粗车圆球进刀的起始位置应一次比一次靠近圆球中心线痕，最后一刀在离圆球中心线痕 1～2mm 处，以保证精车余量。每车一次都必须用样板或目测检查，及时修整。

车左半球的方法同右半球，只是在柄部与圆球连接处，用沟槽刀或割刀车削，以保证轮廓清晰，如图 4.100 所示。

精车球面时，仍由球中心向两边车，逐渐靠近线痕，最后一刀的起始位置从球的中心线痕处开始，为保证球面光滑，主轴速度提高，进给速度减小。

为提高球面质量，还可用锉刀、砂布对工件表面修整、抛光。

（2）成形刀具法

如图 4.101 所示为普通成形刀。对于曲面形状较短且较简单的成形面，可以使用成形刀一次车削成形，如图 4.102（a）、（b）所示。刀具只需作连续横向进给。

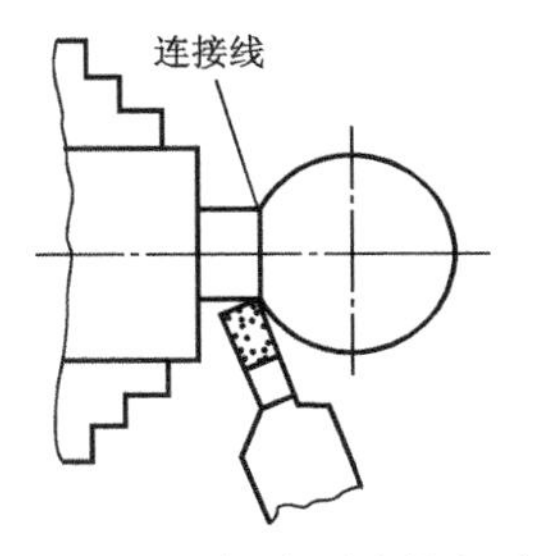


图 4.100　车球面连接部分

图 4.101　普通成形刀

此法生产率较高，加工精度可达 IT8 级，表面粗糙度值 $Ra$ 可达 6.3μm。但成形刀刃磨较困难，车削时容易振动，故只用于批量较大、刚性较好工件的加工。

### 3. 形状检测

成形面可采用样板进行检测，如图 4.102（c）所示。观察样板与零件间的间隙大小，并以此修整表面。

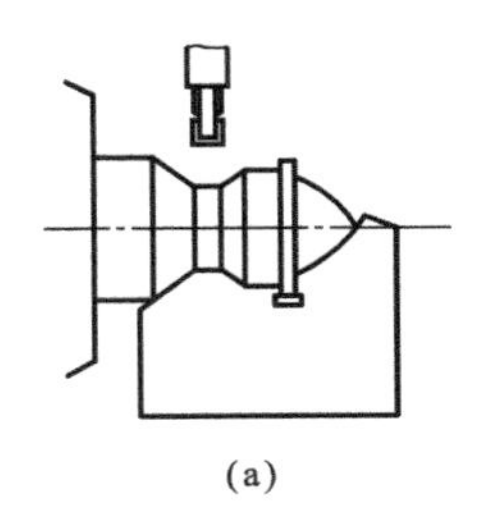

(a)

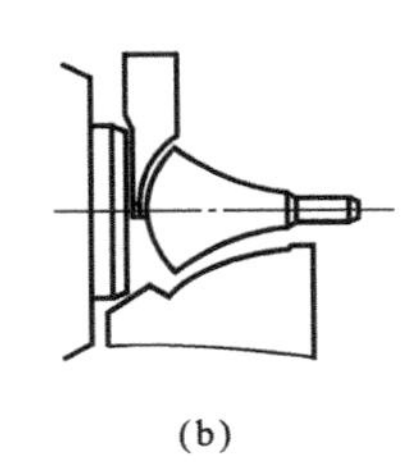

(b)

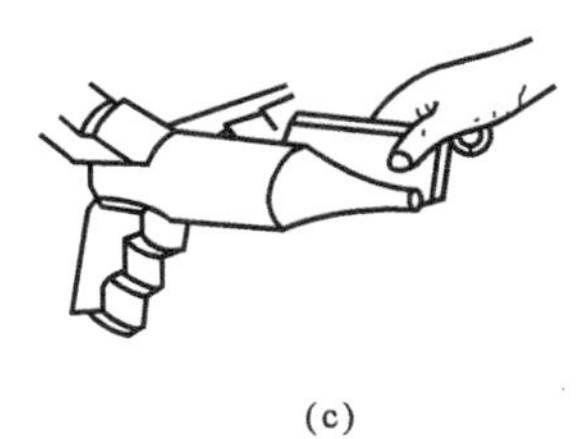

(c)

图 4.102　成形刀具加工工件及成形面检测

## 学习单元 2　滚花

某些零件和工具为了美观和增大手握部分的摩擦力，常在表面滚压花纹。如千分尺的套管、螺纹量规等手握外圆表面都需进行滚花。

滚花是用滚花刀挤压工件，使其表面产生塑性变形而形成花纹，滚花刀一般有单轮、双轮和六轮，如图 4.103 所示。单轮滚花刀滚直纹，双轮和六轮滚花刀滚网纹，双轮滚花刀由左旋和右旋滚花刀组成，六轮滚花刀由三组不同节距的双轮滚花刀组成。

如图 4.104 所示，滚花时，将滚花刀紧固在刀架上，使滚花刀与工件表面平行，滚花刀中心与工件中心等高，当滚花刀与工件接触时，工件低速旋转，滚花刀以较大的力径向挤压在工件表面上，再作纵向进给，并加注充分冷却液，以避免细屑滞塞在滚花刀内而产生乱纹和研坏滚花刀。为减少开始时的压力，可先把滚花刀宽度的 1/2～1/3 与工件表面接触，或将滚花刀向右偏安装，使滚花刀与工件表面产生很小的夹角，以便于滚花刀切入。

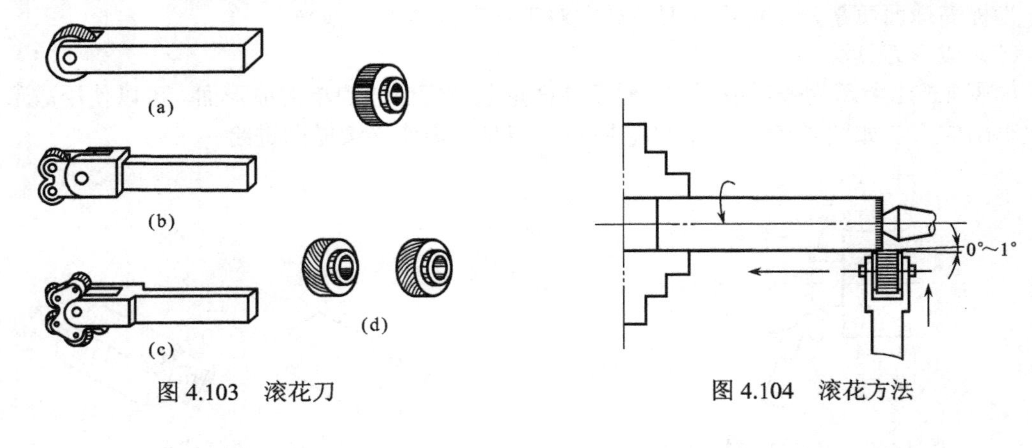


图 4.103　滚花刀

图 4.104　滚花方法

# 专题五 综合训练

## 项目 1 锥轴的加工

### 学习单元 1 锥轴的加工准备

#### 1. 零件图分析

图 5.1 所示为锥轴零件图。最大直径为$\phi$35mm，总长为 95mm，表面有圆柱面、圆锥面、倒角、槽等结构。其中$\phi$35、$\phi$32、$\phi$25 三处的直径公差为 0.1mm，锥度为 1∶5，倒角为 1.5×45°，未注倒角 1×45°，所有表面的表面粗糙度为 *Ra*6.3μm。

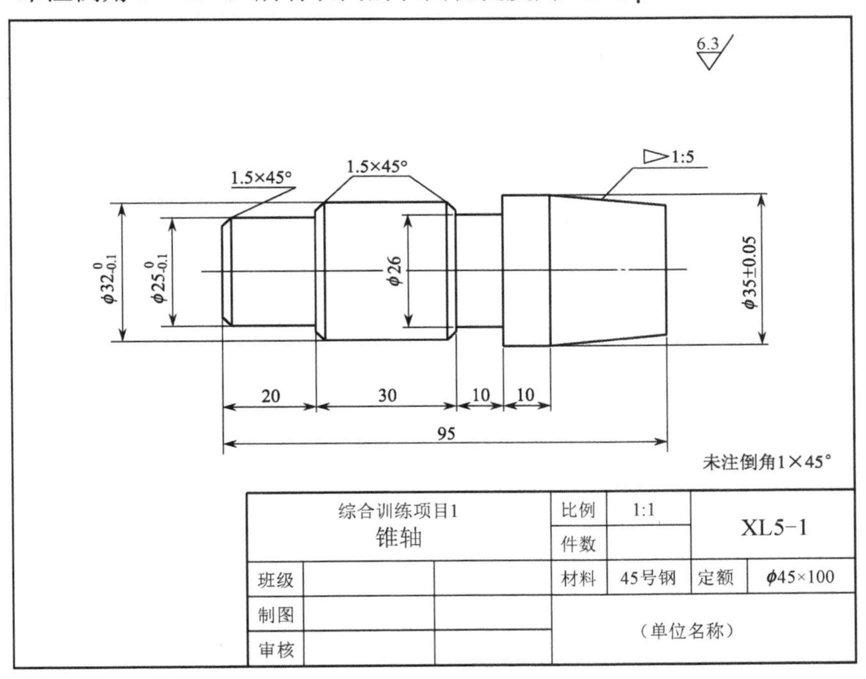


| 综合训练项目1<br>锥轴 | | 比例 | 1:1 | XL5-1 | |
|---|---|---|---|---|---|
| | | 件数 | | | |
| 班级 | | 材料 | 45号钢 | 定额 | $\phi$45×100 |
| 制图 | | （单位名称） | | | |
| 审核 | | | | | |

图 5.1 锥轴零件图

#### 2. 工艺准备

（1）毛坯准备

根据图示，选择棒料，尺寸为$\phi$40×100，材料 45 号钢。

（2）设备准备

选择卧式车床，如 CA6140、C6136。

（3）刀具准备

45° 外圆车刀、90° 外圆车刀、高速钢切槽刀。

（4）量具准备

0～25mm、25～50mm 的千分尺各一把，游标卡尺，万能角度尺。

## 学习单元 2　锥轴的加工

锥轴的加工工艺过程见表 5.1。操作考核内容与评分标准见表 5.2。

表 5.1　锥轴加工工艺过程

单位：　　　　编制：　　审核：　　第　页　共　页

| 零件材料 | | | 45 号钢 | 毛坯尺寸 | 加工工艺卡 | | 零件图号 | XL5-1 | |
|---|---|---|---|---|---|---|---|---|---|
| 零件名称 | | | 锥轴 | $\phi 40\times 100$ | | | 机床型号 | C6136 | |
| 工序 | 工种 | 工步 | 工　艺　内　容 | 切削用量 | | | 工具 | | |
| | | | | $v$ （r/m） | $f$ （mm/r） | $a_p$ （mm） | 刀具 | 夹具 | 量具 |
| 1 | 钳工 | 1 | 锯床下料 $\phi 40\times 100^{+1}_{0}$mm | | | | | | 直尺 |
| 2 | 车工 | 1 | 夹毛坯外圆，伸出三爪卡盘外长度为 60mm，车端面 | 500 | 0.4 | 2 | 45° 外圆车刀 | 三爪卡盘 | 游标卡尺 |
| | | 2 | 粗车 $\phi 35$ 外圆长 46mm，留 0.5mm 余量 | | 0.3 | 3.5（分两次） | 外圆车刀 | | 千分尺 |
| | | 3 | 调头夹 $\phi 35$ 外圆，车端面，留余量 1mm | | | 2 | 外圆车刀 | | |
| | | 4 | 粗车 $\phi 32$ 外圆长 50mm，留 0.5mm 余量 | | | | | | |
| | | 5 | 粗车 $\phi 25$ 外圆长 20mm，留 0.5mm 余量 | | | | 外圆车刀 | | |
| | | 6 | 精车外圆至尺寸 $\phi 32_{-0.1}^{0}$，长度 50mm，表面粗糙度 $Ra$6.3μm | | | | | | |
| | | 7 | 精车外圆至尺寸 $\phi 25_{-0.1}^{0}$，长度 20mm，表面粗糙度 $Ra$6.3 | | | | 外圆车刀 | | |
| | | 8 | 倒角 1.5×45°（锐边倒钝，两处） | | | | 外圆车刀 | | |
| | | 9 | 调头夹 $\phi 32$ 外圆（用薄铜皮包住外圆），车端面，保证总长 95mm | | | 1 | 外圆车刀 | | |
| | | 10 | 切 $\phi 26$ 处槽，宽 10mm | | | | 切槽刀 | | |
| | | 11 | 精车外圆至尺寸 $\phi 35\pm 0.05$，表面粗糙度 $Ra$3.2 | | | | 外圆车刀 | | |
| | | 12 | 倒角 1.5×45° | | | | 外圆车刀 | | |
| | | 13 | 转动小拖板（角度为 5.71°），车锥面达图纸要求 | | | | 外圆车刀 | | |
| 3 | 检验 | 1 | 检验 | | | | | | |

**表 5.2 锥轴加工考核内容与评分标准**

| 序号 | 考核项目 | 考核内容及要求 | | 评分标准 | 配分 | 检测结果 | | | 得分 | 备注 |
|---|---|---|---|---|---|---|---|---|---|---|
| | | | | | | 自测 | 互测 | 教师测量 | | |
| 1 | 锥轴 | 外圆 $\phi 35\pm0.05$ | IT | 超差 0.01 扣 1 分 | 6 | | | | | |
| | | | *Ra* | 降一级扣 1 分 | 4 | | | | | |
| 2 | | 外圆 $\phi 25_{-0.1}^{0}$ | IT | 超差 0.01 扣 1 分 | 6 | | | | | |
| | | | *Ra* | 降一级扣 1 分 | 4 | | | | | |
| 3 | | 外圆 $\phi 32_{-0.1}^{0}$ | IT | 超差 0.01 扣 1 分 | 6 | | | | | |
| | | | *Ra* | 降一级扣 1 分 | 4 | | | | | |
| 4 | | $\phi 26$ 槽 | IT | 超差不得分 | 6 | | | | | |
| | | | *Ra* | 降一级扣 1 分 | 4 | | | | | |
| 5 | | 锥面 | 锥角 | 超差不得分 | 6 | | | | | |
| | | | *Ra* | 降一级扣 1 分 | 4 | | | | | |
| 6 | | 倒角 | | 没倒，不得分（3 分） | 10 | | | | | |
| 7 | | 总长 95 及端面 | IT | 超差不得分 | 6 | | | | | |
| | | | *Ra* | 降一级扣 1 分 | 4 | | | | | |
| 8 | 文明生产 | 1．着装是否规范<br>2．工具等放置是否规范<br>3．清除切屑是否正确<br>4．环境卫生、设备保养 | | 每违反一条酌情扣 1 分，扣完为止 | 10 | | | | | |
| 9 | 规范操作 | 1．开机前的检查<br>2．工件装夹是否规范<br>3．刀具安装是否规范<br>4．量具使用是否正确<br>5．基本操作是否正确 | | 每违反一条酌情扣 1 分，扣完为止 | 10 | | | | | |
| 10 | 工艺规范 | 1．工件定位和夹紧是否合理<br>2．加工顺序是否合理<br>3．刀具选择是否合理 | | 每违反一条酌情扣 1 分，扣完为止 | 10 | | | | | |

## 练一练

### 任务 上机床加工图 5.1 所示零件

能力目标：

1．掌握轴零件的加工工艺。

2．进一步掌握圆柱面、圆锥面、槽、端面的加工方法。

3．进一步掌握外圆车刀、割槽刀的使用。

4．进一步掌握常用量具的使用

5．安全使用机床。

1. $\phi$26 槽加工采用宽槽加工方法。
2. 锥度 1∶5 的锥角计算要正确。

# 项目 2 有孔锥轴的加工

## 学习单元 1 有孔锥轴的加工准备

### 1. 零件图分析

图 5.2 所示为有孔锥轴零件图。由图可看出，该轴由圆柱面、圆锥面、螺纹、圆柱孔、倒角、槽等结构组成，最大直径为$\phi$38mm，总长为 115mm。其中$\phi$38、$\phi$36、$\phi$32 三处圆柱面的直径公差为 0.03mm，$\phi$25 圆柱孔的公差为 0.04mm，圆锥面的锥度为 1∶7，右端螺纹和左端内孔的倒角为 21.5×60°，未注倒角 1×45°，$\phi$36、$\phi$32、$\phi$25 表面粗糙度为 $Ra$1.6μm，其他表面的表面粗糙度为 $Ra$3.2μm。$\phi$26 槽宽为 7mm，右端面有 3mm 的 A 形中心孔。螺纹是大径为 30mm 螺距为 2mm 的细牙普通螺纹。$\phi$38、$\phi$32 两处的同轴度允差为 0.03mm。

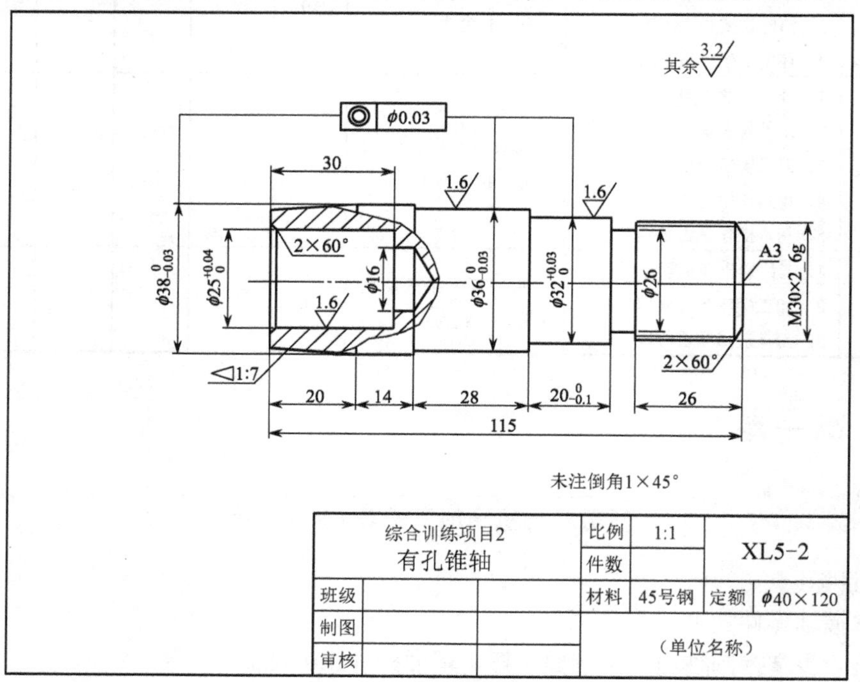


图 5.2 有孔锥轴零件图

### 2. 工艺准备

（1）毛坯准备

根据图示，选择棒料，尺寸为$\phi$40×120，材料 45 号钢。

（2）设备准备

选择卧式车床，如 CA6140、C6136。

（3）刀具准备

外圆车刀、切槽刀、A3 中心钻、$\phi$14.2 钻头、内孔车刀、螺纹刀。

（4）量具准备

游标卡尺、25～50mm 外径千分尺、万能角度尺、内径量表、螺纹千分尺。

## 学习单元 2　有孔锥轴的加工

有孔锥轴的加工工艺过程见表 5.3。操作考核与评分标准见表 5.4。

**表 5.3　有孔锥轴加工工艺过程**

单位：　　　　　　　　　　　　　　　　　　编制：　　审核：　第　页　共　页

| 零件材料 | | | 45 号钢 | 毛坯尺寸 | 加工工艺卡 | | | 零件图号 | | XL5-2 |
|---|---|---|---|---|---|---|---|---|---|---|
| 零件名称 | | | 锥轴 | $\phi$40×120 | | | | 机床型号 | | C6136 |
| 工序 | 工种 | 工步 | 工艺内容 | | 切削用量 | | | 工具 | | |
| | | | | | $v$（r/m） | $f$（mm/r） | $a_p$（mm） | 刀具 | 夹具 | 量具 |
| 1 | 钳工 | 1 | 锯床下料$\phi 40\times117^{+1}_{0}$mm | | | | | | | 直尺 |
| 2 | 车工 | 1 | 夹毛坯外圆，伸出三爪卡盘外长度为 30mm，车端面，表面达 $Ra$3.2 | | | | | 外圆车刀 | 三爪卡盘 | 游标卡尺 |
| | | 2 | 钻中心孔 A3 | | | | | A3 中心钻 | | 千分尺 |
| | | 3 | 夹毛坯外圆，伸出三爪卡盘外长度为 85mm，右端用活顶尖顶；粗车$\phi 36^{\ 0}_{-0.03}$外圆长 81mm，留 0.5mm 余量 | | | | | 外圆车刀 | | |
| | | 4 | 精车$\phi 36^{\ 0}_{-0.03}$外圆长 81mm，表面粗糙度 $Ra$1.6μm | | | | | 外圆车刀 | | |
| | | 5 | 粗车$\phi 32^{+0.03}_{\ 0}$外圆长 53mm，留 0.5mm 余量 | | | | | 外圆车刀 | | |
| | | 6 | 精车$\phi 32^{+0.03}_{\ 0}$外圆长 53mm，表面粗糙度 $Ra$1.6μm | | | | | 外圆车刀 | | |
| | | 7 | 粗车 M30×2－6g 螺纹外圆长 33mm，留 0.5mm 余量 | | | | | 外圆车刀 | | |
| | | 8 | 精车 M28×2－7g 螺纹外圆至尺寸$\phi$29.8，表面粗糙度 $Ra$3.2μm | | | | | 外圆车刀 | | |
| | | 9 | 切槽 7×$\phi$26 | | | | | 切槽刀 | | |
| | | 10 | 倒角 2×60° | | | | | 60°外螺纹车刀 | | |
| | | 11 | 粗、精车螺纹 M30×2－6g 达到图纸要求 | | | | | 60°外螺纹车刀 | | |

续表

| 零件材料 | | 45 号钢 | 毛坯尺寸 | 加工工艺卡 | | | 零件图号 | XL5-2 | |
|---|---|---|---|---|---|---|---|---|---|
| 零件名称 | | 锥轴 | $\phi 40\times120$ | | | | 机床型号 | C6136 | |
| 工序 | 工种 | 工步 | 工艺内容 | 切削用量 | | | 工具 | | |
| | | | | $v$（r/m） | $f$（mm/r） | $a_p$（mm） | 刀具 | 夹具 | 量具 |
| 2 | 车工 | 12 | 调头夹$\phi 32^{+0.03}_{0}$外圆并用百分表校正（用薄铜皮包住外圆），伸出三爪卡盘外长度为 62mm，车端面保证总长 $115^{0}_{-0.1}$ | | | | 外圆车刀 | | |
| | | 13 | 粗车$\phi 38^{0}_{-0.03}$外圆长 34mm，留 0.5mm 余量 | | | | 外圆车刀 | | |
| | | 14 | 精车外圆至尺寸$\phi 38^{0}_{-0.03}$，长度 34mm，表面粗糙度 $Ra3.2\mu m$ | | | | 外圆车刀 | | |
| | | 15 | 转动小拖板（角度为 4.08°），车锥面达图纸要求 | | | | 外圆车刀 | | |
| | | 16 | 倒角 0.5×45°（锐边倒钝） | | | | 外圆车刀 | | |
| | | 17 | 钻孔$\phi 16$ 深度 34mm | | | | $\phi 14.2$ 麻花钻头 | | |
| | | 18 | 粗车$\phi 25^{+0.04}_{0}$内孔长 30mm，留 0.3mm 余量 | | | | 盲孔镗刀 | | |
| | | 19 | 精车$\phi 25^{+0.04}_{0}$内孔长 30mm，表面粗糙度 $Ra1.6$ | | | | 盲孔镗刀 | 内径量表 | |
| | | 20 | 倒角 2×60° | | | | 盲孔镗刀 | | |
| 3 | 检验 | 1 | 检验 | | | | | | |

### 表 5.4　有孔锥轴加工考核内容与评分标准

| 序号 | 考核项目 | 考核内容及要求 | | 评分标准 | 配分 | 自测 | 检测结果 | | 得分 | 备注 |
|---|---|---|---|---|---|---|---|---|---|---|
| | | | | | | | 互测 | 教师测量 | | |
| 1 | 有孔锥轴（75 分） | 外圆$\phi 38^{0}_{-0.03}$ | IT | 超差不得分 | 4 | | | | | |
| | | | $Ra$ | 降一级扣 1 分 | 3 | | | | | |
| 2 | | 外锥面 | IT | 超差 0.01 扣 1 分 | 5 | | | | | |
| | | | $Ra$ | 降一级扣 1 分 | 5 | | | | | |
| 3 | | 内孔$\phi 25^{+0.04}_{0}$ | IT | 超差 0.01 扣 1 分 | 5 | | | | | |
| | | | $Ra$ | 降一级扣 1 分 | 5 | | | | | |
| 4 | | 外圆$\phi 36^{0}_{-0.03}$ | IT | 超差 0.01 扣 1 分 | 4 | | | | | |
| | | | $Ra$ | 降一级扣 1 分 | 4 | | | | | |
| 5 | | 外圆$\phi 32^{+0.03}_{0}$ | IT | 超差 0.01 扣 1 分 | 4 | | | | | |
| | | | $Ra$ | 降一级扣 1 分 | 4 | | | | | |
| 6 | | 槽 7×$\phi 26$ | IT | 超差不得分 | 6 | | | | | |
| | | | $Ra$ | 降一级扣 1 分 | 2 | | | | | |
| 7 | | 螺纹 M30×2−6g | IT | 超差不得分 | 5 | | | | | |
| | | | $Ra$ | 降一级扣 1 分 | 5 | | | | | |
| 8 | | 总长 25 及端面 | IT | 超差不得分 | 2 | | | | | |
| | | | $Ra$ | 降一级扣 1 分 | 2 | | | | | |
| 9 | | 同轴度 | IT | 超差 0.01 扣 1 分 | 10 | | | | | |

续表

| 序号 | 考核项目 | 考核内容及要求 | 评分标准 | 配分 | 自测 | 检测结果 | | 得分 | 备注 |
|---|---|---|---|---|---|---|---|---|---|
| | | | | | | 互测 | 教师测量 | | |
| 10 | 文明生产 | 1．着装是否规范<br>2．工具等放置是否规范<br>3．清除切屑是否正确<br>4．环境卫生、设备保养 | 每违反一条酌情扣1分，扣完为止 | 10 | | | | | |
| 11 | 规范操作 | 1．开机前的检查<br>2．工件装夹是否规范<br>3．刀具安装是否规范<br>4．量具使用是否正确<br>5．基本操作是否正确 | 每违反一条酌情扣1分，扣完为止 | 5 | | | | | |
| 12 | 工艺规范 | 1．工件定位和夹紧是否合理<br>2．加工顺序是否合理<br>3．刀具选择是否合理 | 每违反一条酌情扣1分，扣完为止 | 10 | | | | | |

*练一练*

**任务　上机床加工图 5.2 所示零件**

能力目标：

1．进一步掌握不同表面组成的轴零件的加工工艺。
2．进一步掌握钻孔、车圆柱孔及螺纹的加工方法。
3．进一步掌握内孔车刀、螺纹刀的使用。
4．进一步掌握内径量表、螺纹千分尺的使用。

*注　意*

1．内孔车削时的进刀方向。
2．车螺纹前的直径要计算好，走刀次数要多，以保证螺纹质量。
3．零件有位置要求时工艺上采取的措施。

# 项目 3　短轴的加工

## 学习单元 1　短轴的加工准备

### 1．零件图分析

图 5.3 所示为短轴零件图。最大直径为$\phi$34mm，总长为 68mm，表面有内外圆柱面、内

外圆锥面、螺纹、倒角、槽等结构。其中$\phi$35、$\phi$32、$\phi$25 三处的直径公差为 0.1mm，锥度为 1∶5，倒角为 1.5×45°，未注倒角 1×45°，所有表面的表面粗糙度为 *Ra*6.3μm。

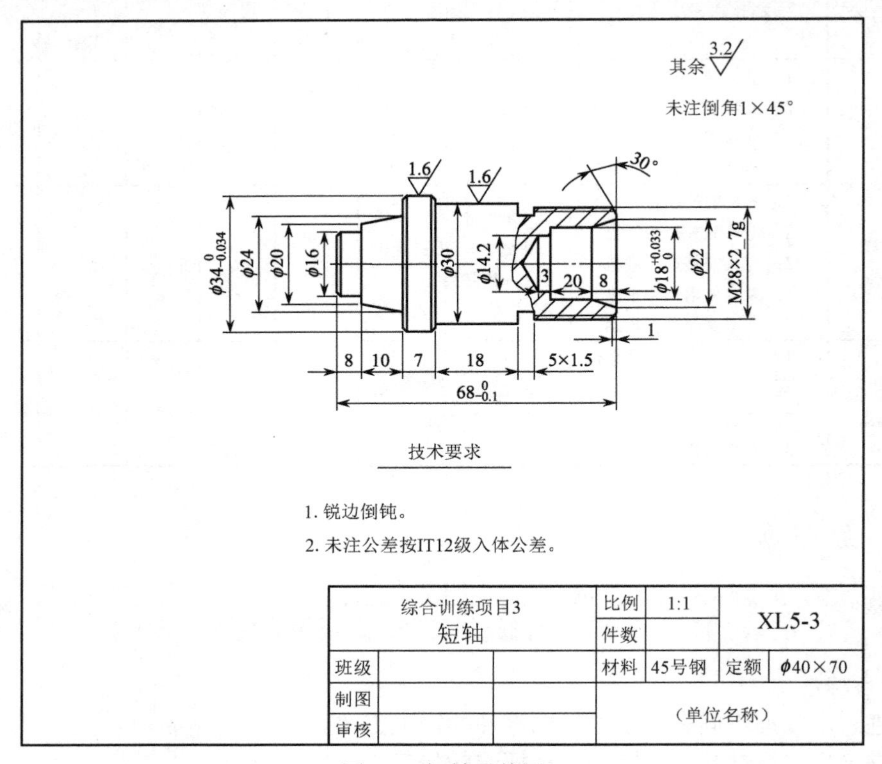


图 5.3　短轴零件图

**2．工艺准备**

（1）毛坯准备

根据图示，选择棒料，尺寸为$\phi$36×70，材料 45 号钢。

（2）设备准备

选择卧式车床，如 CA6140、C6136。

（3）刀具准备

外圆车刀、切槽刀、$\phi$14.2 麻花钻、普通螺纹车刀、盲孔车刀。

（4）量具准备

游标卡尺、25～50mm 外径千分尺、万能角度尺、内径量表、螺纹千分尺。

## 学习单元 2　短轴的加工

短轴的加工工艺过程见表 5.5。操作考核与评分标准见表 5.6。

**表 5.5 短轴加工工艺过程**

单位： 编制： 审核： 第 页 共 页

| 零件材料 | | 45 号钢 | 毛坯尺寸 | 加工工艺卡 | | | 零件图号 | XL5-3 | |
|---|---|---|---|---|---|---|---|---|---|
| 零件名称 | | 锥轴 | $\phi36\times70$ | | | | 机床型号 | C6136 | |
| 工序 | 工种 | 工步 | 工 艺 内 容 | 切削用量 | | | 工具 | | |
| | | | | $v$（r/m） | $f$（mm/r） | $a_p$（mm） | 刀具 | 夹具 | 量具 |
| 1 | 钳工 | 1 | 锯床下料$\phi36\times70^{+1}_{0}$mm | | | | | | 直尺 |
| 2 | 车工 | 1 | 夹毛坯外圆，伸出三爪卡盘外长度为 50mm，车端面，表面达 $Ra3.2$ | | | | 外圆车刀 | 三爪卡盘 | 游标卡尺 |
| | | 2 | 粗车$\phi30$ 外圆长 43mm，留 0.5mm 余量 | | | | 外圆车刀 | | 千分尺 |
| | | 3 | 精车外圆至尺寸$\phi30_{-0.21}^{0}$，长度 43mm，表面粗糙度 $Ra1.6$ | | | | 外圆车刀 | | |
| | | 4 | 粗车 M28×2－7g 螺纹外圆长 25mm，留 0.5mm 余量 | | | | 外圆车刀 | | |
| | | 5 | 精车 M28×2－7g 螺纹外圆至尺寸$\phi27.8$，表面粗糙度 $Ra3.2$ | | | | 外圆车刀 | | |
| | | 6 | 倒角 1×30° | | | | 切槽刀 | | |
| | | 7 | 切槽 5×1.5 | | | | 外圆车刀 | | |
| | | 8 | 粗、精车螺纹 M28×2－7g 达到图纸要求 | | | | 60°外螺纹车刀 | | |
| | | 9 | 钻孔$\phi14.2$ 深度 31mm | | | | $\phi14.2$ 麻花钻头 | | |
| | | 10 | 粗车$\phi18^{+0.033}_{0}$内孔长 28mm，留 0.3mm 余量 | | | | 盲孔镗刀 | | |
| | | 11 | 精车$\phi18^{+0.033}_{0}$内孔长 28mm，表面粗糙度 $Ra3.2$ | | | | 盲孔镗刀 | | 内径量表 |
| | | 12 | 转动小拖板（角度为 14.04°），粗、精车内锥面达图纸要求 | | | | 盲孔镗刀 | | |
| | | 13 | 调头夹$\phi30$ 外圆（用薄铜皮包住外圆），伸出三爪卡盘外长度为 30mm，车端面保证总长 $68_{-0.1}^{0}$ | | | | 外圆车刀 | | |
| | | 14 | 粗车$\phi34_{-0.034}^{0}$外圆长 25mm，留 0.5mm 余量 | | | | 外圆车刀 | | |
| | | 15 | 精车外圆至尺寸$\phi34_{-0.034}^{0}$，长度 25mm，表面粗糙度 $Ra1.6$ | | | | 外圆车刀 | | |
| | | 16 | 粗车$\phi16$ 外圆长 8mm，留 0.5mm 余量 | | | | 外圆车刀 | | |
| | | 17 | 精车外圆至尺寸$\phi16_{-0.18}^{0}$，长度 8mm，表面粗糙度 $Ra3.2$ | | | | 外圆车刀 | | |
| | | 18 | 倒角 1×45° | | | | 外圆车刀 | | |
| | | 19 | 转动小拖板（角度为 11.31°），车锥面达图纸要求 | | | | 外圆车刀 | | |
| 3 | 检验 | | | | | | | | |

表 5.6　短轴加工考核内容与评分标准

| 序号 | 考核项目 | 考核内容及要求 | | 评分标准 | 配分 | 检测结果 | | | 得分 | 备注 |
|---|---|---|---|---|---|---|---|---|---|---|
| | | | | | | 自测 | 互测 | 教师测量 | | |
| 1 | 短轴（75 分） | 外圆$\phi 16$ | IT | 超差不得分 | 4 | | | | | |
| | | | *Ra* | 降一级扣 1 分 | 3 | | | | | |
| 2 | | 外锥面 | IT | 超差 0.01 扣 1 分 | 5 | | | | | |
| | | | *Ra* | 降一级扣 1 分 | 5 | | | | | |
| 3 | | 外圆$\phi 34_{-0.034}^{0}$ | IT | 超差 0.01 扣 1 分 | 4 | | | | | |
| | | | *Ra* | 降一级扣 1 分 | 4 | | | | | |
| 4 | | 外圆$\phi 30_{-0.21}^{0}$ | IT | 超差 0.01 扣 1 分 | 4 | | | | | |
| | | | *Ra* | 降一级扣 1 分 | 4 | | | | | |
| 5 | | 槽 5×1.5 | IT | 超差不得分 | 6 | | | | | |
| | | | *Ra* | 降一级扣 1 分 | 2 | | | | | |
| 6 | | 螺纹 M28×2−7g | IT | 超差不得分 | 5 | | | | | |
| | | | *Ra* | 降一级扣 1 分 | 5 | | | | | |
| 7 | | 内孔$\phi 18_{0}^{+0.033}$ | IT | 超差 0.01 扣 1 分 | 5 | | | | | |
| | | | *Ra* | 降一级扣 1 分 | 5 | | | | | |
| 8 | | 内锥孔 | IT | | 5 | | | | | |
| | | | *Ra* | | 5 | | | | | |
| 9 | | 总长 25 及端面 | IT | | 2 | | | | | |
| | | | *Ra* | | 2 | | | | | |
| 10 | 文明生产 | 1．着装规范是否规范<br>2．工具等放置是否规范<br>3．清除切屑是否正确<br>4．环境卫生、设备保养 | | 每违反一条酌情扣 1 分，扣完为止 | 10 | | | | | |
| 11 | 规范操作 | 1．开机前的检查<br>2．工件装夹是否规范<br>3．刀具安装是否规范<br>4．量具使用是否正确<br>5．基本操作是否正确 | | 每违反一条酌情扣 1 分，扣完为止 | 5 | | | | | |
| 12 | 工艺规范 | 1．工件定位和夹紧是否合理<br>2．加工顺序是否合理<br>3．刀具选择是否合理 | | 每违反一条酌情扣 1 分，扣完为止 | 10 | | | | | |

## 练一练

### 任务　上机床加工图 5.3 所示零件

能力目标：

1．进一步掌握轴零件的加工工艺。

2．掌握内、外锥面锥度及锥角的计算方法。

3．进一步掌握内孔车刀的使用。

4．掌握内锥表面的检测方法。

# 项目 4　手柄的加工

## 学习单元 1　手柄的加工准备

### 1. 零件图分析

图 5.4 所示为手柄零件图。该手柄由圆柱面、圆弧面、螺纹组成，最大直径为$\phi$32mm，总长为 125mm。其中圆弧面分别由 *R*58、*R*6、*R*40.5 相切连接而成，未注倒角 1×45°，所有表面的表面粗糙度为 *Ra*6.3μm。

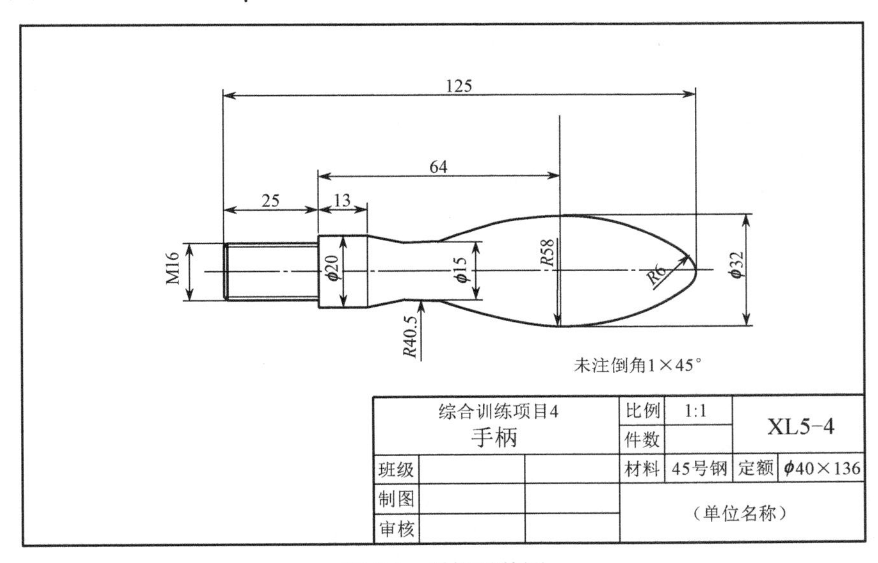


图 5.4　手柄零件图

### 2. 工艺准备

（1）毛坯准备

根据图示，选择棒料，尺寸为$\phi$35×136，材料 45 号钢。

（2）设备准备

选择卧式车床，如 CA6140、C6136。

（3）刀具准备

外圆车刀、圆头车刀、螺纹刀、割槽刀。

（4）量具准备

直尺、外卡钳、内卡钳、样板、外径千分尺、螺纹千分尺。

## 学习单元 2　手柄的加工

手柄的加工工艺过程见表 5.7，操作考核与评分标准见表 5.8。

### 表 5.7　手柄加工工艺过程

单位：　　　　　　　　　　　　　　　　　　　　　　编制：　审核：　第　页　共　页

| 零件材料 | | | 45 号钢 | 毛坯尺寸 | 加工工艺卡 | | | 零件图号 | XL5-4 |
|---|---|---|---|---|---|---|---|---|---|
| 零件名称 | | | 手柄 | $\phi 35\times126$ | | | | 机床型号 | C6136 |
| 工序 | 工种 | 工步 | 工　艺　内　容 | 切削用量 | | | 工具 | | |
| | | | | $v$ (r/m) | $f$ (mm/r) | $a_p$ (mm) | 刀具 | 夹具 | 量具 |
| 1 | 钳工 | 1 | 锯床下料$\phi 35\times126^{+1}_{0}$mm | | | | | | 直尺 |
| 2 | 车工 | 1 | 夹毛坯外圆，伸出三爪卡盘外长度为 45mm，车端面 | | | | 外圆车刀 | 三爪卡盘 | 游标卡尺 |
| | | 2 | 粗车$\phi$32 外圆长 40mm，留 0.5mm 余量 | | | | 外圆车刀 | | 千分尺 |
| | | 3 | 粗车 M16 外圆长 25mm，留 0.5mm 余量 | | | | | | |
| | | 4 | 精车$\phi$20，表面粗糙度达 *Ra*3.2 | | | | | | |
| | | 5 | 精车 M16 外圆并倒角 2×60°，达到$\phi$15.8，表面粗糙度达 *Ra*3.2 | | | | 螺纹刀 | | 螺纹千分尺 |
| | | 6 | 车 M16 螺纹至尺寸 | | | | | | |
| | | 7 | 调头，用薄铜皮包住夹$\phi$20 外圆，车外圆$\phi$32 长 87mm，留 0.5mm 余量 | | | | | | |
| | | 8 | 粗车圆弧面 | | | | 圆头车刀 | | |
| | | 9 | 精车圆弧面 | | | | | | 样板 |
| 3 | 检验 | 1 | 检验 | | | | | | |

### 表 5.8　手柄加工考核内容与评分标准

| 序号 | 考核项目 | 考核内容及要求 | | 评分标准 | 配分 | 检测结果 | | | 得分 | 备注 |
|---|---|---|---|---|---|---|---|---|---|---|
| | | | | | | 自测 | 互测 | 教师测量 | | |
| 1 | 手柄 | 曲面$\phi$32 | IT | 超差不得分 | 5 | | | | | |
| | | | *Ra* | 降一级扣 1 分 | 4 | | | | | |
| 2 | | | *R*58 | 不对称不得分 | 5 | | | | | |
| 3 | | | *R*6 | 不对称不得分 | 5 | | | | | |
| 4 | | 曲面$\phi$15 | IT | 超差不得分 | 5 | | | | | |
| | | | *Ra* | 降一级扣 1 分 | 4 | | | | | |
| 5 | | | *R*40.5 | 不对称不得分 | 5 | | | | | |
| 6 | | 外圆$\phi$20 | IT | 超差不得分 | 5 | | | | | |
| | | | *Ra* | 降一级扣 1 分 | 4 | | | | | |
| 7 | | $\phi$13 槽 | IT | 超差不得分 | 5 | | | | | |
| | | | *Ra* | 降一级扣 1 分 | 4 | | | | | |
| 8 | 手柄 | 螺纹 M16 | IT | 超差不得分 | 6 | | | | | |
| | | | *Ra* | 降一级扣 1 分 | 4 | | | | | |
| 9 | | 总长 125 及端面 | IT | 超差不得分 | 5 | | | | | |
| | | | *Ra* | 降一级扣 1 分 | 4 | | | | | |

续表

| 序号 | 考核项目 | 考核内容及要求 | 评分标准 | 配分 | 检测结果 | | | 得分 | 备注 |
|---|---|---|---|---|---|---|---|---|---|
| | | | | | 自测 | 互测 | 教师测量 | | |
| 10 | 文明生产 | 1．着装是否规范<br>2．工具等放置是否规范<br>3．清除切屑是否正确<br>4．环境卫生、设备保养 | 每违反一条酌情扣1分，扣完为止 | 10 | | | | | |
| 11 | 规范操作 | 1．开机前的检查<br>2．工件装夹是否规范<br>3．刀具安装是否规范<br>4．量具使用是否正确<br>5．基本操作是否正确 | 每违反一条酌情扣1分，扣完为止 | 10 | | | | | |
| 12 | 工艺规范 | 1．工件定位和夹紧是否合理<br>2．加工顺序是否合理<br>3．刀具选择是否合理 | 每违反一条酌情扣1分，扣完为止 | 10 | | | | | |

*练一练*

**任务　上机床加工图 5.4 所示零件**

能力目标：

1．进一步掌握轴零件的加工工艺。

2．掌握内锥孔、螺纹面、圆锥面等面的加工方法。

3．进一步掌握内孔车刀的使用。

4．掌握内锥表面的检测方法。

*注　意*

1．车削圆弧面时，起刀位置位于 $R58$ 圆弧的中心。

2．手柄曲面形状尺寸需要仔细切削，控制好双手进退速度。

## 项目 5　组合件的加工

组合件的装配图如图 5.5 所示。该组合件由 3 个零件组成，锥轴 1 右端外圆与套 2 的内孔配合，螺钉 3 通过锥轴螺纹孔拧紧，并保证锥轴与套之间的端面间隙为 0.1～0.3mm。3 件装配后的总长为 85mm。

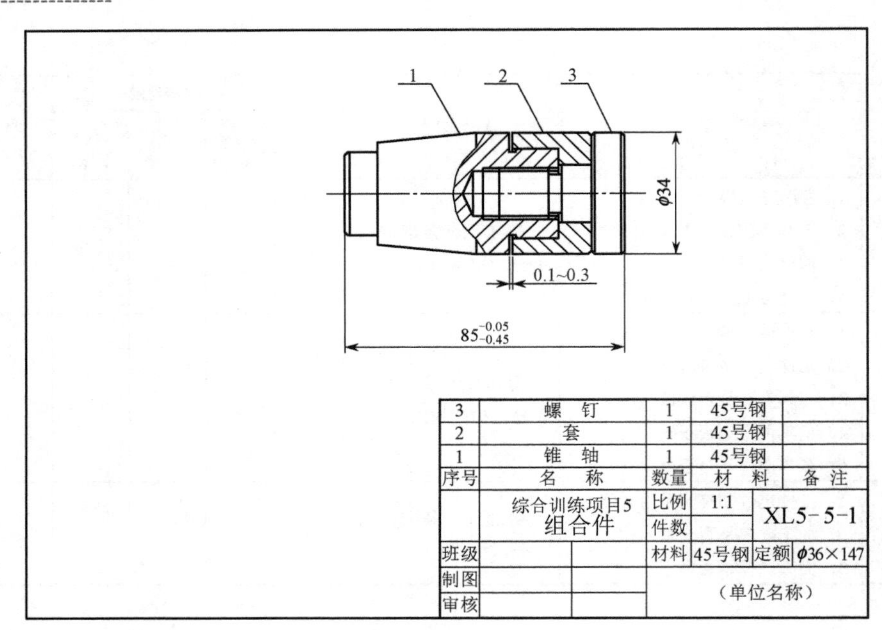


| 3 | 螺　钉 | 1 | 45号钢 | |
|---|---|---|---|---|
| 2 | 套 | 1 | 45号钢 | |
| 1 | 锥　轴 | 1 | 45号钢 | |
| 序号 | 名　称 | 数量 | 材　料 | 备 注 |
| | 综合训练项目5 组合件 | 比例 1:1 / 件数 | | XL5-5-1 |
| 班级 | | 材料 45号钢 | 定额 | φ36×147 |
| 制图 | | （单位名称） | | |
| 审核 | | | | |

图 5.5　组合件装配图

## 学习单元 1　锥轴的加工

### 1．零件图分析

图 5.6 所示为锥轴零件图。该锥轴由圆柱面、圆锥面、盲孔、内螺纹、倒角、槽等结构组成，最大直径为$\phi$34mm，总长为 65mm。其中$\phi$34、$\phi$28 两处的直径公差为 0.03mm，表面粗糙度为 *Ra*1.6μm，锥面锥度为 1∶5，盲孔深 26mm，螺纹大径 16mm，长 18mm，倒角为 2×45°，其他表面的表面粗糙度为 *Ra*3.2μm。

### 2．工艺准备

（1）毛坯准备

根据图示，选择棒料，尺寸为$\phi$36×147，材料 45 号钢。

（2）设备准备

选择卧式车床，如 CA6140、C6136。

（3）刀具准备

外圆车刀、切槽刀、$\phi$14.2 麻花钻、机用丝锥。

（4）量具准备

直尺、游标卡尺、25～50mm 千分尺、螺纹塞规。

### 3．锥轴加工工艺

锥轴的加工工艺见表 5.9，评分标准见表 5.12。

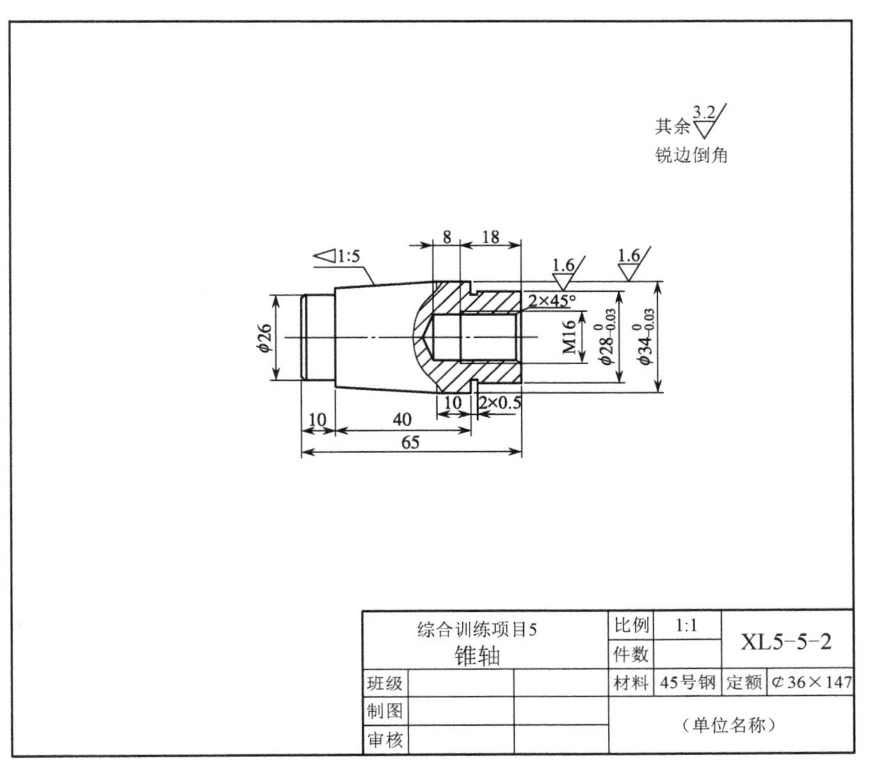


图 5.6　锥轴零件图

**表 5.9　锥轴加工工艺**

单位：　　　　　　　　　　　　　　　　　　编制：　　审核：　第　页　共　页

| 零件材料 | | | 45 号钢 | 毛坯尺寸 | 加工工艺卡 | | | 零件图号 | | XL5-1-1 |
|---|---|---|---|---|---|---|---|---|---|---|
| 零件名称 | | | 锥轴 | $\phi$36×147 | | | | 机床型号 | | C6136 |
| 工序 | 工种 | 工步 | 工 艺 内 容 | | 切削用量 | | | 工具 | | |
| | | | | | $v$ (r/m) | $f$ (mm/r) | $a_p$ (mm) | 刀具 | 夹具 | 量具 |
| 1 | 钳工 | 1 | 锯床下料 $\phi36\times147_{0}^{+1}$ mm | | | | | | | 直尺 |
| 2 | 车工 | 1 | 夹毛坯外圆，伸出三爪卡盘外长度为 75mm，车端面，表面达 $Ra3.2$ | | | | | 外圆车刀 | 三爪卡盘 | 游标卡尺 |
| | | 2 | 粗车 $\phi$34 外圆长 70mm，留 0.5mm 余量 | | | | | 外圆车刀 | | 千分尺 |
| | | 3 | 精车外圆至尺寸 $\phi34_{-0.03}^{0}$ 长度 27mm，表面粗糙度 $Ra3.2$ | | | | | 外圆车刀 | | |
| | | 4 | 粗车 $\phi$28 外圆长 15mm，留 0.5mm 余量 | | | | | 外圆车刀 | | |
| | | 5 | 精车外圆至尺寸 $\phi28_{-0.03}^{0}$，长度 $15_{-0.1}^{0}$ mm，表面粗糙度 Ra1.6 | | | | | 外圆车刀 | | |
| | | 6 | 切槽 2×0.5 | | | | | 切槽刀 | | |
| | | 7 | 倒角 0.5×45°（锐边倒钝） | | | | | 外圆车刀 | | |
| | | 8 | 钻 M16 螺纹底孔 $\phi$14.2，深度 26mm | | | | | $\phi$14.2 麻花钻头 | | |

续表

| 零件材料 | | | 45 号钢 | 毛坯尺寸 | 加工工艺卡 | | | 零件图号 | XL5-1-1 |
|---|---|---|---|---|---|---|---|---|---|
| 零件名称 | | | 套 | $\phi 36\times 147$ | | | | 机床型号 | C6136 |
| 工序 | 工种 | 工步 | 工艺内容 | 切削用量 | | | 工具 | | |
| | | | | $v$ (r/m) | $f$ (mm/r) | $a_p$ (mm) | 刀具 | 夹具 | 量具 |
| 2 | 车工 | 9 | 倒角 2×45° | | | | 外圆车刀 | | |
| | | 10 | 攻 M16 螺纹深 18mm | | | | 机用丝锥 M16 | | 螺纹塞规 |
| | | 11 | 割断取长度 66mm | | | | 割断刀 | | |
| | | 12 | 调头夹$\phi$28 外圆（用薄铜皮包住外圆），车端面保证总长 $65_{-0.1}^{\ 0}$ | | | | 外圆车刀 | | |
| | | 13 | 粗车$\phi$26 外圆长 10mm，留 0.5mm 余量 | | | | 外圆车刀 | | |
| | | 14 | 精车外圆至尺寸 $\phi 26_{-0.21}^{\ 0}$，长度 10mm，表面粗糙度 $Ra$3.2 | | | | 外圆车刀 | | |
| | | 15 | 倒角 0.5×45°（锐边倒钝） | | | | 外圆车刀 | | |
| | | 16 | 转动小拖板（角度为 5.71°），车锥面达图纸要求 | | | | 外圆车刀 | | |
| 3 | 检验 | 1 | 检验 | | | | | | |

## 学习单元 2　套的加工

### 1．零件图分析

图 5.7 所示为套零件图。该套由圆柱面、台阶孔结构组成，最大直径为$\phi$34mm，总长为 25mm。其中外圆$\phi$34 的直径公差为 0.025mm，内孔$\phi$28 的直径公差为 0.02mm，孔深 $15_{0}^{+0.052}$，内孔$\phi$18 的直径公差为 0.052mm，表面粗糙度为 $Ra$1.6μm，$\phi$34、$\phi$28 表面的表面粗糙度为 $Ra$1.6μm，其他表面的表面粗糙度为 $Ra$6.3μm，未注倒角 1×45°。

### 2．工艺准备

（1）毛坯准备

锥轴加工后的棒料。

（2）设备准备

选择卧式车床，如 CA6140、C6136。

（3）刀具准备

外圆车刀、$\phi$16 麻花钻头、镗孔刀、切断刀。

（4）量具准备

游标卡尺、25～50mm 外径千分尺、18～35mm 内径量表。

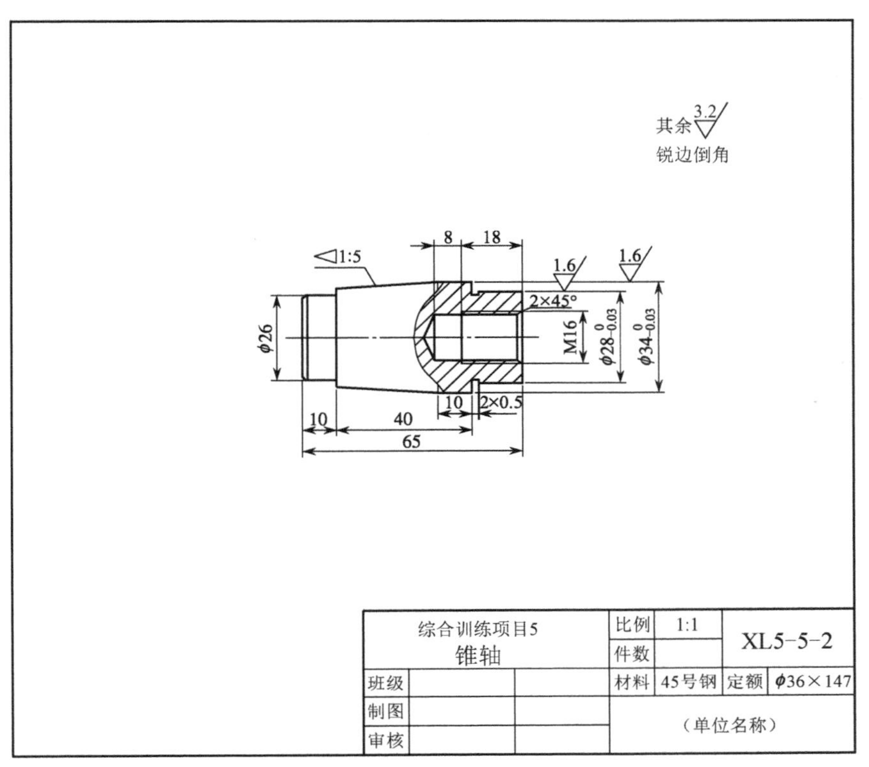


图 5.7　套零件图

### 3. 套加工工艺

套的加工工艺见表 5.10，评分标准见表 5.12。

**表 5.10　套加工工艺**

单位：　　　　编制：　　审核：　　第　页　共　页

| 零件材料 | | | 45 号钢 | 毛坯尺寸 | 加工工艺卡 | | 零件图号 | | XL5-5-3 |
|---|---|---|---|---|---|---|---|---|---|
| 零件名称 | | | 套 | φ36×147 | | | 机床型号 | | C6136 |
| 工序 | 工种 | 工步 | 工艺内容 | 切削用量 | | | 工具 | | |
| | | | | $v$ (r/m) | $f$ (mm/r) | $a_p$ (mm) | 刀具 | 夹具 | 量具 |
| 1 | 车工 | 1 | 夹毛坯外圆，伸出长度为55mm，车端面，表面达 $Ra$3.2 | | | | 外圆车刀 | 三爪卡盘 | 游标卡尺 |
| | | 2 | 粗车φ34 外圆长 50mm，留 0.5mm 余量 | | | | 外圆车刀 | | 千分尺 |
| | | 3 | 精车外圆至尺寸 $\phi34_{-0.025}^{0}$，长度 50mm，表面粗糙度 $Ra$1.6 | | | | 外圆车刀 | | |
| | | 4 | 倒角 0.5×45° | | | | 外圆车刀 | | |
| | | 5 | 钻孔φ16 深度 26mm | | | | φ16 麻花钻头 | | |

续表

| 零件材料 | | | 45 号钢　毛坯尺寸 | 加工工艺卡 | | | 零件图号 | | XL5-5-3 |
|---|---|---|---|---|---|---|---|---|---|
| 零件名称 | | | 锥轴　$\phi$36×147 | | | | 机床型号 | | C6136 |
| 工序 | 工种 | 工步 | 工艺内容 | 切削用量 | | | 工具 | | |
| | | | | $v$（r/m） | $f$（mm/r） | $a_p$（mm） | 刀具 | 夹具 | 量具 |
| 1 | 车工 | 6 | 粗镗$\phi$18 内孔长 26mm，留 0.3mm 余量 | | | | 镗孔刀 | | 18～35mm 内径量表 |
| | | 7 | 粗镗$\phi$28 内孔长 14.9mm，留 0.3mm 余量 | | | | 镗孔刀 | | |
| | | 8 | 精镗$\phi$18 内孔至尺寸$\phi 18^{+0.052}_{0}$，长度 26mm，表面粗糙度 $Ra$6.3 | | | | 镗孔刀 | | |
| | | 9 | 倒角 0.5×45°（锐边倒钝） | | | | 镗孔刀 | | |
| | | 10 | 精镗$\phi$28 内孔至尺寸$\phi 28^{+0.03}_{+0.01}$，长度 $15^{+0.15}_{0}$，表面粗糙度 $Ra$1.6 | | | | 镗孔刀 | | |
| | | 11 | 割断取长度 26mm | | | | 割断刀 | | |
| | | 12 | 调头夹$\phi 34^{0}_{-0.025}$外圆，车端面保证总长 $25^{0}_{-0.1}$，倒角 0.5×45° | | | | 外圆车刀 | | |
| 2 | 检验 | 1 | 检验 | | | | | | |

# 学习单元 3　螺钉的加工

## 1．零件图分析

图 5.8 所示为螺钉零件图。该螺钉由圆柱面、螺纹、槽结构组成，最大直径为$\phi$34mm，总长为 35mm。其中外圆$\phi$34 的直径公差为 0.025mm，$\phi$18 的直径公差为 0.027mm，表面粗糙度为 $Ra$1.6μm，未注倒角 1×45°。

## 2．工艺准备

（1）毛坯准备

锥轴、套加工后的棒料。

（2）设备准备

选择卧式车床，如 CA6140、C6136。

（3）刀具准备

外圆车刀、螺纹车刀、切断刀。

（4）量具准备

游标卡尺、25～50mm 外径千分尺、0～25mm 外径千分尺、螺纹环规。

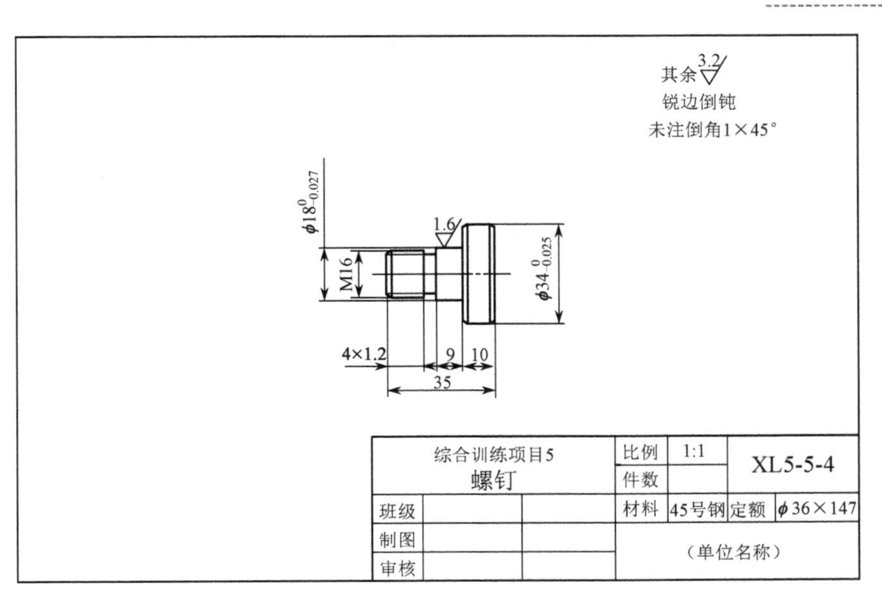


图 5.8　螺钉零件图

## 3. 螺钉加工工艺

螺钉的加工工艺见表 5.11，评分标准见表 5.12。

**表 5.11　螺钉加工工艺**

单位：　　　　　　　　　　　　　　　　　编制：　　审核：　　第　页　共　页

| 零件材料 | | | 45 号钢 | 毛坯尺寸 | 加工工艺卡 | | 零件图号 | | XL5-5-4 |
|---|---|---|---|---|---|---|---|---|---|
| 零件名称 | | | 螺钉 | $\phi$36×147 | | | 机床型号 | | C6136 |
| 工序 | 工种 | 工步 | 工艺内容 | 切削用量 | | | 工具 | | |
| | | | | $v$（r/m） | $f$（mm/r） | $a_p$（mm） | 刀具 | 夹具 | 量具 |
| 1 | 车工 | 1 | 夹 $\phi 34_{-0.025}^{0}$ 外圆，伸出长度为 26mm，车端面，表面粗糙度 $Ra3.2$ | | | | 外圆车刀 | 三爪卡盘 | 游标卡尺 |
| | | 2 | 粗车 $\phi$18 外圆长 24.9mm，留 0.5mm 余量 | | | | 外圆车刀 | | 千分尺 |
| | | 3 | 精车外圆至尺寸 $\phi 18_{-0.027}^{0}$，长度 25mm，表面粗糙度 $Ra1.6$ | | | | 外圆车刀 | | |
| | | 4 | 粗车螺纹 M16 至外圆 $\phi$16.3，长 15.9mm | | | | 外圆车刀 | | |
| | | 5 | 精车螺纹 M16 外圆至 $\phi$15.8，长 16mm | | | | 外圆车刀 | | |
| | | 6 | 倒角 2×45° | | | | 外圆车刀 | | |
| | | 7 | 切槽 4×1.2 | | | | 切槽刀 | | |
| | | 8 | 车螺纹 M16 达到图纸要求 | | | | 60°外螺纹车刀 | | 螺纹环规 |
| | | 9 | 调头夹 $\phi 18_{-0.027}^{0}$ 外圆，车端面保证总长 $35_{-0.1}^{0}$，倒角 0.5×45° | | | | 外圆车刀 | | |
| 2 | 检验 | 1 | 检验 | | | | | | |

**表 5.12　组合件加工评分标准**

| 序号 | 考核项目 | 考核内容及要求 | | 评分标准 | 配分 | 检测结果 | | | 得分 | 备注 |
|---|---|---|---|---|---|---|---|---|---|---|
| | | | | | | 自测 | 互测 | 教师测量 | | |
| 1 | 锥轴（28分） | 外圆$\phi 26$ | IT | 超差不得分 | 2 | | | | | |
| | | | *Ra* | 降一级扣 1 分 | 2 | | | | | |
| 2 | | 外圆$\phi 38_{-0.03}^{0}$ | IT | 超差 0.01 扣 1 分 | 3 | | | | | |
| | | | *Ra* | 降一级扣 1 分 | 2 | | | | | |
| 3 | | 外圆$\phi 28_{-0.03}^{0}$ | IT | 超差 0.01 扣 1 分 | 3 | | | | | |
| | | | *Ra* | 降一级扣 1 分 | 2 | | | | | |
| 4 | | 锥面 | IT | 超差不得分 | 2 | | | | | |
| | | | *Ra* | 降一级扣 1 分 | 4 | | | | | |
| 5 | | 槽 2×0.5 | IT | 超差不得分 | 1 | | | | | |
| | | | *Ra* | 降一级扣 1 分 | 1 | | | | | |
| 6 | | 螺纹 M16 | IT | 超差不得分 | 2 | | | | | |
| | | | *Ra* | 降一级扣 1 分 | 2 | | | | | |
| 7 | | 总长 65 及端面 | IT | 超差不得分 | 1 | | | | | |
| | | | *Ra* | 降一级扣 1 分 | 1 | | | | | |
| 8 | 套（22分） | 外圆$\phi 38_{-0.025}^{0}$ | IT | 超差 0.01 扣 1 分 | 3 | | | | | |
| | | | *Ra* | 降一级扣 1 分 | 2 | | | | | |
| 9 | | 内孔$\phi 28_{+0.01}^{+0.03}$<br>长度 $15_{0}^{+0.15}$ | IT | 超差 0.01 扣 1 分 | 5 | | | | | |
| | | | *Ra* | 降一级扣 1 分 | 3 | | | | | |
| 10 | | 内孔$\phi 18_{0}^{+0.052}$ | IT | 超差不得分 | 4 | | | | | |
| | | | *Ra* | 降一级扣 1 分 | 3 | | | | | |
| 11 | | 总长 25 及端面 | IT | 超差不得分 | 1 | | | | | |
| | | | *Ra* | 降一级扣 1 分 | 1 | | | | | |
| 12 | 螺钉（20分） | 外圆$\phi 38_{-0.025}^{0}$ | IT | 超差不得分 | 3 | | | | | |
| | | | *Ra* | 降一级扣 1 分 | 2 | | | | | |
| 13 | | 外圆$\phi 18_{-0.027}^{0}$ | IT | 超差 0.01 扣 1 分 | 3 | | | | | |
| | | | *Ra* | 降一级扣 1 分 | 2 | | | | | |
| 14 | | 螺纹 M16 | IT | 超差 0.01 扣 1 分 | 4 | | | | | |
| | | | *Ra* | 降一级扣 1 分 | 2 | | | | | |
| 15 | | 槽 4×1.2 | IT | 超差不得分 | 1 | | | | | |
| | | | *Ra* | 降一级扣 1 分 | 1 | | | | | |
| 16 | | 总长 25 及端面 | IT | 超差不得分 | 1 | | | | | |
| | | | *Ra* | 降一级扣 1 分 | 1 | | | | | |
| 17 | 装配 | 三件装配及总长 | | 装配成形并保证总长 | 5 | | | | | |
| 18 | 文明生产 | 1. 着装是否规范<br>2. 工具等放置是否规范<br>3. 清除切屑是否正确<br>4. 环境卫生、设备保养 | | 每违反一条酌情扣 1 分，扣完为止 | 5 | | | | | |
| 19 | 规范操作 | 1. 开机前的检查<br>2. 工件装夹是否规范<br>3. 刀具安装是否规范<br>4. 量具使用是否正确<br>5. 基本操作是否正确 | | 每违反一条酌情扣 1 分，扣完为止 | 5 | | | | | |
| 20 | 工艺规范 | 1. 工件定位和夹紧是否合理<br>2. 加工顺序是否合理<br>3. 刀具选择是否合理 | | 每违反一条酌情扣 1 分，扣完为止 | 10 | | | | | |

## 练一练

**任务 上机床加工图 5.6～图 5.8 所示零件，并按图 5.5 所示装配**

能力目标：

1．掌握组合件零件的加工及装配。

2．进一步掌握内孔、内外螺纹面、圆锥面等面的加工方法。

3．进一步掌握车床刀具的使用。

4．掌握轴、套零件的检测方法及配合螺纹的检测方法。

## 注 意

1．一次下料加工 3 个零件，要保证每个零件的长度。

2．按零件图要求控制尺寸和表面粗糙度，保证装配质量。

# 项目 6 圆柱配合件的加工

图 5.9 所示为圆柱配合件，从图中看出，装配后，台阶轴 1 与套筒 2 在$\phi$30 处的配合为 H7/F6，在$\phi$22 处的配合为 F8/h7，并保证套筒 2 的左端面与台阶轴 1 大径右端面的轴向距离为 $10_{-0.2}^{0}$，螺母 3 与台阶轴 1 的螺纹旋合后，其左端面与套筒 2 的右端面的距离为 $10_{-0.25}^{0}$。三件配合后总长为 75mm。

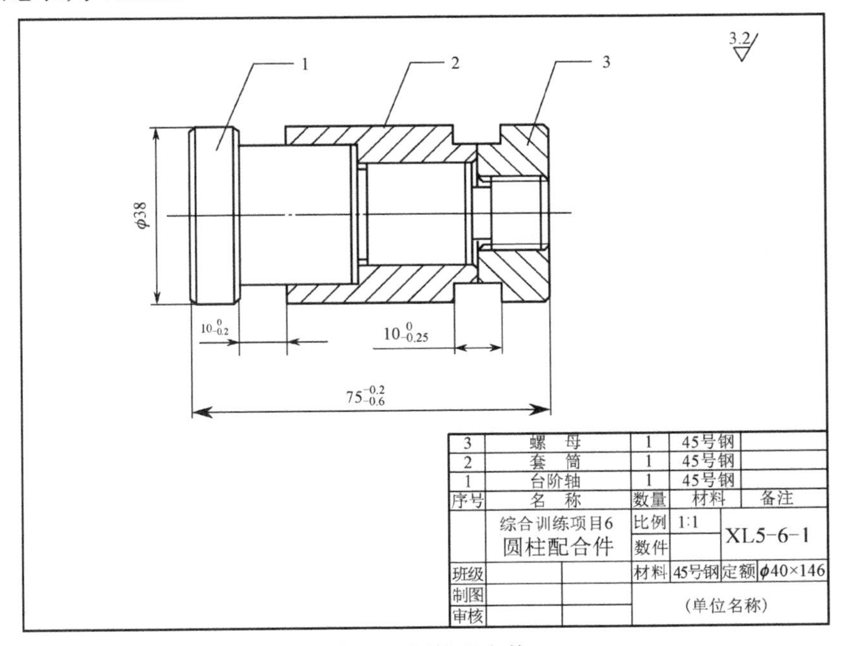


图 5.9 圆柱配合件

# 学习单元1　台阶轴的加工

## 1．零件图分析

图5.10所示为台阶轴零件图，加工面有外圆面、台阶、倒角、切槽和螺纹。最大直径为$\phi$38mm，总长为75mm。其中$\phi$30的直径公差为0.013mm，$\phi$22的直径公差为0.021mm，这两处的表面粗糙度为*Ra*1.6μm。其余表面的表面粗糙度为*Ra*3.2μm。未注倒角1×45°。

## 2．工艺准备

（1）毛坯准备

根据图示，选择棒料，尺寸为$\phi$40×146，材料45号钢。

（2）设备准备

选择卧式车床，如CA6140、C6136。

（3）刀具准备

外圆车刀、切槽刀、外螺纹车刀。

（4）量具准备

直尺、游标卡尺、25～50mm千分尺、0～25mm千分尺、螺纹环规。

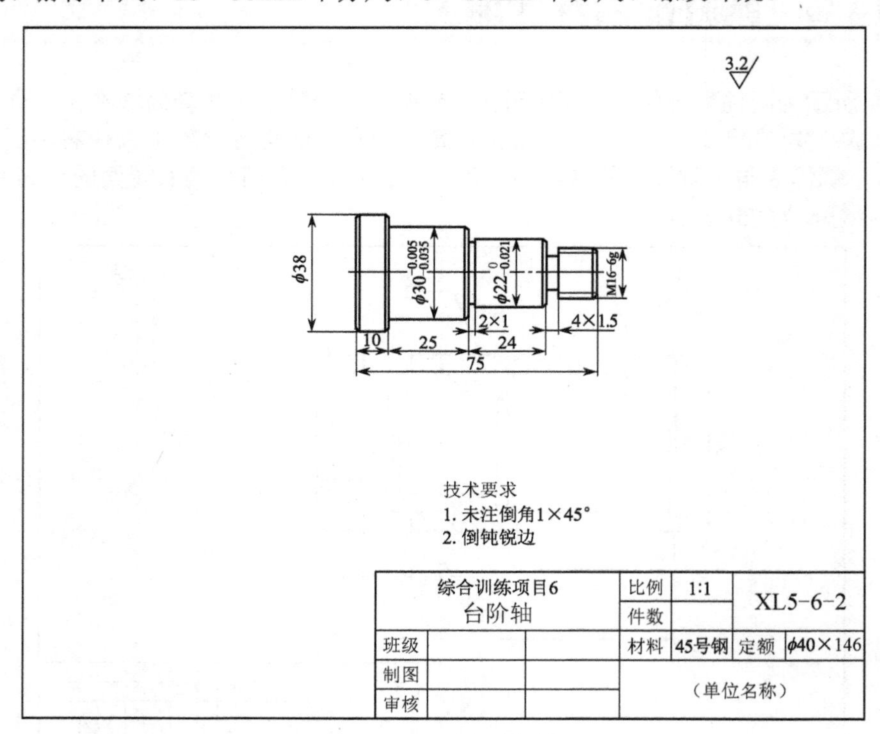


图5.10　台阶轴零件图

## 3．台阶轴加工工艺

台阶轴的加工工艺见表5.13，评分标准和操作考核见表5.16。

**表 5.13 台阶轴加工工艺**

单位： 编制： 审核： 第 页 共 页

| 零件材料 | 45 号钢 | 毛坯尺寸 | 加工工艺卡 | 零件图号 | XL5-6-2 |
|---|---|---|---|---|---|
| 零件名称 | 台阶轴 | $\phi$40×146 | | 机床型号 | C6136 |

| 工序 | 工种 | 工步 | 工艺内容 | 切削用量 | | | 工具 | | |
|---|---|---|---|---|---|---|---|---|---|
| | | | | v（r/m） | f（mm/r） | $a_p$（mm） | 刀具 | 夹具 | 量具 |
| | 准备 | | 取棒料长 146mm，直径 40mm。刀架上装外圆车刀，切断刀 2mm、4mm 各一把，螺纹刀，对好刀具 | | | | | 三爪卡盘 | 直尺 |
| 1 | 车工 | 1 | 卡盘夹紧毛坯外圆，工件伸出卡盘长度 85mm，粗车端面 | | | | 外圆车刀 | | |
| | | 2 | 粗车外圆至$\phi$38，长 79mm | | | | 外圆车刀 | | 游标卡尺 |
| | | 3 | 粗车$\phi$30 外圆，长 64.5mm，留精车余量 0.5mm | | | | 外圆车刀 | | 千分尺 |
| | | 4 | 精车外圆至尺寸$\phi 30_{-0.019}^{-0.006}$mm，长 65mm | | | | | | |
| | | 5 | 粗车$\phi$22mm，长 39.5mm，留精车余量 0.5 mm | | | | 外圆车刀 | | |
| | | 6 | 精车$\phi 22_{-0.021}^{0}$mm，长 40mm | | | | | | |
| | | 7 | 车外圆$\phi 16_{-0.3}^{-0.2}$mm，长 16mm | | | | 外圆车刀 | | |
| | | 8 | 切槽 2×1 | | | | 切断刀 1 | | |
| | | 9 | 切槽 4×1.5 | | | | 切断刀 2 | | |
| | | 10 | 倒角 1×45°（4 处） | | | | 外圆车刀 | | |
| | | 11 | 粗、精车 M16-8g 螺纹至尺寸 | | | | 螺纹刀 | | 螺纹环规 |
| | | 12 | 切断，长 76mm | | | | 切断刀 1 | | |
| | | 13 | 调头，夹$\phi$30mm 外圆，车端面，取总长 75mm | | | | 外圆车刀 | | |
| | | 14 | 倒角 1×45° | | | | 外圆车刀 | | |
| 2 | 检验 | 1 | 检验 | | | | | | 游标卡尺、千分尺 |

# 学习单元 2　螺母的加工

### 1．零件图分析

图 5.11 所示为螺母零件图，加工面有外圆面、外台阶、内螺纹及倒角。最大直径为$\phi$38mm，总长为 15mm。其中$\phi$30 外圆的直径公差为 0.052mm，螺纹直径为 16mm。所有表面的表面粗糙度为 *Ra*3.2μm，未注倒角 1×45°。

## 2. 工艺准备

（1）毛坯准备

选择台阶轴用过的棒料。

（2）设备准备

选择卧式车床，如 CA6140、C6136。

（3）刀具准备

外圆车刀、$\phi$14.2 麻花钻、内孔车刀。

（4）量具准备

直尺、游标卡尺、25～50mm 千分尺、M16 螺纹塞规。

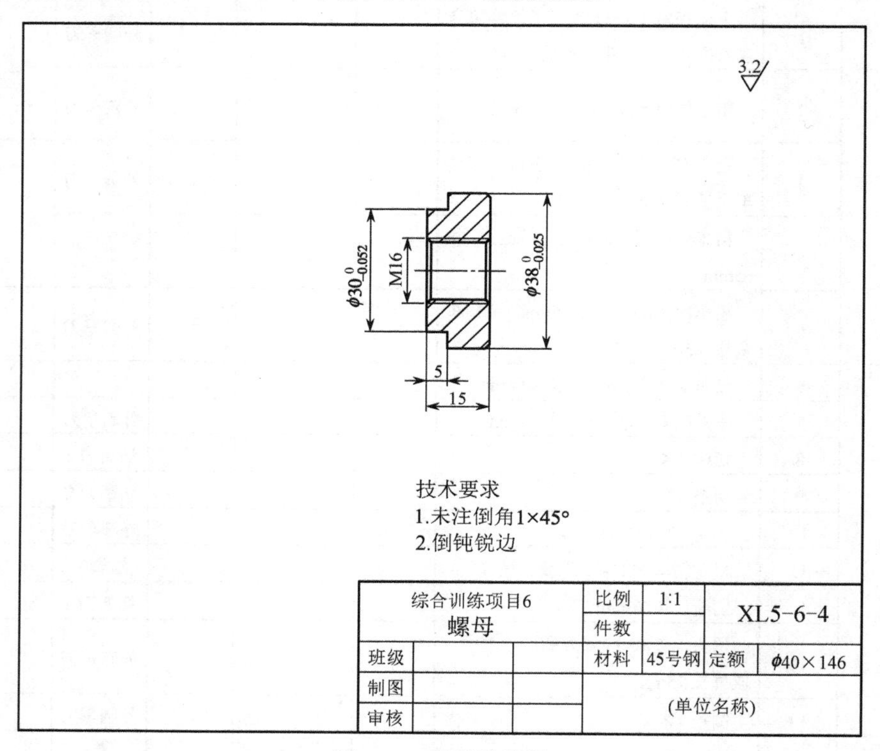


图 5.11　螺母零件图

## 3. 螺母加工工艺

螺母的加工工艺见表 5.14，评分标准和操作考核见表 5.16。

表 5.14 螺母加工工艺

单位： 编制： 审核： 第 页 共 页

| 零件材料 | | | 45 号钢 | 毛坯尺寸 | | 加工工艺卡 | 零件图号 | | XL5-6-4 |
|---|---|---|---|---|---|---|---|---|---|
| 零件名称 | | | 螺母 | $\phi40\times146$ | | | 机床型号 | | C6136 |
| 工序 | 工种 | 工步 | 工艺内容 | 切削用量 | | | 工具 | | |
| | | | | $v$ （r/m） | $f$ （mm/r） | $a_p$ （mm） | 刀具 | 夹具 | 量具 |
| | 准备 | | 卡盘夹紧毛坯外圆，工件伸出卡盘长度 50mm | | | | | 三爪卡盘 | 直尺 |
| 1 | 车工 | 1 | 车端面，表面达 $Ra3.2$ | | | | 外圆车刀 | | |
| | | 2 | 粗车$\phi38$ 外圆，长 44mm，留精车余量 0.5mm | | | | 外圆车刀 | | 游标卡尺 |
| | | 3 | 精车外圆至$\phi38_{-0.025}^{\ 0}$mm，长 44mm | | | | | | 千分尺 |
| | | 4 | 调头，车端面 | | | | 外圆车刀 | | |
| | | 5 | 粗车$\phi38$ 外圆，长 19mm，留精车余量 0.5mm | | | | | | |
| | | 6 | 精车$\phi38_{-0.025}^{\ 0}$至尺寸，长 19mm | | | | | | 千分尺 |
| | | 7 | 粗车 $30_{-0.052}^{\ 0}$，长 5mm | | | | 外圆车刀 | | |
| | | 8 | 精车$\phi30_{-0.052}^{\ 0}$至尺寸，长 5mm | | | | | | 千分尺 |
| | | 9 | 钻孔$\phi14.2$ mm，深 20 mm | | | | $\phi14.2$ 麻花钻 | | |
| | | 10 | 车螺纹底孔 | | | | 内孔车刀 | | |
| | | 11 | 倒内角 | | | | | | |
| | | 12 | 粗、精加工 M16 螺纹 | | | | 螺纹刀 | | 螺纹环规 |
| | | 13 | 切断，长 16mm | | | | 切断刀 | | |
| | | 14 | 取螺母，调头，夹$\phi30_{-0.052}^{\ 0}$外圆，车端面，取总长 15mm | | | | 外圆车刀 | | 游标卡尺 |
| | | 15 | 倒内角 | | | | 内孔车刀 | | |
| 2 | 检验 | 1 | 检验 | | | | | | |

# 学习单元 3 套筒的加工

## 1. 零件图分析

图 5.12 所示为套筒零件图，加工面有外圆面、内外台阶、倒角。最大直径为$\phi38$mm，总长为 40mm。其中$\phi30$ 孔的直径公差为 0.021mm，深度为 $15_{\ 0}^{+0.04}$mm，$\phi22$ 孔的直径公差为 0.033mm，这两处的表面粗糙度为 $Ra1.6\mu m$。其余表面的表面粗糙度为 $Ra3.2\mu m$。未注倒角 1×45°。

## 2．工艺准备

（1）毛坯准备

选择剩余的棒料。

（2）设备准备

选择卧式车床，如 CA6140、C6136。

（3）刀具准备

外圆车刀、$\phi$20 麻花钻、内孔车刀。

（4）量具准备

直尺、游标卡尺、25～50mm 千分尺、18～35mm 内径量表。

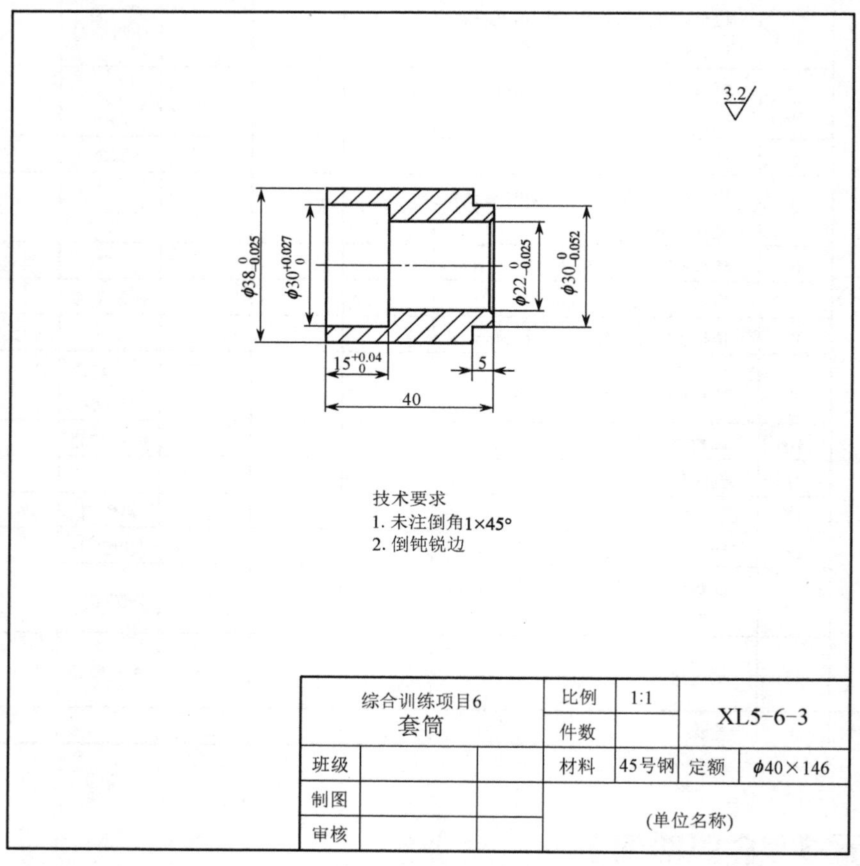


图 5.12　套筒零件图

## 3．套筒加工工艺

套筒的加工工艺见表 5.15，评分标准和操作考核见表 5.16。

### 表 5.15 套筒加工工艺

单位：　　　　　　　　　　　　　　编制：　审核：　第　页　共　页

| 零件材料 | | | 45 号钢 | 毛坯尺寸 | 加工工艺卡 | | | 零件图号 | | XL5-6-3 |
|---|---|---|---|---|---|---|---|---|---|---|
| 零件名称 | | | 套筒 | $\phi 40\times 146$ | | | | 机床型号 | | C6136 |
| 工序 | 工种 | 工步 | 工艺内容 | 切削用量 | | | 工具 | | | |
| | | | | $v$ (r/m) | $f$ (mm/r) | $a_p$ (mm) | 刀具 | 夹具 | 量具 | |
| | 准备 | | 取套装夹，车端面，表面达 $Ra3.2$ | | | | | 三爪卡盘 | 直尺 | |
| 1 | 车工 | 1 | 钻 $\phi 20$mm 通孔 | | | | $\phi 20$ 麻花钻 | | | |
| | | 2 | 粗车 $\phi 22^{+0.025}_{0}$mm 孔，留余量 0.5mm，车通 | | | | 内孔车刀 | | | |
| | | 3 | 精车 $\phi 22^{+0.025}_{0}$mm 孔至尺寸 | | | | | | 内径量表 | |
| | | 4 | 粗车 $\phi 30^{+0.027}_{0}$mm，留余量 0.5mm，孔深 14.5mm | | | | 内孔车刀 | | | |
| | | 5 | 精车 $\phi 30^{+0.027}_{0}$mm 至尺寸，孔深 $15^{+0.04}_{0}$mm | | | | 外圆刀具 | | 内径量表 | |
| | | 6 | 调头，夹 $\phi 38$ 外圆，车端面，取总长 40mm | | | | | | | |
| | | 7 | 粗车 $30^{\ 0}_{-0.052}$，长 5mm | | | | 外圆刀具 | | | |
| | | 8 | 精车 $\phi 30^{\ 0}_{-0.052}$ 至尺寸，长 5mm | | | | 外圆车刀 | | 千分尺 | |
| | | 9 | 倒角 | | | | | | | |
| 2 | 检验 | 1 | 三件组合检查总长、间距 | | | | | | 游标卡尺 | |

### 表 5.16 圆柱配合件加工评分标准

| 序号 | 考核项目 | 考核内容及要求 | | 评分标准 | 配分 | 检测结果 | | | 得分 | 备注 |
|---|---|---|---|---|---|---|---|---|---|---|
| | | | | | | 自测 | 互测 | 教师测量 | | |
| 1 | 台阶轴（28 分） | 外圆 $\phi 38$ | IT | 超差不得分 | 2 | | | | | |
| | | | $Ra$ | 降一级扣 1 分 | 2 | | | | | |
| 2 | | 外圆 $\phi 30^{-0.006}_{-0.019}$ | IT | 超差 0.01 扣 1 分 | 3 | | | | | |
| | | | $Ra$ | 降一级扣 1 分 | 2 | | | | | |
| 3 | | 外圆 $\phi 22^{\ 0}_{-0.021}$ | IT | 超差 0.01 扣 1 分 | 3 | | | | | |
| | | | $Ra$ | 降一级扣 1 分 | 2 | | | | | |
| 4 | | 槽 4×1.5 | IT | 超差不得分 | 2 | | | | | |
| | | | $Ra$ | 降一级扣 1 分 | 1 | | | | | |
| 5 | | 槽 2×1 | IT | 超差不得分 | 1 | | | | | |
| | | | $Ra$ | 降一级扣 1 分 | 1 | | | | | |
| 6 | | 螺纹 M16 | IT | 超差不得分 | 2 | | | | | |
| | | | $Ra$ | 降一级扣 1 分 | 2 | | | | | |
| 7 | | 总长 75 及端面 | IT | 超差不得分 | 1 | | | | | |
| | | | $Ra$ | 降一级扣 1 分 | 1 | | | | | |
| 8 | | 倒角 | | 未做，不得分 | 3 | | | | | |

续表

| 序号 | 考核项目 | 考核内容及要求 | | 评分标准 | 配分 | 检测结果 | | | 得分 | 备注 |
|---|---|---|---|---|---|---|---|---|---|---|
| | | | | | | 自测 | 互测 | 教师测量 | | |
| 9 | 套筒（24分） | 外圆$\phi 38_{-0.025}^{0}$ | IT | 超差 0.01 扣 1 分 | 3 | | | | | |
| | | | *Ra* | 降一级扣 1 分 | 2 | | | | | |
| 10 | | $\phi 30_{0}^{+0.021}$ | IT | 超差 0.01 扣 1 分 | 3 | | | | | |
| | | | *Ra* | 降一级扣 1 分 | 2 | | | | | |
| | | $15_{0}^{+0.04}$ | | 超差不得分 | 1 | | | | | |
| 11 | | $\phi 22\pm_{0.020}^{0.053}$ | IT | 超差不得分 | 3 | | | | | |
| | | | *Ra* | 降一级扣 1 分 | 2 | | | | | |
| | 套筒（24分） | $\phi 30_{-0.052}^{0}$ | IT | 超差不得分 | 3 | | | | | |
| | | | *Ra* | 降一级扣 1 分 | 2 | | | | | |
| | | 长度 5 | | 超差不得分 | 1 | | | | | |
| 12 | | 总长 25 及端面 | IT | 超差不得分 | 1 | | | | | |
| | | | *Ra* | 降一级扣 1 分 | 1 | | | | | |
| 13 | 螺母（20分） | 外圆$\phi 38_{-0.025}^{0}$ | IT | 超差不得分 | 3 | | | | | |
| | | | *Ra* | 降一级扣 1 分 | 2 | | | | | |
| | | 外圆$\phi 30_{-0.052}^{0}$ | IT | 超差 0.01 扣 1 分 | 3 | | | | | |
| | | | *Ra* | 降一级扣 1 分 | 2 | | | | | |
| 14 | | 长 5 | | 超差不得分 | 2 | | | | | |
| 15 | | 螺纹 M16 | IT | 超差 0.01 扣 1 分 | 4 | | | | | |
| | | | *Ra* | 降一级扣 1 分 | 1 | | | | | |
| | | | *Ra* | 降一级扣 1 分 | 1 | | | | | |
| 16 | | 总长 25 及端面 | IT | 超差不得分 | 1 | | | | | |
| | | | *Ra* | 降一级扣 1 分 | 1 | | | | | |
| 17 | 装配 | 三件装配及总长 | | 装配成形并保证总长 | 5 | | | | | |
| 18 | 文明生产 | 1．着装是否规范<br>2．工具等放置是否规范<br>3．清除切屑是否正确<br>4．环境卫生、设备保养 | | 每违反一条酌情扣 1 分，扣完为止 | 8 | | | | | |
| 19 | 规范操作 | 1．开机前的检查<br>2．工件装夹是否规范<br>3．刀具安装是否规范<br>4．量具使用是否正确<br>5．基本操作是否正确 | | 每违反一条酌情扣 1 分，扣完为止 | 5 | | | | | |
| 20 | 工艺规范 | 1．工件定位和夹紧是否合理<br>2．加工顺序是否合理<br>3．刀具选择是否合理 | | 每违反一条酌情扣 1 分，扣完为止 | 10 | | | | | |

## 练一练

### 任务　上机床加工图 5.10～图 5.12 所示零件，并按图 5.9 所示装配

能力目标：

1．掌握组合件零件的加工及装配。

2．进一步掌握内孔、内外螺纹面、台阶等面的加工方法。

3．进一步掌握车床刀具的使用。

4．掌握轴、套零件的检测方法及配合螺纹的检测方法。

注　意

1．相同尺寸可以考虑一次加工，以保证配合。

2．按零件图要求控制尺寸和表面粗糙度，保证装配质量。

# 项目7　锥面配合件（1）的加工

锥面配合件（1）的装配图如图5.13所示。该配合件由3个零件组成，锥轴1的外锥与锥套2的内锥配合，锥轴1最大圆柱面的右端面与锥套2左端面的间隙为0.1～0.6mm，螺母3与锥轴1的螺纹旋合，其左端面与锥套2的右端面贴合，台阶间距为10mm。三件装配后的总长为71mm。$\phi$22处的配合为H9/h8。

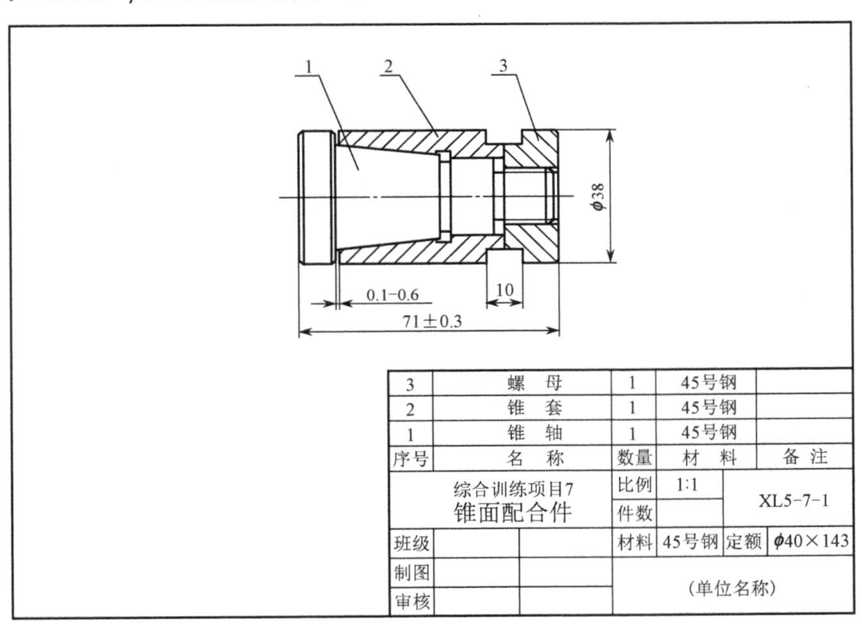


图5.13　锥面配合件（1）

## 学习单元1　锥轴加工

### 1．零件图分析

图5.14所示为锥轴零件图，加工面有外圆面、台阶、外锥面、倒角、切槽和螺纹。最

大直径为$\phi$38mm，总长为 70mm。其中$\phi$30 的直径公差为 0.15mm，$\phi$22 的直径公差为 0.033mm，其表面粗糙度为 $Ra$1.6μm。其余表面的表面粗糙度为 $Ra$3.2μm。未注倒角 1×45°。

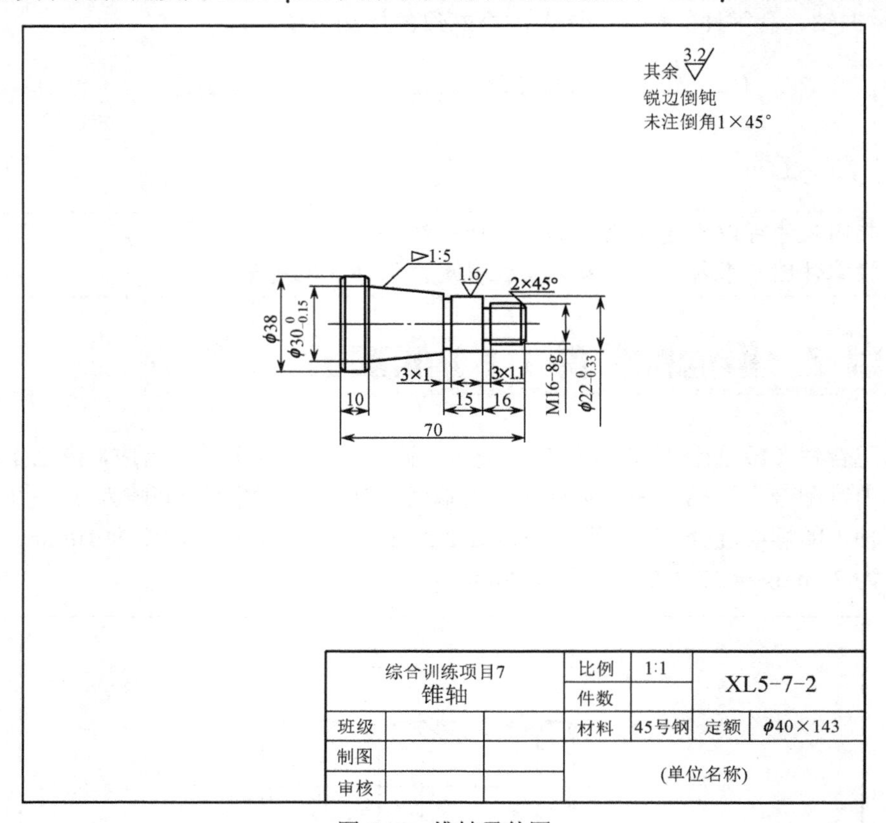


图 5.14　锥轴零件图

## 2．工艺准备

（1）毛坯准备

根据图示，选择棒料，尺寸为$\phi$40×143，材料 45 号钢。

（2）设备准备

选择卧式车床，如 CA6140、C6136。

（3）刀具准备

外圆车刀、切槽刀、外螺纹车刀。

（4）量具准备

直尺、游标卡尺、25～50mm 千分尺、0～25mm 千分尺、螺纹环规。

## 3．锥轴加工工艺

锥轴的加工工艺见表 5.17，操作考核与评分标准见表 5.20。

## 表 5.17 锥轴加工工艺

单位：　　　　　　　　　　　　　　　　　编制：　　审核：　第　页　共　页

| 零件材料 | | | 45 号钢 | 毛坯尺寸 | 加工工艺卡 | | 零件图号 | | XL5-7-2 |
|---|---|---|---|---|---|---|---|---|---|
| 零件名称 | | | 锥轴 | $\phi$40×143 | | | 机床型号 | | C6136 |
| 工序 | 工种 | 工步 | 工艺内容 | 切削用量 | | | 工具 | | |
| | | | | $v$ (r/m) | $f$ (mm/r) | $a_p$ (mm) | 刀具 | 夹具 | 量具 |
| 1 | 钳工 | 1 | 锯床下料$\phi$40×143$^{+1}_{0}$mm | | | | | | 直尺 |
| 2 | 车工 | 1 | 夹毛坯外圆，伸出三爪卡盘外长度为 76mm，车端面，表面达 $Ra$3.2 | | | | 外圆车刀 | 三爪卡盘 | 游标卡尺 |
| | | 2 | 粗车$\phi$38 外圆长 75mm，留 0.5mm 余量 | | | | 外圆车刀 | | 千分尺 |
| | | 3 | 粗车$\phi$22 外圆至$\phi$22.5，长 30.9mm | | | | 外圆车刀 | | |
| | | 4 | 粗车 M16 外圆至$\phi$16.3，长 15.9mm | | | | 外圆车刀 | | |
| | | 5 | 精车 M16 外圆至$\phi$15.8，长 16mm，表面粗糙度 $Ra$3.2 | | | | 外圆车刀 | | |
| | | 6 | 精车$\phi$22$^{0}_{-0.03}$外圆至尺寸，长 15mm，表面粗糙度 $Ra$1.6 | | | | 外圆车刀 | | |
| | | 7 | 精车$\phi$38 外圆至$\phi$38$^{0}_{-0.2}$，长 75mm，表面粗糙度 $Ra$3.2 | | | | 外圆车刀 | | |
| | | 8 | 倒角 2×45°和锐边倒钝 | | | | 外圆车刀 | | |
| | | 9 | 切槽 3×1 | | | | 切槽刀 | | |
| | | 10 | 切槽 3×1.1 | | | | 切槽刀 | | |
| | | 11 | 车螺纹 M16－8g 达到图纸要求 | | | | 60°外螺纹车刀 | | |
| | | 12 | 转动小拖板（角度为 5.71°），车锥面达图纸要求 | | | | 外圆车刀 | | |
| | | 13 | 割断，取长度 71mm | | | | 割断刀 | | |
| | | 14 | 调头夹$\phi$22$^{0}_{-0.03}$外圆（用薄铜皮包住外圆），车端面，保证总长 70$^{0}_{-0.1}$ | | | | 外圆车刀 | | |
| | | 15 | 倒角 0.5×45° | | | | 外圆车刀 | | |
| 3 | 检验 | 1 | 检验 | | | | | | |

# 学习单元 2　锥套的加工

### 1．零件图分析

图 5.15 所示为锥套零件图，由图可知其加工面有外圆面、圆柱孔、圆锥孔、内沟槽、倒角。最大直径为$\phi$38mm，总长为 46mm。其中$\phi$38 的直径公差为 0.025mm，$\phi$30 的直径公差为 0.033mm，这两处的表面粗糙度为 $Ra$1.6μm，其余表面的表面粗糙度为 $Ra$3.2μm。$\phi$22 孔的直径公差为 0.052mm。内锥孔的锥度为 1∶5。未注倒角 1×45°。

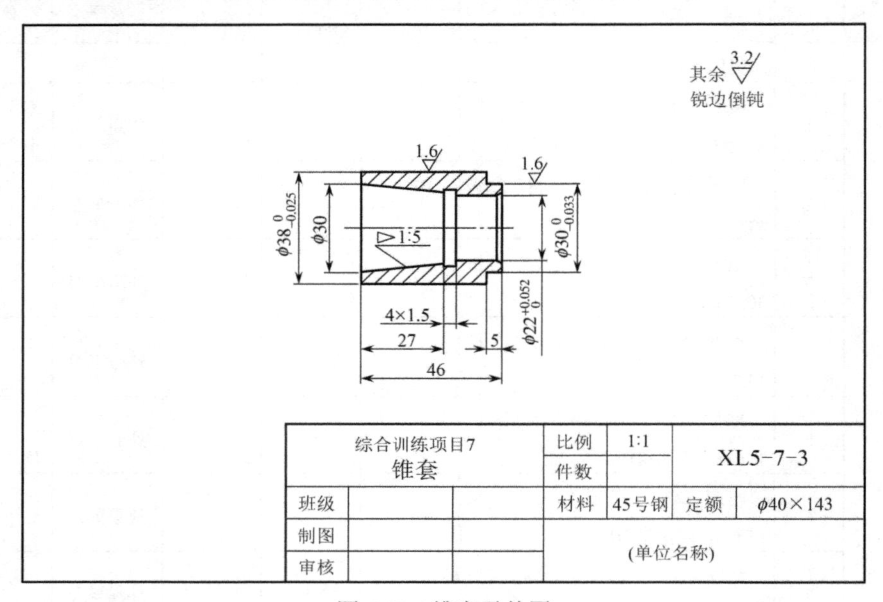


图 5.15　锥套零件图

### 2．工艺准备

（1）毛坯准备

选择剩余的棒料。

（2）设备准备

选择卧式车床，如 CA6140、C6136。

（3）刀具准备

外圆车刀、$\phi$20 麻花钻、内孔车刀、内槽刀、割断刀。

（4）量具准备

直尺、游标卡尺、25～50mm 千分尺、18～35mm 内径量表。

### 3．锥套加工工艺

锥套的加工工艺见表 5.18，操作考核与评分标准见表 5.20。

## 表 5.18　锥套加工工艺

单位：　　　　　　　　　　　　　　　　　　　　　编制：　　审核：　第　页　共　页

| 零件材料 | | | 45 号钢 | 毛坯尺寸 | 加工工艺卡 | | 零件图号 | | XL5-7-3 |
|---|---|---|---|---|---|---|---|---|---|
| 零件名称 | | | 锥套 | $\phi 40\times 143$ | | | 机床型号 | | C6136 |
| 工序 | 工种 | 工步 | 切削用量 | | | | 工具 | | |
| | | | 工　艺　内　容 | $v$（r/m） | $f$（mm/r） | $a_p$（mm） | 刀具 | 夹具 | 量具 |
| 1 | 车工 | 1 | 夹外圆，伸出长度为 52mm，车端面，表面粗糙度达 $Ra3.2\mu m$ | | | | 外圆车刀 | 三爪卡盘 | 游标卡尺 |
| | | 2 | 粗车 $\phi 38$ 外圆长 51mm，留 0.5mm 余量（注：在割缝处接刀） | | | | 外圆车刀 | | 千分尺 |
| | | 3 | 精车外圆至尺寸 $\phi 38_{-0.025}^{0}$，长度 51mm，表面粗糙度 $Ra1.6$ | | | | 外圆车刀 | | |
| | | 4 | 钻孔 $\phi 20$ 深度 46mm | | | | $\phi 20$ 麻花钻头 | | |
| | | 5 | 粗镗 $\phi 22$ 内孔长 46mm，留 0.3mm 余量 | | | | 镗孔刀 | | 18～35mm 内径量表 |
| | | 6 | 精镗 $\phi 22$ 内孔至尺寸 $\phi 22_{0}^{+0.052}$，长度 46mm，表面粗糙度 $Ra6.3$ | | | | 镗孔刀 | | |
| | | 7 | 挖内槽 4×1.5 | | | | 内槽刀 | | |
| | | 8 | 转动小拖板（角度为 5.71°），车内锥面达图纸要求 | | | | 镗孔刀 | | |
| | | 9 | 倒角 0.5×45°（锐边倒钝） | | | | 镗孔刀 | | |
| | | 10 | 割断，取长度 47mm | | | | 割断刀 | | |
| | | 11 | 调头夹 $\phi 38_{-0.025}^{0}$ 外圆，车端面，保证总长 $46_{-0.1}^{0}$ | | | | | | |
| | | 12 | 粗车 $\phi 30_{-0.03}^{0}$ 外圆长 4.9mm，留 0.5mm 余量 | | | | 外圆车刀 | | |
| | | 13 | 精车 $\phi 30_{-0.03}^{0}$ 外圆至尺寸，长 5mm，表面粗糙度 $Ra1.6$ | | | | 外圆车刀 | | |
| | | 14 | 倒角 0.5×45°（锐边倒钝） | | | | 外圆车刀 | | |
| 2 | 检验 | 1 | 检验 | | | | | | |

# 学习单元3　螺母的加工

## 1．零件图分析

图 5.16 所示为螺母零件图，加工面有外圆面、外台阶、内螺纹及倒角。最大直径为 $\phi$38mm，总长为 15mm。其中$\phi$30 外圆的直径公差为 0.033mm，螺纹直径为 16mm。所有表面的表面粗糙度为 *Ra*3.2μm，未注倒角 1×45°。

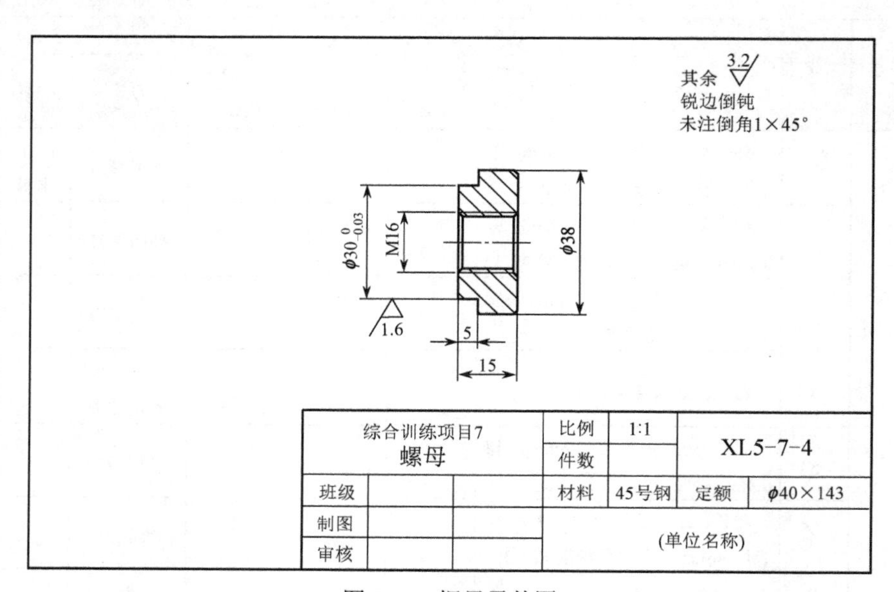


图 5.16　螺母零件图

## 2．工艺准备

（1）毛坯准备

选择用过的棒料。

（2）设备准备

选择卧式车床，如 CA6140、C6136。

（3）刀具准备

外圆车刀、$\phi$14.2 麻花钻、M16 机用丝锥。

（4）量具准备

直尺、游标卡尺、25～50mm 千分尺、M16 螺纹塞规。

## 3．螺母加工工艺

螺母的加工工艺见表 5.19，评分标准与操作考核见表 5.20。

**表 5.19 螺母加工工艺**

单位： 编制： 审核： 第 页 共 页

| 零件材料 | | | 45 号钢 | 毛坯尺寸 | 加工工艺卡 | | | 零件图号 | | XL5-7-4 |
|---|---|---|---|---|---|---|---|---|---|---|
| 零件名称 | | | 螺母 | $\phi$40×143 | | | | 机床型号 | | C6136 |
| 工序 | 工种 | 工步 | 工 艺 内 容 | | 切削用量 | | | 工具 | | |
| | | | | | $v$ (r/m) | $f$ (mm/r) | $a_p$ (mm) | 刀具 | 夹具 | 量具 |
| 1 | 车工 | 1 | 夹毛坯外圆，伸出长度为 55mm，车端面，表面达 $Ra3.2$ | | | | | 外圆车刀 | 三爪卡盘 | 游标卡尺 |
| | | 2 | 粗车$\phi$38 外圆长 20mm，留 0.5mm 余量 | | | | | 外圆车刀 | | 千分尺 |
| | | 3 | 精车$\phi$38 外圆至$\phi 38_{-0.2}^{0}$，长 20mm，表面粗糙度 $Ra3.2$ | | | | | 外圆车刀 | | |
| | | 4 | 粗车$\phi 30_{-0.03}^{0}$外圆长 4.9mm，留 0.5mm 余量 | | | | | 外圆车刀 | | |
| | | 5 | 精车$\phi 30_{-0.03}^{0}$外圆至尺寸，长 5mm，表面粗糙度 $Ra1.6$ | | | | | 外圆车刀 | | |
| | | 6 | 钻 M16 螺纹底孔$\phi$14.2，通孔（深度>70mm） | | | | | $\phi$14.2 钻头 | | |
| | | 7 | 倒角 2×45°，锐边倒钝 | | | | | 外圆车刀 | | |
| | | 8 | 攻 M16 螺纹，深 16mm | | | | | 机用丝锥 M16 | | |
| | | 9 | 割断，取长度 16mm（注：待件 2 锥套连体加工完成后） | | | | | 割断刀 | | |
| | | 10 | 调头夹 $30_{-0.03}^{0}$外圆（用薄铜皮包住外圆），车端面，保证总长 $15_{-0.1}^{0}$ | | | | | 外圆车刀 | | |
| | | 11 | 倒角 2×45°，锐边倒钝 | | | | | 外圆车刀 | | |
| 2 | 检验 | 1 | 检验 | | | | | | | |

**表 5.20 锥面配合件（1）评分标准**

| 序号 | 考核项目 | 考核内容及要求 | | 评分标准 | 配分 | 检测结果 | | | 得分 | 备注 |
|---|---|---|---|---|---|---|---|---|---|---|
| | | | | | | 自测 | 互测 | 教师测量 | | |
| 1 | 锥轴（25 分） | 外圆$\phi$38 | IT | 超差不得分 | 2 | | | | | |
| | | | $Ra$ | 降一级扣 1 分 | 2 | | | | | |
| 2 | | 外圆$\phi 22_{-0.03}^{0}$ | IT | 超差 0.01 扣 1 分 | 3 | | | | | |
| | | | $Ra$ | 降一级扣 1 分 | 2 | | | | | |
| 3 | | 外锥面 | IT | 超差不得分 | 2 | | | | | |
| | | | $Ra$ | 降一级扣 1 分 | 4 | | | | | |
| 4 | | 槽 3×1.1 | IT | 超差不得分 | 1 | | | | | |
| | | | $Ra$ | 降一级扣 1 分 | 1 | | | | | |

续表

| 序号 | 考核项目 | 考核内容及要求 | | 评分标准 | 配分 | 检测结果 | | | 得分 | 备注 |
|---|---|---|---|---|---|---|---|---|---|---|
| | | | | | | 自测 | 互测 | 教师测量 | | |
| 5 | 锥轴（25分） | 槽 3×1 | IT | 超差不得分 | 1 | | | | | |
| | | | *Ra* | 降一级扣1分 | 1 | | | | | |
| 6 | | 螺纹 M16−8g | IT | 超差不得分 | 2 | | | | | |
| | | | *Ra* | 降一级扣1分 | 2 | | | | | |
| 7 | | 总长 70 及端面 | IT | 超差不得分 | 1 | | | | | |
| | | | *Ra* | 降一级扣1分 | 1 | | | | | |
| 8 | 锥套（28分） | 外圆$\phi 38_{-0.025}^{0}$ | IT | 超差 0.01 扣1分 | 3 | | | | | |
| | | | *Ra* | 降一级扣1分 | 2 | | | | | |
| 9 | | 外圆$\phi 30_{-0.03}^{0}$ | IT | 超差 0.01 扣1分 | 3 | | | | | |
| | | | *Ra* | 降一级扣1分 | 2 | | | | | |
| 10 | | 内锥孔 | IT | 超差 0.01 扣1分 | 4 | | | | | |
| | | | *Ra* | 降一级扣1分 | 3 | | | | | |
| 11 | | 内孔$\phi 22_{0}^{+0.052}$ | IT | 超差不得分 | 4 | | | | | |
| | | | *Ra* | 降一级扣1分 | 3 | | | | | |
| 12 | | 内槽 4×1.5 | IT | 超差不得分 | 1 | | | | | |
| | | | *Ra* | 降一级扣1分 | 1 | | | | | |
| 13 | | 总长 46 及端面 | IT | 超差不得分 | 1 | | | | | |
| | | | *Ra* | 降一级扣1分 | 1 | | | | | |
| 14 | 螺母（17分） | 外圆$\phi 38$ | IT | 超差不得分 | 2 | | | | | |
| | | | *Ra* | 降一级扣1分 | 2 | | | | | |
| 15 | | 外圆$\phi 30_{-0.03}^{0}$ | IT | 超差 0.01 扣1分 | 3 | | | | | |
| | | | *Ra* | 降一级扣1分 | 2 | | | | | |
| 16 | | 螺纹 M16 | IT | 超差 0.01 扣1分 | 4 | | | | | |
| | | | *Ra* | 降一级扣1分 | 2 | | | | | |
| 17 | | 总长 15 及端面 | IT | 超差不得分 | 1 | | | | | |
| | | | *Ra* | 降一级扣1分 | 1 | | | | | |
| 18 | 装配 | 三件装配及总长 | | 装配成形并保证总长 | 5 | | | | | |
| 19 | 文明生产 | 1. 着装是否规范<br>2. 工具等放置是否规范<br>3. 清除切屑是否正确<br>4. 环境卫生、设备保养 | | 每违反一条酌情扣1分，扣完为止 | 10 | | | | | |
| 20 | 规范操作 | 1. 开机前的检查<br>2. 工件装夹是否规范<br>3. 刀具安装是否规范<br>4. 量具使用是否正确<br>5. 基本操作是否正确 | | 每违反一条酌情扣1分，扣完为止 | 5 | | | | | |
| 21 | 工艺规范 | 1. 工件定位和夹紧是否合理<br>2. 加工顺序是否合理<br>3. 刀具选择是否合理 | | 每违反一条酌情扣1分，扣完为止 | 10 | | | | | |

## 练一练

**任务　上机床加工图 5.14～图 5.16 所示零件，并按图 5.13 所示装配**

能力目标：

1．掌握组合件零件的加工及装配。

2．进一步掌握内锥孔、内外螺纹面、台阶等面的加工方法。

3．进一步掌握车床刀具的使用。

4．掌握内、外锥面的检测方法及配合螺纹的检测方法。

## 注 意

1．相同尺寸可以考虑一次加工，以保证配合。

2．按零件图要求控制尺寸和表面粗糙度，保证装配质量。

# 项目 8　锥面配合件（2）的加工

锥面配合件（2）的装配图如图 5.17 所示。该配合件由 3 个零件组成，锥轴 1 的外锥与锥套 2 的内锥配合，锥轴 1 最大圆柱面的右端面与锥套 2 左端面的间隙为 0.2～0.7mm，螺母 3 与锥轴 1 的螺纹旋合，其左端面与锥套 2 的右端面贴合，台阶间距为 10mm。三件装配后的总长为 75mm。$\phi$22 处的配合为 H9/h8。

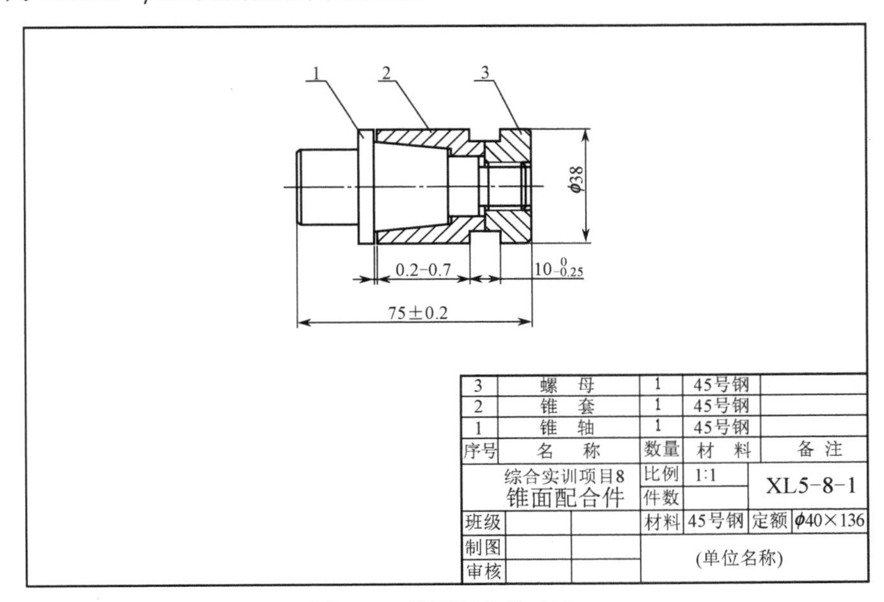


图 5.17　锥面配合件（2）

# 学习单元 1　锥轴加工

## 1．零件图分析

图 5.18 所示为锥轴零件图，加工面有外圆面、台阶、外锥面、倒角、切槽和螺纹。最大直径为$\phi$38mm，总长为 74mm。其中$\phi$30 的直径公差为 0.15mm，$\phi$22 的直径公差为 0.033mm，其表面粗糙度为 *Ra* 1.6μm。其余表面的表面粗糙度为 *Ra* 3.2μm，未注倒角 1×45°。

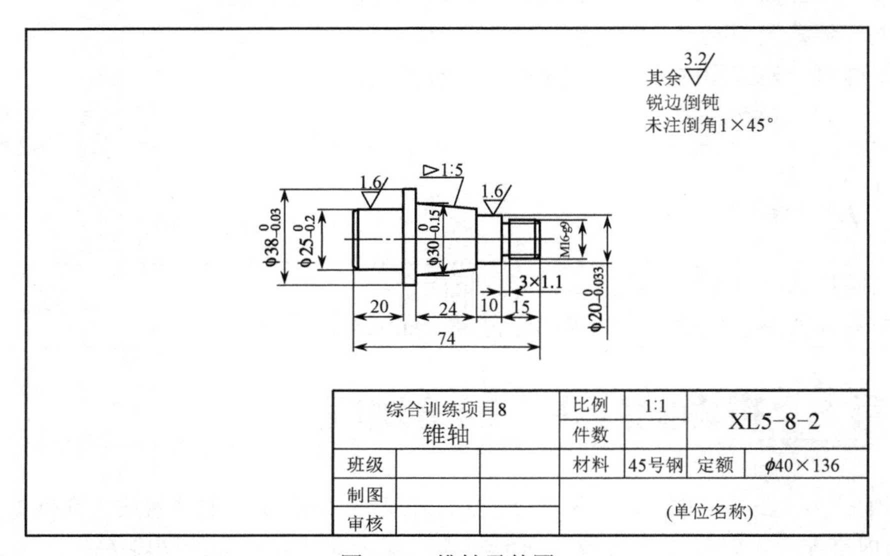


图 5.18　锥轴零件图

## 2．工艺准备

（1）毛坯准备

根据图示，选择棒料，尺寸为$\phi$40×136，材料 45 号钢。

（2）设备准备

选择卧式车床，如 CA6140、C6136。

（3）刀具准备

外圆车刀、切槽刀、外螺纹车刀。

（4）量具准备

直尺、游标卡尺、25～50mm 千分尺、0～25mm 千分尺、螺纹环规、万能角度尺。

## 3．锥轴加工工艺

锥轴的加工工艺见表 5.21，评分标准与操作考核见表 5.24。

## 表 5.21 锥轴加工工艺

单位： 编制： 审核： 第 页 共 页

| 零件材料 | | | 45 号钢 | 毛坯尺寸 | 加工工艺卡 | | | 零件图号 | | XL5-8-2 |
|---|---|---|---|---|---|---|---|---|---|---|
| 零件名称 | | | 锥轴 | $\phi40\times136$ | | | | 机床型号 | | C6136 |
| 工序 | 工种 | 工步 | 工艺内容 | | 切削用量 | | | 工具 | | |
| | | | | | $v$ (r/m) | $f$ (mm/r) | $a_p$ (mm) | 刀具 | 夹具 | 量具 |
| 1 | 钳工 | 1 | 锯床下料$\phi40\times136^{+1}_{0}$mm | | | | | | | 直尺 |
| 2 | 车工 | 1 | 夹毛坯外圆，伸出三爪卡盘外长度为 56mm，车端面，表面达 $Ra3.2$ | | | | | 外圆车刀 | 三爪卡盘 | 游标卡尺 |
| | | 2 | 粗车$\phi38$ 外圆长 55mm，留 0.5mm 余量 | | | | | 外圆车刀 | | 千分尺 |
| | | 3 | 粗车$\phi30$ 外圆至$\phi30.5$，长 48.9mm | | | | | 外圆车刀 | | |
| | | 4 | 粗车$\phi20$ 外圆至$\phi20.5$，长 24.9mm | | | | | 外圆车刀 | | |
| | | 5 | 粗车 M16 外圆至$\phi16.3$，长 14.9mm | | | | | 外圆车刀 | | |
| | | 6 | 精车 M16 外圆至$\phi15.8$，长 16mm，表面粗糙度 $Ra3.2$ | | | | | 外圆车刀 | | |
| | | 7 | 精车$\phi20^{0}_{-0.03}$外圆至尺寸，长 10mm，表面粗糙度 $Ra1.6$ | | | | | 外圆车刀 | | |
| | | 8 | 精车$\phi38$ 外圆至$\phi38^{0}_{-0.03}$，表面粗糙度 $Ra3.2$ | | | | | 外圆车刀 | | |
| | | 9 | 倒角 2×45°和锐边倒钝 | | | | | 外圆车刀 | | |
| | | 10 | 切槽 3×1.1 | | | | | 切槽刀 | | |
| | | 11 | 车螺纹 M16 达到图纸要求 | | | | | 60°外螺纹车刀 | | |
| | | 12 | 转动小拖板（角度为 5.71°），车锥面及台阶面，达图纸要求 | | | | | 外圆车刀 | | |
| | | 13 | 割断，取长度 75mm | | | | | 割断刀 | | |
| | | 14 | 调头夹$\phi20^{0}_{-0.03}$外圆（用薄铜皮包住外圆），车端面，保证总长 $74^{0}_{-0.1}$ | | | | | 外圆车刀 | | |
| | | 15 | 粗车$\phi25^{0}_{-0.2}$外圆长 19.9mm，留 0.5mm 余量 | | | | | 外圆车刀 | | |
| | | 16 | 精车$\phi25^{0}_{-0.2}$外圆及台阶面至尺寸，长 20mm，表面粗糙度 $Ra1.6$ | | | | | 外圆车刀 | | |
| | | 17 | 倒角 0.5×45° | | | | | 外圆车刀 | | |
| 3 | 检验 | 1 | 检验 | | | | | | | |

# 学习单元 2　锥套加工

## 1. 零件图分析

图 5.19 所示为锥套零件图。由图可知，其加工面有外圆面、圆柱孔、圆锥孔、倒角。最大直径为$\phi$38mm，总长为 35mm。其中$\phi$38 的直径公差为 0.03mm，表面粗糙度为 $Ra$1.6μm，$\phi$20 孔的直径公差为 0.052mm，其余表面的表面粗糙度为 $Ra$3.2μm。内锥孔的锥度为 1∶5。

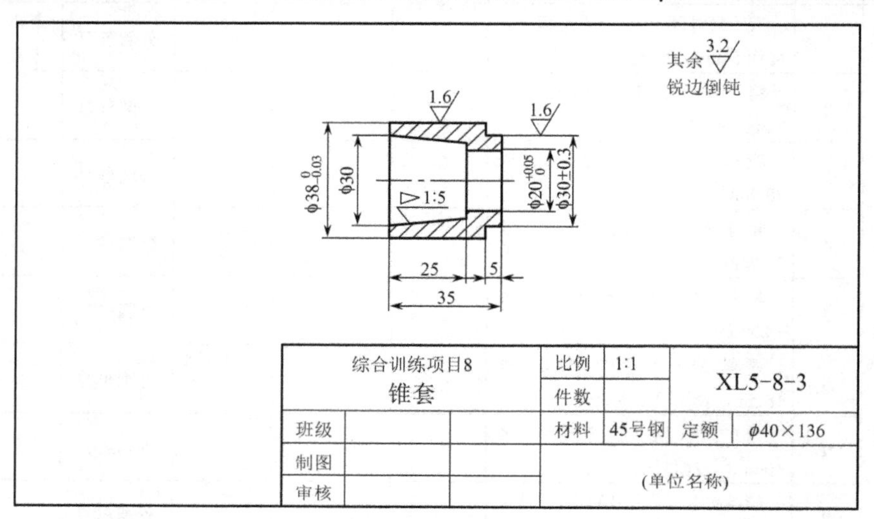


图 5.19　锥套零件图

## 2. 工艺准备

（1）毛坯准备

选择锥轴加工后的棒料。

（2）设备准备

选择卧式车床，如 CA6140、C6136。

（3）刀具准备

外圆车刀、$\phi$20 麻花钻、内孔车刀、内槽刀、割断刀。

（4）量具准备

直尺、游标卡尺、25～50mm 千分尺、18～35mm 内径量表。

## 3. 锥套加工工艺

锥套的加工工艺见表 5.22，操作考核与评分标准见表 5.24。

表 5.22 锥套加工工艺

单位：　　　　　　　　　　　　　　　　　　编制：　　审核：　　第 页 共 页

| 零件材料 | | | 45 号钢 | 毛坯尺寸 | 加工工艺卡 | | 零件图号 | | XL5-8-3 |
|---|---|---|---|---|---|---|---|---|---|
| 零件名称 | | | 锥轴 | $\phi 40\times136$ | | | 机床型号 | | C6136 |
| 工序 | 工种 | 工步 | 工艺内容 | 切削用量 | | | 工具 | | |
| | | | | $v$ (r/m) | $f$ (mm/r) | $a_p$ (mm) | 刀具 | 夹具 | 量具 |
| 1 | 车工 | 1 | 夹外圆，伸出长度为 52mm，车端面，表面达 $Ra3.2$ | | | | 外圆车刀 | 三爪卡盘 | 游标卡尺 |
| | | 2 | 粗车$\phi 38$ 外圆长 41mm，留 0.5mm 余量（注：在割缝处接刀） | | | | 外圆车刀 | | 千分尺 |
| | | 3 | 精车外圆至尺寸$\phi 38_{-0.03}^{0}$，长度 41mm，表面粗糙度 $Ra1.6$ | | | | 外圆车刀 | | |
| | | 4 | 钻孔$\phi 18$ 深度 36mm | | | | $\phi 18$ 麻花钻头 | | |
| | | 5 | 粗镗$\phi 20$ 内孔长 36mm，留 0.3mm 余量 | | | | 镗孔刀 | | 18～35mm 内径量表 |
| | | 6 | 精镗$\phi 20$ 内孔至尺寸$\phi 22_{0}^{+0.05}$，长度 46mm，表面粗糙度 $Ra6.3$ | | | | 镗孔刀 | | |
| | | 7 | 转动小拖板（角度为 5.71°），车内锥面达图纸要求 | | | | 镗孔刀 | | |
| | | 8 | 倒角 0.5×45°（锐边倒钝） | | | | 镗孔刀 | | |
| | | 9 | 割断，取长度 36mm | | | | 割断刀 | | |
| | | 10 | 调头夹$\phi 38_{-0.03}^{0}$外圆，车端面，保证总长 $35_{-0.1}^{0}$ | | | | | | |
| | | 11 | 粗车$\phi 30\pm0.3$ 外圆长 4.9mm，留 0.5mm 余量 | | | | 外圆车刀 | | |
| | | 12 | 精车$\phi 30\pm0.3$ 外圆至尺寸，长 5mm，表面粗糙度 $Ra1.6$ | | | | 外圆车刀 | | |
| | | 13 | 倒角 0.5×45°（锐边倒钝） | | | | 外圆车刀 | | |
| 2 | 检验 | 1 | 检验 | | | | | | |

## 学习单元 3　螺母的加工

### 1．零件图分析

图 5.20 所示为螺母零件图，加工面有外圆面、外台阶、内螺纹及倒角。最大直径为$\phi 38$mm，总长为 15mm。其中$\phi 30$ 外圆的直径公差为 0.033mm，螺纹直径为 16mm。所有表面的表面粗糙度为 $Ra3.2\mu m$，未注倒角 1×45°。

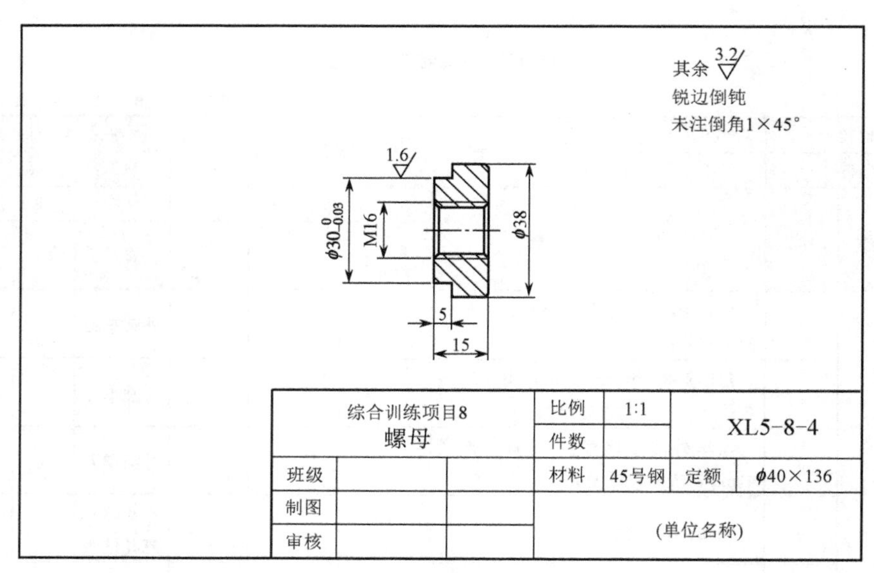


图 5.20　螺母零件图

## 2．工艺准备

（1）毛坯准备

选择用过的棒料。

（2）设备准备

选择卧式车床，如 CA6140、C6136。

（3）刀具准备

外圆车刀、$\phi$14.2 麻花钻、M16 机用丝锥。

（4）量具准备

直尺、游标卡尺、25～50mm 千分尺、M16 螺纹塞规。

## 3．螺母加工工艺

螺母的加工工艺见表 5.23，评分标准与操作考核见表 5.24。

表 5.23　螺母加工工艺

单位：　　　　编制：　审核：　第　页　共　页

| 零件材料 | | | 45 号钢 | 毛坯尺寸 | 加工工艺卡 | | | 零件图号 | | XL5-8-4 |
|---|---|---|---|---|---|---|---|---|---|---|
| 零件名称 | | | 锥轴 | $\phi$40×136 | | | | 机床型号 | | C6136 |
| 工序 | 工种 | 工步 | 工　艺　内　容 | 切削用量 | | | | 工具 | | |
| | | | | $v$（r/m） | $f$（mm/r） | $a_p$（mm） | | 刀具 | 夹具 | 量具 |
| 1 | 车工 | 1 | 夹毛坯外圆，伸出长度为 30mm，车端面，表面达 $Ra$3.2 | | | | | 外圆车刀 | 三爪卡盘 | 游标卡尺 |
| | | 2 | 粗车 $\phi$38 外圆长 20mm，留 0.5mm 余量 | | | | | 外圆车刀 | | 千分尺 |

续表

| 零件材料 | | | 45号钢 | 毛坯尺寸 | 加工工艺卡 | | | 零件图号 | | XL5-8-4 |
|---|---|---|---|---|---|---|---|---|---|---|
| 零件名称 | | | 锥轴 | $\phi40\times136$ | | | | 机床型号 | | C6136 |
| 工序 | 工种 | 工步 | 工艺内容 | | 切削用量 | | | 工具 | | |
| | | | | | $v$ (r/m) | $f$ (mm/r) | $a_p$ (mm) | 刀具 | 夹具 | 量具 |
| 1 | 车工 | 3 | 精车$\phi38$外圆至$\phi38_{-0.2}^{0}$，长20mm，表面粗糙度$Ra3.2$ | | | | | 外圆车刀 | | |
| | | 4 | 粗车$\phi30_{-0.03}^{0}$外圆长4.9mm，留0.5mm余量 | | | | | 外圆车刀 | | |
| | | 5 | 精车$\phi30_{-0.03}^{0}$外圆至尺寸，长5mm，表面粗糙度$Ra1.6$ | | | | | 外圆车刀 | | |
| | | 6 | 钻M16螺纹底孔$\phi14.2$，通孔（深度>55mm） | | | | | $\phi14.2$钻头 | | |
| | | 7 | 倒角2×45°，锐边倒钝 | | | | | 外圆车刀 | | |
| | | 8 | 攻M16螺纹深16mm | | | | | 机用丝锥M16 | | |
| | | 9 | 割断，取长度16mm（注：待件2锥套连体加工完成后） | | | | | 割断刀 | | |
| | | 10 | 调头夹$30_{-0.03}^{0}$外圆（用薄铜皮包住外圆），车端面，保证总长$15_{-0.1}^{0}$ | | | | | 外圆车刀 | | |
| | | 11 | 倒角2×45°，锐边倒钝 | | | | | 外圆车刀 | | |
| 2 | 检验 | 1 | 检测 | | | | | | | |

**表5.24 锥面配合件（2）评分标准**

| 序号 | 考核项目 | 考核内容及要求 | | 评分标准 | 配分 | 检测结果 | | | 得分 | 备注 |
|---|---|---|---|---|---|---|---|---|---|---|
| | | | | | | 自测 | 互测 | 教师测量 | | |
| 1 | 锥轴（28分） | 外圆$\phi25_{-0.2}^{0}$ | IT | 超差不得分 | 2 | | | | | |
| | | | Ra | 降一级扣1分 | 2 | | | | | |
| 2 | | 外圆$\phi38_{-0.03}^{0}$ | IT | 超差0.01扣1分 | 3 | | | | | |
| | | | Ra | 降一级扣1分 | 2 | | | | | |
| 3 | | 外圆$\phi20_{-0.03}^{0}$ | IT | 超差0.01扣1分 | 3 | | | | | |
| | | | Ra | 降一级扣1分 | 2 | | | | | |
| 4 | | 外锥面 | IT | 超差不得分 | 2 | | | | | |
| | | | Ra | 降一级扣1分 | 4 | | | | | |
| 5 | | 槽3×1.1 | IT | 超差不得分 | 1 | | | | | |
| | | | Ra | 降一级扣1分 | 1 | | | | | |
| 6 | | 螺纹M16－8g | IT | 超差不得分 | 2 | | | | | |
| | | | Ra | 降一级扣1分 | 2 | | | | | |
| 7 | | 总长74及端面 | IT | 超差不得分 | 1 | | | | | |
| | | | Ra | 降一级扣1分 | 1 | | | | | |
| 8 | 锥套（25分） | 外圆$\phi38_{-0.03}^{0}$ | IT | 超差0.01扣1分 | 3 | | | | | |
| | | | Ra | 降一级扣1分 | 2 | | | | | |
| 9 | | 外圆$\phi30^{\pm0.3}$ | IT | 超差0.01扣1分 | 2 | | | | | |
| | | | Ra | 降一级扣1分 | 2 | | | | | |

续表

| 序号 | 考核项目 | 考核内容及要求 | | 评分标准 | 配分 | 检测结果 | | | 得分 | 备注 |
|---|---|---|---|---|---|---|---|---|---|---|
| | | | | | | 自测 | 互测 | 教师测量 | | |
| 10 | 锥套（25 分） | 内锥孔 | IT | 超差 0.01 扣 1 分 | 4 | | | | | |
| | | | *Ra* | 降一级扣 1 分 | 3 | | | | | |
| 11 | | 内孔 $\phi 20^{+0.05}_{0}$ | IT | 超差不得分 | 4 | | | | | |
| | | | *Ra* | 降一级扣 1 分 | 3 | | | | | |
| 12 | | 总长 35 及端面 | IT | 超差不得分 | 1 | | | | | |
| | | | *Ra* | 降一级扣 1 分 | 1 | | | | | |
| 13 | 螺母（17 分） | 外圆 $\phi 38$ | IT | 超差不得分 | 2 | | | | | |
| | | | *Ra* | 降一级扣 1 分 | 2 | | | | | |
| 14 | | 外圆 $\phi 30^{0}_{-0.03}$ | IT | 超差 0.01 扣 1 分 | 3 | | | | | |
| | | | *Ra* | 降一级扣 1 分 | 2 | | | | | |
| 15 | | 螺纹 M16 | IT | 超差 0.01 扣 1 分 | 4 | | | | | |
| | | | *Ra* | 降一级扣 1 分 | 2 | | | | | |
| 16 | | 总长 15 及端面 | IT | 超差不得分 | 1 | | | | | |
| | | | *Ra* | 降一级扣 1 分 | 1 | | | | | |
| 17 | 装配 | 三件装配及总长 | | 装配成形并保证总长 | 5 | | | | | |
| 18 | 文明生产 | 1．着装是否规范<br>2．工具等放置是否规范<br>3．清除切屑是否正确<br>4．环境卫生、设备保养 | | 每违反一条酌情扣 1 分，扣完为止 | 10 | | | | | |
| 19 | 规范操作 | 1．开机前的检查<br>2．工件装夹是否规范<br>3．刀具安装是否规范<br>4．量具使用是否正确<br>5．基本操作是否正确 | | 每违反一条酌情扣 1 分，扣完为止 | 5 | | | | | |
| 20 | 工艺规范 | 1．工件定位和夹紧是否合理<br>2．加工顺序是否合理<br>3．刀具选择是否合理 | | 每违反一条酌情扣 1 分，扣完为止 | 10 | | | | | |

## 练一练

### 任务　上机床加工图 5.18～图 5.20 所示零件，并按图 5.17 所示装配

能力目标：

1．掌握组合件零件的加工及装配。

2．进一步掌握内孔、内处螺纹面、台阶等面的加工方法。

3．进一步掌握车床刀具的使用。

4．掌握轴、套零件的检测方法及配合螺纹的检测方法。

## 注 意

1. 相同尺寸可以考虑一次加工，以保证配合。
2. 按零件图要求控制尺寸和表面粗糙度，保证装配质量。

# 项目 9 自我演练

## 任务 完成图 5.21 所示零件的加工，并编制加工工艺

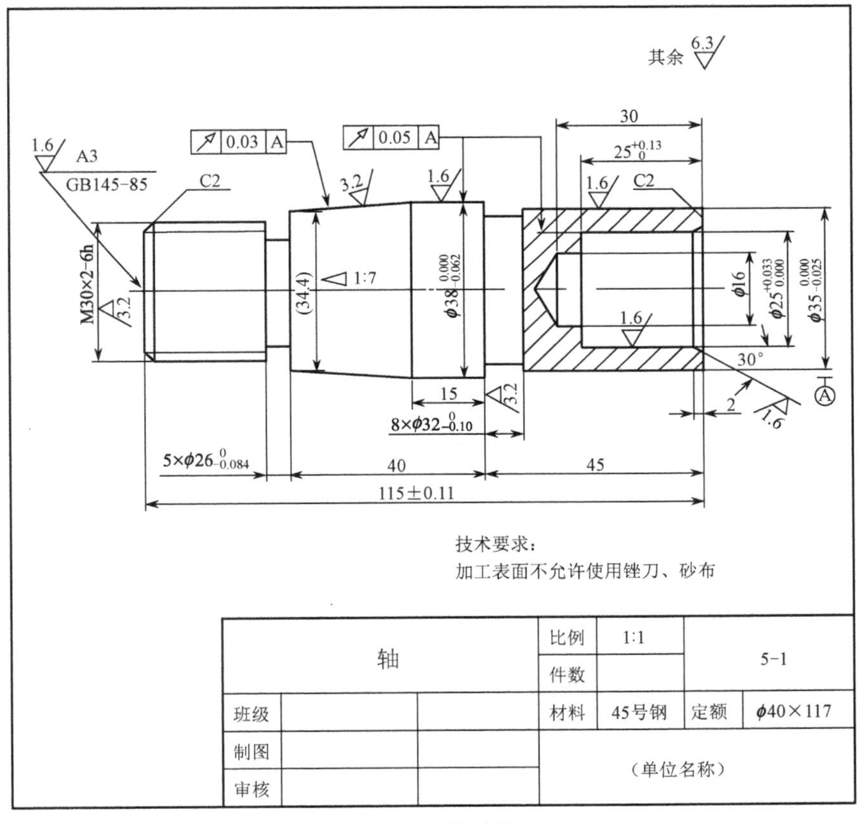


图 5.21 轴零件

# 附录A　车削用量推荐表

摘自《金属机械加工工艺人员手册》（第三版）上海科学技术出版社 1991

**表 A.1　粗车外圆进给量（摘录）**

| 工件材料 | 刀杆尺寸（mm） | 工件直径（mm） | 硬质合金外圆车刀 | | | 高速钢外圆车刀 | | |
|---|---|---|---|---|---|---|---|---|
| | | | 背吃刀量（mm） | | | | | |
| | | | 3 | 5 | 8 | 3 | 5 | 8 |
| | | | 进给量（mm/r） | | | | | |
| 钢 | 16×25 | 20 | 0.3～0.4 | — | | 0.3～0.4 | | |
| | | 40 | 0.4～0.5 | 0.3～0.4 | | 0.4～0.6 | | |
| | | 60 | 0.5～0.7 | 0.4～0.6 | 0.3～0.5 | 0.6～0.8 | 0.5～0.7 | 0.4～0.6 |
| | 20×30<br>25×25 | 20 | 0.3～0.4 | — | | | | |
| | | 40 | 0.4～0.5 | 0.3～0.4 | | 0.4～0.5 | | |
| | | 60 | 0.6～0.7 | 0.5～0.7 | 0.4～0.6 | 0.7～0.8 | 0.6～0.8 | |
| 铸铁及铜合金 | 16×25 | 40 | 0.4～0.5 | — | | 0.4～0.5 | | |
| | | 60 | 0.6～0.8 | 0.5～0.8 | 0.4～0.6 | 0.6～0.8 | 0.5～0.8 | 0.4～0.6 |
| | 20×30<br>25×25 | 40 | 0.4～0.5 | — | | 0.4～0.5 | | |
| | | 60 | 0.6～0.9 | 0.5～0.8 | 0.4～0.7 | 0.6～0.9 | 0.5～0.8 | 0.4～0.7 |

**表 A.2　车平面进给量（mm/r）（摘录）**

| 粗车时 | | | | |
|---|---|---|---|---|
| 背吃刀量（mm） | 2 | 3 | 4 | 5 |
| 进给量（mm/r） | 0.4～1.0 | 0.35～0.6 | 0.3～0.5 | 0.3～0.4 |

| 精车时 | | | | | |
|---|---|---|---|---|---|
| 加工性质 | 背吃刀量（mm） | 走刀次数 | 工件直径 | | |
| | | | 30 | 31～60 | 61～100 |
| 可见加工痕迹 | | 1～2 | 0.15～0.25 | 0.25～0.4 | 0.35～0.5 |
| 微见加工痕迹 | <2 | 1 | 0.15～0.2 | 0.26～0.3 | 0.3～0.4 |
| 微见加工痕迹（用于特别光洁表面） | <2 | 1 | 0.08～0.15 | 0.15～0.25 | 0.25～0.35 |
| 加工后磨光 | <3 | 1 | 0.15～0.3 | 0.3～0.5 | 0.4～0.6 |

## 表 A.3 粗镗孔进给量及最大切削深度（摘录）

| 切削深度（mm） | 车刀圆截面直径（mm） | | | | |
|---|---|---|---|---|---|
| | 10 | 12 | 16 | 20 | 25 |
| | 车刀伸出部分长度（mm） | | | | |
| | 50 | 60 | 80 | 100 | 125 |
| | 进给量（mm/r） | | | | |
| | 钢 | | | | |
| 2 | <0.08 | <0.1 | 0.08～0.20 | 0.15～0.40 | 0.25～0.70 |
| 3 | | <0.08 | ≤0.12 | 0.10～0.25 | 0.15～0.40 |
| 5 | | | ≤0.08 | ≤0.10 | 0.08～0.20 |
| | 铸铁 | | | | |
| 2 | 0.08～0.12 | 0.12～0.20 | 0.25～0.40 | 0.50～0.80 | 0.90～1.50 |
| 3 | ≤0.08 | 0.08～0.12 | 0.15～0.25 | 0.30～0.50 | 0.50～0.80 |
| 5 | | ≤0.08 | 0.08～0.12 | 0.15～0.25 | 0.25～0.50 |

## 表 A.4 车圆锥时小滑板转动角度（摘录）

| 标准圆锥 | |
|---|---|
| 圆锥名称 | 转动角度 |
| 莫氏 0 号 | 1°29′ |
| 莫氏 1 号 | 1°26′ |
| 莫氏 2 号 | 1°26′ |
| 莫氏 3 号 | 1°26′ |
| 莫氏 4 号 | 1°29′ |
| 莫氏 5 号 | 1° $30\frac{1}{2}$′ |
| 莫氏 6 号 | 1°$29\frac{1}{2}$′ |
| 非标准圆锥 | |
| 1∶10 | 2°52′ |
| 1∶8 | 3°35′ |
| 1∶5 | 5°43′ |
| 1∶3 | 9°28′ |

## 表 A.5 切断与车槽的进给量（摘录）

| 切断刀 | | | | 车槽刀 | | | | |
|---|---|---|---|---|---|---|---|---|
| 刀宽度（mm） | 刀头长度（mm） | 工件材料 | | 刀宽度（mm） | 刀头长度（mm） | 刀杆截面（mm） | 工件材料 | |
| | | 钢 | 铸铁 | | | | 钢 | 铸铁 |
| | | 进给量（mm/r） | | | | | 进给量（mm/r） | |
| 2 | 15 | 0.07～0.09 | 0.10～0.13 | 6 | 16 | 10×16 | 0.17～0.22 | 0.24～0.32 |
| 3 | 20 | 0.10～0.14 | 0.15～0.20 | 6 | 20 | 12×20 | 0.19～0.25 | 0.27～0.36 |

表 A.6　高速钢车外圆时的切削速度（m/min）（摘录）

| 材料 | 切削深度（mm） | 进给量 $f$（mm/r） | | | | | | | | | | | |
|---|---|---|---|---|---|---|---|---|---|---|---|---|---|
| | | 0.1 | 0.15 | 0.2 | 0.25 | 0.3 | 0.4 | 0.5 | 0.6 | 0.7 | 1 | 1.5 | 2 |
| 钢 $\sigma_b$= 0.735GPa 加冷却液 | 1 | | 92 | 85 | 79 | 69 | 58 | 50 | 44 | 40 | | | |
| | 1.5 | | 85 | 76 | 71 | 62 | 52 | 45 | 40 | 36 | | | |
| | 2 | | | 70 | 66 | 59 | 49 | 42 | 37 | 34 | | | |
| | 3 | | | 64 | 60 | 53 | 44 | 38 | 34 | 31 | 24 | | |
| | 4 | | | | 56 | 49 | 41 | 35 | 31 | 28 | 22 | 17 | |
| | 6 | | | | | 45 | 37 | 32 | 28 | 26 | 20 | 15 | 13 |
| 灰口铸铁 HT200 | 1 | 49 | 44 | 40 | 37 | 35 | | | | | | | |
| | 1.5 | 47 | 41 | 38 | 36 | 34 | 30 | | | | | | |
| | 2 | | 39 | 36 | 35 | 32 | 29 | 27 | 26 | | | | |
| | 3 | | | 34 | 33 | 31 | 29 | 26 | 25 | 23 | 20 | | |
| | 4 | | | | 33 | 31 | 27 | 25 | 24 | 22 | 19 | 17 | |
| | 6 | | | | | 29 | 26 | 24 | 22 | 21 | 18 | 16 | 14 |

表 A.7　硬质合金车外圆时的切削速度（m/min）（摘录）

| 材料 | 刀具牌号 | 切削深度（mm） | 进给量 $f$（mm/r） | | | | | | | | |
|---|---|---|---|---|---|---|---|---|---|---|---|
| | | | 0.15 | 0.2 | 0.3 | 0.4 | 0.5 | 0.7 | 1 | 1.5 | 2 |
| 碳钢 $\sigma_b$=0.735GPa 加冷却液 | YT5 | 1 | 177 | 165 | 152 | 138 | 128 | 114 | | | |
| | | 1.5 | 165 | 156 | 143 | 130 | 120 | 106 | | | |
| | | 2 | | 151 | 138 | 124 | 116 | 103 | | | |
| | | 3 | | 141 | 130 | 118 | 109 | 97 | 83 | | |
| | | 4 | | | 124 | 111 | 104 | 92 | 80 | 66 | |
| | | 6 | | | 117 | 105 | 97 | 87 | 75 | 62 | 60 |
| 碳钢 $\sigma_b$=0.735GPa 加冷却液 | YT15 | 1 | 277 | 258 | 235 | 212 | 198 | 176 | | | |
| | | 1.5 | 255 | 241 | 222 | 200 | 186 | 164 | | | |
| | | 2 | | 231 | 213 | 191 | 177 | 158 | | | |
| | | 3 | | 218 | 200 | 181 | 168 | 149 | 128 | | |
| | | 4 | | | 191 | 172 | 159 | 142 | 123 | 102 | |
| | | 6 | | | 180 | 162 | 150 | 134 | 116 | 96 | 91 |
| 灰口铸铁 HT200 | YG6 | 1 | 189 | 178 | 164 | 155 | 142 | 124 | | | |
| | | 1.5 | 178 | 167 | 154 | 145 | 134 | 116 | | | |
| | | 2 | | 162 | 147 | 139 | 127 | 111 | | | |
| | | 3 | | 145 | 134 | 126 | 120 | 105 | 91 | | |
| | | 4 | | | 132 | 125 | 114 | 101 | 87 | 74 | |
| | | 6 | | | 125 | 118 | 108 | 95 | 82 | 70 | 63 |

表 A.8 切断与车槽的切削速度（m/min）（摘录）

| 进给量 $f$（mm/r） | 高速钢 | | 硬质合金 | |
|---|---|---|---|---|
| | | | YT5 | YG6 |
| | 碳钢 $\sigma_b$=0.735GPa | 铸铁 HT200 | 碳钢 $\sigma_b$=0.735GPa | 铸铁 HT200 |
| | 加切削液 | 不加切削液 | | |
| 0.08 | 35 | 34 | 179 | 83 |
| 0.10 | 30 | 30 | 150 | 76 |
| 0.15 | 23 | 26 | 107 | 65 |
| 0.20 | 19 | 23 | 87 | 58 |
| 0.25 | 17 | 21 | 73 | 53 |
| 0.30 | 15 | 20 | 62 | 49 |

表 A.9 车床加工各种精度等级孔时所用的刀具直径（摘录）

| 工件精度 | 工件孔径 | 第一把钻头 | 第二把钻头 | 车孔直径 | 粗铰刀 | 精铰刀 |
|---|---|---|---|---|---|---|
| 6～7 级精度 | 10 | 9.8 | — | — | 9.96 | 10A |
| | 12 | 11 | — | 11.85 | 11.95 | 12A |
| | 13 | 12 | — | 12.85 | 12.95 | 13A |
| | 14 | 13 | — | 13.85 | 13.95 | 14A |
| | 15 | 14 | — | 14.85 | 14.95 | 15 A |
| | 16 | 15 | — | 15.85 | 15.95 | 16 A |
| | 18 | 17 | — | 17.85 | 17.94 | 18 A |
| | 20 | 18 | — | 19.8 | 19.94 | 20 A |
| | 22 | 20 | — | 21.8 | 21.94 | 22 A |
| | 24 | 22 | — | 23.8 | 23.94 | 24 A |
| | 25 | 23 | — | 24.8 | 24.94 | 25 A |
| | 26 | 24 | — | 25.8 | 25.94 | 26 A |
| | 28 | 26 | — | 27.8 | 27.94 | 28 A |
| | 30 | 15 | 28 | 29.8 | 29.93 | 30A |

表 A.10 车三角形螺纹的走刀次数（6 级精度）（摘录）

| 螺纹种类 | 螺距（mm） | 螺纹材料 | | | |
|---|---|---|---|---|---|
| | | 碳钢 | | 铸铁 | |
| | | 走刀次数 | | | |
| | | 粗 | 精 | 粗 | 精 |
| 外螺纹 | 1.5 | 4 | 3 | 4 | 3 |
| 内螺纹 | | 5 | 4 | 5 | 4 |
| 外螺纹 | 1.75 | 5 | 3 | 5 | 3 |
| 内螺纹 | | 6 | 4 | 6 | 4 |
| 外螺纹 | 2 | 6 | 3 | 6 | 3 |
| 内螺纹 | | 7 | 4 | 7 | 4 |
| 外螺纹 | 2.5 | 6 | 3 | 6 | 3 |
| 内螺纹 | | 7 | 4 | 7 | 4 |
| 外螺纹 | 3 | 6 | 3 | 6 | 3 |
| 内螺纹 | | 8 | 4 | 8 | 4 |

**表 A.11　车三角形螺纹时的切削速度（m/min）（摘录）**

| 材料 | 高速钢刀具<br>碳钢 $\sigma_b$=（0.637～0.735）GPa<br>加切削液 | | | | | 硬质合金 YG6<br>灰口铸铁 | | | | | | |
|---|---|---|---|---|---|---|---|---|---|---|---|---|
| 螺纹 | 螺距（mm） | 粗加工 | | 精加工 | | 螺距（mm） | 粗行程次数 | 精行程次数 | 硬度 | | | |
| | | 行程次数 | $v$ | 行程次数 | $v$ | | | | 170 | 190 | 210 | 230 |
| 外螺纹 | 1.5 | 4 | 36 | 2 | 64 | 2 | 2 | 2 | 45 | 40 | 36 | 31 |
| | 2 | 6 | 36 | 3 | 64 | 3 | 3 | 2 | 50 | 45 | 40 | 35 |
| | 2.5 | 6 | 36 | 3 | 64 | 4 | 4 | 2 | 54 | 48 | 43 | 37 |
| | 3 | 6 | 31 | 3 | 56 | 5 | 4 | 2 | 54 | 48 | 44 | 37 |
| | 4 | 7 | 27 | 4 | 48 | 6 | 5 | 2 | 58 | 52 | 46 | 41 |
| | 5 | 8 | 24 | 4 | 42 | | | | | | | |
| | 6 | 9 | 22 | 4 | 38 | | | | | | | |
| 内螺纹 | 1.5 | 5 | 29 | 3 | 51 | 3 | 4 | 3 | 47 | 42 | 37 | 33 |
| | 2 | 7 | 29 | 4 | 51 | 4 | 5 | 3 | 50 | 44 | 39 | 35 |
| | 2.5 | 7 | 29 | 4 | 51 | 5 | 6 | 3 | 52 | 46 | 41 | 36 |
| | 3 | 7 | 25 | 4 | 45 | 6 | 7 | 4 | 56 | 50 | 44 | 39 |
| | 4 | 9 | 24 | 4 | 40 | 8 | 9 | 4 | 61 | 54 | 48 | 42 |
| | 5 | 10 | 19 | 5 | 33 | | | | | | | |
| | 6 | 12 | 17 | 5 | 30 | | | | | | | |

**表 A.12　车内螺纹前的孔径（摘录）**

| 螺纹直径和螺距（mm） | 钻孔 | | 车刀镗削 | |
|---|---|---|---|---|
| | 钢 | 铸铁 | 车孔直径（mm） | 公差（mm） |
| | 钻头直径（mm） | | | |
| 10×1.5 | 8.4 | 8.3 | 8.3 | +0.25 |
| 12×1.75 | 10.1 | 10 | 10 | +0.25 |
| 14×2 | 11.8 | 11.7 | 11.7 | +0.3 |
| 16×2 | 13.8 | 13.7 | 13.7 | +0.3 |
| 18×2.5 | 15.3 | 15.1 | 15.1 | +0.35 |
| 20×2.5 | 17.3 | 17.1 | 17.1 | +0.35 |
| 22×2.5 | 19.3 | 19.1 | 19.1 | +0.35 |
| 24×3 | 20.7 | 20.6 | 20.5 | +0.35 |

# 附录 B　车床的润滑方法

为了保证车床的正常运转，减少磨损，延长使用寿命，提高加工精度，应对车床的所有运动及摩擦部位经常进行润滑，并注意车床的定期维护保养。

（1）浇油润滑

常用于外露的滑动表面，如床身导轨面和滑板导轨面等。

（2）溅油润滑

常用于密闭的箱体中，如利用车床主轴箱中的传动齿轮将箱底的润滑油溅射到箱体上部的油槽中，然后经槽内油孔流到各润滑点进行润滑。

（3）油绳导油润滑

常用于进给箱和溜板箱的油池中。利用毛线等既易吸油又易渗油的特性，通过毛线把油引至润滑点，间断地滴油润滑。

（4）弹子油杯注油润滑

常用于尾座、中滑板手柄及三杠（丝杠、光杠、操纵杠）支架的轴承处。定期地用油枪端头油嘴压下油杯上的弹子，将油注入。油嘴撤去，弹子又回复原位，封住注油口，以防尘屑入内。

（5）黄油杯润滑

常用于交换齿轮箱挂轮架的中间轴或不便经常润滑处。事先在黄油杯中加满钙基润滑脂，需要润滑时，拧紧油杯盖，则杯中的油脂就被挤压到润滑点中。

（6）油泵输油润滑

常用于转速高、需要大量润滑油连续强制润滑的场合。如主轴箱内的许多润滑点就是采用这种方式。

表 B.1 为某机床厂 CA6140 车床的润滑部位明细。

**表 B.1　CA6140 车床润滑明细表**

| 编　号 | 润 滑 部 位 | 孔　数 | 油　类 | 加　油　期 | 换　油　期 |
|---|---|---|---|---|---|
| 1 | 光杠轴承 | 1 | 机械油 | 每班一次 | |
| 2 | 横进刀螺母 | 1 | 机械油 | 每班一次 | |
| 3 | 尾座套筒及手轮 | 2 | 机械油 | 每班一次 | |
| 4 | 横溜板 | 2 | 机械油 | 每班一次 | |
| 5 | 纵溜板 | 3 | 机械油 | 每班一次 | |
| 6 | 横进刀手轮 | 1 | 机械油 | 每班一次 | |
| 7 | 纵进刀手轮 | 1 | 机械油 | 每班一次 | |
| 8 | 溜板箱 | 1 | 20 号机械油 | 按油标加油 | 6 个月 |
| 9 | 床身导轨 | 4 | 20 号机械油 | 每班一次 | |
| 10 | 进给箱 | 1 | 20 号机械油 | 按油标加油 | 6 个月 |
| 11 | 床头箱 | 1 | 20 号机械油 | 按油标加油<br>（油标窗口一半高度） | 6 个月 |

# 附录 C 车床的常规保养

### 1. 日常保养

（1）每天工作后，切断电源，对车床各表面、各罩壳、切屑盘、导轨面、丝杠、光杠、各操纵手柄和操纵杆进行擦拭，做到无油污、无切屑，车床外表清洁。

（2）清扫完毕后，应做到“三后”，即尾座、中滑板、溜板箱要移动至机床尾部，并按润滑要求进行润滑保养。

（3）每周要求保养床身导轨面和中、小滑板导轨面，并做好转动部位的清洁、润滑。要求油眼畅通，油标清晰，要清洗油绳和护床油毛毡，保持车床外表清洁和工作场地整洁。

### 2. 车床的一级保养

车床的保养工作，直接影响到零件加工质量的好坏和生产效率的高低。通常当车床运行 500 小时后，需进行一次一级保养，保养工作以操作工人为主，维修工人配合进行。保养时，必须先切断电源，然后按断电、拆卸、清洗、润滑、安装、调整、试运行的顺序和要求进行。

（1）主轴箱的保养

① 清洗滤油器。

② 检查主轴锁紧螺母有无松动，紧定螺钉是否拧紧。

③ 调整制动器及离合器摩擦片间隙。

（2）挂轮箱部分的保养

① 清洗齿轮、轴套，并在油杯中注入新油脂。

② 调整齿轮啮合间隙。

③ 检查轴套有无晃动现象。

（3）滑板和刀架的保养

拆洗刀架和中、小滑板，洗净擦干后重新组装，并调整中、小滑板与镶条（塞铁）的间隙。

（4）尾座的保养

拆洗尾座套筒，擦净后涂油，以保持内外清洁。

（5）润滑系统的保养

① 清洗冷却泵、滤油器和盛液盘。

② 保证油路畅通，油孔、油绳、油毡清洁无铁屑。

③ 确保油质良好，油杯齐全，油标清晰。

（6）电气的保养

① 清扫电动机、电气箱上的尘屑。

② 电气装置固定整齐。

（7）外表的保养

① 清洗车床外表面及各罩盖，保持其内、外清洁，无锈蚀，无油污。

② 清洗三杠。

③ 检查并补齐各螺钉、手柄球、手柄。

# 参考文献

[1] 赵如福．金属机械加工工艺人员手册（第三版）[M]．上海：上海科学技术出版社，1991．
[2] 曲昕．车工实用技术（下）[M]．长春：吉林科学技术出版社，2008．
[3] 陈健．车工技能实训[M]．北京：人民邮电出版社，2007．
[4] 劳动部教材办公室．车工工艺学[M]．北京：中国劳动出版社，1996．
[5] 尹玉珍．机械制造技术常识（第二版）[M]．北京：电子工业出版社，2008．